DÉTERMINATION

ET

ÉTUDE DES MINERAIS

par

A. BRALY

Ingénieur Civil des Mines (E.M.E.)

APPAREILLAGE - FLUX ET RÉACTIFS

ESSAIS PYROGNOSTIQUES, DE LA VOIE SECHE ET DE LA VOIE HUMIDE

CARACTÈRES, RECONNAISSANCE ET RECHERCHE

DES ÉLÉMENTS CONSTITUTIFS ET ACCESSOIRES D'UN MINERAI

EXEMPLES

E. VENEZIANI & Cie

109, Boulevard Lefebvre, PARIS

1927

Détermination et Etude
des Minerais

MINÉRALOGIE APPLIQUÉE

DÉTERMINATION
ET
ÉTUDE DES MINERAIS

par

A. BRALY

Ingénieur Civil des Mines (E.M.E.)

APPAREILLAGE - FLUX ET RÉACTIFS

ESSAIS PYROGNOSTIQUES, DE LA VOIE SECHE ET DE LA VOIE HUMIDE

CARACTÈRES, RECONNAISSANCE ET RECHERCHE

DES ÉLÉMENTS CONSTITUTIFS ET ACCESSOIRES D'UN MINERAI

EXEMPLES

E. VENEZIANI & Cie

109, Boulevard Lefebvre, PARIS

1927

Je dédie cet ouvrage à

Monsieur   Alfred   LACROIX
Secrétaire perpétuel de l'Académie des Sciences
Professeur au Muséum

auprès duquel j'ai toujours trouvé, au cours
de mes recherches : conseils autorisés et
bienveillant appui.

PREFACE

Cet ouvrage a été écrit dans le but de faciliter aux prospecteurs, ingénieurs des mines, la détermination et l'étude rapide des minerais au moyen de procédés simples n'utilisant qu'un matériel réduit et transportable.

Il n'a pas la prétention d'être un *Traité de Minéralogie scientifique*, étant donné qu'il traite seulement des *minerais au point de vue industriel*, et qu'il réclame de la part de ceux qui voudraient en tirer quelque profit des connaissances suffisantes en minéralogie et en chimie. Il s'adresse donc aux personnes les ayant acquises dans les Facultés ou les Ecoles spéciales.

La possibilité de pouvoir spécifier sur place un minéral s'impose tout particulièrement aux prospecteurs et ingénieurs des mines et leur évitera les erreurs grossières qu'ils pourraient commettre en faisant des déterminations hâtives basées : soit sur les caractères physiques, lesquels sont parfois excessivement variables et trompeurs, surtout dans les minerais oxydés de surface soit sur des essais insuffisants. Par contre, cette possibilité de spécifier rapidement, leur permettra de connaître si un minéral nouveau est intéressant ou non, et d'orienter leur recherches en conséquence sans attendre les résultats de l'analyse d'un chimiste spécialiste auquel le minerai aura été soumis.

Cette détermination de l'espèce est même insuffisante et devra toujours être complétée par la recherche des éléments accessoires pouvant coexister avec les éléments constitutifs ; éléments utiles ou nuisibles, susceptibles par conséquent de faire varier considérablement la valeur commerciale d'un minerai. En effet :

Une galène peut être plus ou moins argentifère, contenir accessoirement arsenic, antimoine, cuivre, etc...

Une pyrite peut être arsénicale, cuprifère, argentifère, aurifère, etc.

Des minerais d'antimoine peuvent contenir accessoirement arsenic, plomb, fer, mercure, argent, or.

Des cuivres gris contiennent, en général, des éléments très divers. En dehors des éléments constitutifs : soufre, arsenic ou antimoine et cuivre, on peut y trouver accessoirement : plomb, bismuth, mercure, zinc, fer, étain, argent, or.

Un minerai de fer peut contenir quelques centièmes de manganèse, chrôme, nickel, titane, etc... Il peut être siliceux, arsenical, plus ou moins phosphoreux, etc....

Il résulte des considérations ci-dessus, *qu'au point de vue pratique*, ce qu'il importe de pouvoir déterminer tout d'abord, c'est à quelle espèce minéralogique appartient le minerai — chaque espèce minérale étant caractérisée à la fois par une composition chimique et une structure moléculaire nettement définies — et en outre, quels sont les éléments accessoires utiles ou nuisibles qu'il peut contenir — éléments essentiellement variables dans des minerais de même nature, mais de provenances différentes.

Si la constitution moléculaire du minéral, ses formes cristallines, ses propriétés optiques présentent un grand intérêt scientifique, en se plaçant au point de vue *purement industriel et pratique*, la composition chimique, c'est-à-dire la connaissance des éléments constitutifs et accessoires seule importe.

Or, l'unique moyen *pratique et rapide* d'arriver à la détermination de ces éléments avec un appareillage simple, est de soumettre le minerai aux essais pyrognostiques et de la voie sèche, c'est-à-dire d'utiliser les essais du chalumeau en les confirmant ou complétant si nécessaire par quelques essais simples par voie humide.

Ces essais permettront de déterminer les éléments constitutifs du minéral, et en tenant compte de quelques-uns de ses caractères cristallographiques et physiques tels que *clivage, dureté, densité*, etc..., de le spécifier, c'est-à-dire de connaître la composition chimique de l'espèce à laquelle il appartient en consultant un ouvrage de minéralogie.

Ce but particulier — détermination rapide des éléments constitutifs et accessoires — m'a donc placé dans l'obligation de donner dans cet ouvrage, à l'inverse de ce que l'on trouve dans les traités de minéralogie, beaucoup de développement aux méthodes d'essais pyrognostiques et des voies sèche et humide, d'indiquer avec plus de détails les caractères pyrognostiques et chimiques des minéraux et de placer au second plan les caractères cristallographiques et physiques.

Une longue pratique de ces essais, appliqués à la détermination des minerais, m'ayant permis d'apprécier les énormes avantages qu'ils présentent au point de vue rapidité, simplicité, sensibilité, et conduit d'autre part à constater que la technique et le mode opératoire de certains d'entre eux pouvaient être avantageusement modifiés, je ferai connaître ces modifications.

J'indiquerai :

1° Comment je remplace par des verres de montre les tubes fermés et ouverts utilisés jusqu'ici dans les opérations de calcination et grillage, et comment j'effectue ces opérations par fractionnement ;

2° Un nouveau procédé permettant de recueillir les enduits par fractionnement sur des micas de façon à les obtenir plus abondants, plus visibles, plus déterminables.

3° Une nouvelle méthode de *recherche* et *d'essai* des minerais contenant des métaux précieux au moyen du chalumeau ;

4° Quelques améliorations dans la recherche de certains éléments tels que : *cuivre, étain, nickel, platine* et *métaux du groupe*, ainsi que dans l'appareillage utilisé jusqu'ici.

Ayant indiqué le but que je me suis proposé, je me suis limité dans cet ouvrage à exposer seulement les méthodes applicables à la détermination et à l'étude des minerais, méthodes ne réclamant pour leur application qu'un matériel réduit et transportable, de façon à donner la possibilité à tous ceux que la question minerais intéresse à n'importe quel point de vue, de pouvoir spécifier rapidement un minerai et de déterminer ses éléments accessoires.

Pour faciliter l'exposé, j'ai estimé utile de le diviser en plusieurs parties.

La 1ʳᵉ **Partie** traite de l'appareillage, des flux et réactifs utilisés. En dehors des appareils anciens, consacrés par la pratique, on y trouvera mentionné un certain nombre d'appareils nouveaux : *Supports particuliers* pour réaliser les essais de calcination, grillage, réduction ; pour effectuer par scorification la recherche des métaux précieux et celle de petites quantités de nickel et cuivre en présence de Co Mn Fe ; *l'utilisation, pour la première fois, des feuilles de mica* pour recueillir les enduits (ces feuilles étant largement employées dans la construction de la plupart des supports servant pour les divers essais par voie sèche ou pyrognostiques) ; *l'emploi des verres de montre* pour recueillir les sublimés, etc...

Au point de vue flux et réactifs, j'ai indiqué uniquement ceux qui sont nécessaires et suffisants, cherchant à proscrire, autant que possible, l'emploi de réactifs difficiles à conserver ou devant être employés à l'état gazeux.

Dans la **2ᵉ Partie**, après avoir donné un historique rapide de l'emploi du chalumeau dans les recherches minéralogiques, j'ai indiqué la marche suivie *jusqu'ici* dans la succession des essais ayant pour but la détermination des minéraux et les conditions de réalisation des essais de calcination, grillage, réduction montrant que ces derniers devaient et pouvaient être améliorés.

La recherche de ces améliorations m'ayant conduit à créer *une nouvelle méthode permettant de recueillir par fractionnement et caractériser les sublimés et enduits des éléments volatilisables*, cette méthode est exposée dans le chapitre II. Un tableau, résumant les caractères des enduits termine cette partie.

D'autre part, afin de rendre plus sensible au lecteur les colorations des oxydes, sulfures et iodures des éléments, il trouvera, hors texte, une planche où j'ai reproduit, d'après nature, la grande majorité des enduits avec leurs colorations particulières et caractéristiques.

Dans la **3ᵉ Partie**, j'ai indiqué la succession méthodique des essais que j'estime devoir être exécutés pour rechercher et caractériser tous les éléments et comment on réalise ces essais.

J'ai divisé ces essais en :

. 1° *Essais fondamentaux et spéciaux* ayant pour but la recherche et la reconnaissance des éléments volatilisables ou réductibles. Ces essais étant effectués en utilisant le chalumeau ou la voie sèche. J'ai inclus dans cette partie l'essai de fusibilité et celui de radio-activité.

2° *Essais par la voie humide,* comprenant des essais de confirmation d'existence d'éléments déjà découverts par les essais précédents ou permettant de rechercher et caractériser les éléments difficiles ou impossibles à reconnaître par les essais pyrognostiques.

Dans la **4ᵉ Partie**, qui est la plus importante, on trouvera, pour chaque élément, ses réactions pyrognostiques par voie sèche et par voie humide, l'indication de ses minerais et des principaux minéraux dans lesquels il existe ; enfin, les essais applicables à sa recherche et à sa reconnaissance.

La découverte, ces dernières années, de gisements importants de *minerais de vanadium, uranium, terres rares, zirconium*, etc., démontrent que des éléments considérés jusqu'ici comme rares, peuvent se trouver abondamment dans certaines régions, j'ai estimé nécessaire d'inclure ces éléments avec les éléments communs.

Je me suis limité, **autant que possible**, à indiquer parmi les réactions et méthodes de recherche et reconnaissance, celles d'une application générale et de modes opératoires simples, cherchant toujours à donner la possibilité de confirmer les résultats d'un premier essai par un essai différent.

Connaissant, d'autre part, par expérience, les difficultés que l'on éprouve à effectuer certains essais délicats dont le mode opératoire n'est pas suffisamment précisé, je me suis efforcé de donner pour ces essais, les détails opératoires les plus complets possible, afin d'éviter à l'opérateur des tâtonnements inévitables et démontrer que les essais sont facilement réalisables.

Seuls, quelques essais pyrognostiques réclament de la part de l'opérateur une certaine expérience du chalumeau. Cette expérience pourra s'acquérir très rapidement, surtout si l'on est guide et conseillé dans ses débuts opératoires par un professeur expérimenté.

La **5ᵉ Partie** traite de l'utilisation des caractères cristallographiques et physiques dans la spécification d'un minéral.

Enfin, la **6ᵉ et dernière Partie** est toute entière consacrée à démontrer, par des exemples, avec quelle rapidité, facilité, précision, on peut arriver, en utilisant ces méthodes, à spécifier et étudier sur place un minerai quelconque, c'est-à-dire déterminer quels sont ses éléments constitutifs et accessoires.

Afin d'éviter de développer outre mesure le volume de cet ouvrage et réduire l'importance des répétitions, j'ai utilisé, au cours de mes descriptions des essais et des caractères des sublimés, enduits et éléments, un certain nombre d'abréviations dont on trouvera la nomenclature, dans le tableau.

D'autre part, afin que le lecteur puisse se familiariser rapidement avec ces abréviations, sans être obligé d'y recourir constamment, je les ai fait reproduire sur une feuille mobile horstexte, de façon à ce qu'il puisse, en cours de lecture, les avoir immédiatement sous les yeux.

Je dois, en terminant, adresser mes remerciements :

1° A *M. l'abbé C. Gaudefroy*, lequel a bien voulu m'aider dans la correction des épreuves de cet ouvrage.

2° A *M. J. Orcel*, pour son amabilité constante à me procurer tous les renseignements dont je pouvais avoir besoin.

3° A *M. A.-J. Garfield*, ingénieur, qui m'a signalé au fur et à mesure de leur publication les articles et ouvrages des biographies américaines et anglaises pouvant intéresser mes recherches qui a recherché et m'a indiqué les meilleurs types d'aimants légers, puissants et permanents pouvant être utilisés en cours de prospection pour certains essais magnétiques de détermination et séparation.

4° Enfin à *M. N. Dégoutin*, ingénieur, lequel m'a également aidé au point de vue documentation bibliographique étrangère et fait profiter de son expérience dans l'utilisation de la battée comme appareil de concentration et séparation.

Dans l'index bibliographique que l'on trouvera à la fin de cet ouvrage on trouvera la liste des principaux ouvrages que j'ai été amené à consulter.

Paris, décembre 1926.

A. BRALY.

ABRÉVIATIONS UTILISÉES

PS : Poids spécifique.

D : Dureté.

F : Degré de fusibilité (Echelle de Kobell).

FA : Flamme de la lampe à alcool.

FAO : Flamme *oxydante* de la lampe à alcool.

FB : Flamme du brûleur.

FP : Flamme des lampes à paraffine, à alcool térébenthiné ou benziné.

FPO : Flamme *oxydante* de ces lampes.

FPR : Flamme *réductrice* de ces lampes.

FFV : Flamme de *fusion* et de *volatilisation*.

Chauffé à FA : Les micas ou verres de montre supportant un enduit ou un sublimé soumis à l'action de la flamme de la lampe à alcool.

Support C : Support de calcination.

Support C à FA : Utilisé avec la flamme de la lampe à alcool.

— *C à FB* : — du brûleur.

— *C à condenseur*. Support spécial de condensation des vapeurs.

Support G : *Support* de grillage utilisé pour effectuer des grillages sous verres de montre (*Grillages sous verres*).

Support G à FA : utilisé avec la flamme de la lampe à alcool.

Support G à FB : utilisé avec la flamme du bruleur.

Support RG : *Support de réduction* utilisé également pour effectuer des grillages avec les flammes soufflées (*Grillages à feu nu*).

Support RG à condenseur : Support RG muni d'un condenseur.

MS : Mica support du *Support RG*.

MC : Mica collecteur du *Support RG*.

MO : Mica ordinaire.

MP : Mica percé.

VM : Verre de montre.

VMP : Verre de montre percé.

E : Petit entonnoir en verre.

TE : Tube à essai.

TC : Tablettes ou pastilles de charbon.

PPD : Plaque de scorification des régules de plomb.

SPh : Sel de phosphore.

CoAz : Solution cobaltique.

TI : Teinture d'Iode.

HR : Eau régale.

Soude : Carbonate de soude sec.

TABLE DES MATIÈRES

PREMIÈRE PARTIE

*Appareillage - Flux et réactifs de la voie sèche
et de la voie humide*

Chapitre I

APPAREILLAGE

Chapitre II

FLUX ET REACTIFS UTILISES DANS LES ESSAIS PYROGNOSTIQUES

Chapitre III

REACTIFS DE LA VOIE HUMIDE

DEUXIÈME PARTIE

*Essais pyrognostiques utilisés jusqu'ici dans la détermination des minerais
Nouvelle méthode rationnelle permettant de recueillir et
caractériser enduits et sublimés*

Chapitre I
HISTORIQUE. — NOMENCLATURE ET OBJET DES ESSAIS. —
AMELIORATIONS NECESSAIRES

Chapitre II
NOUVELLE METHODE PERMETTANT DE RECUEILLIR
PAR FRACTIONNEMENT ET CARACTERISER LES SUBLIMES
ET ENDUITS PRODUITS PAR LES METALLOIDES
ET METAUX VOLATILISABLES AU CHALUMEAU

§ 4. — *Caractères particuliers des enduits et sublimés des éléments et composés volatilisables.*

A. — Eléments :

B. — Composés volatilisables :

C. — Tableau des caractères des enduits :

TROISIÈME PARTIE

**Recherche des éléments constitutifs et accessoires dans les minerais
Nomenclature et description des essais successifs à réaliser**

DIVISION DES ESSAIS

Chapitre I

ESSAIS PYROGNOSTIQUES

§ 1. — *Essais fondamentaux :*

CHAPITRE II

ESSAIS PAR VOIE HUMIDE

CHAPITRE III

CONSIDERATIONS GENERALES SUR L'APPLICATION DE CES ESSAIS

QUATRIÉME PARTIE

Caractères des éléments
Réactions - Minerais et minéraux - Reconnaissance et Recherche

CINQUIÈME PARTIE

Caractères cristallographiques et physiques

CHAPITRE I
CARACTÈRES CRISTALLOGRAPHIQUES

CHAPITRE II
CARACTÈRES PHYSIQUES

SIXIÈME PARTIE

Exemple de détermination, differenciation et étude de quelques minerais

CHAPITRE I
EXEMPLE DE DÉTERMINATION

Chapitre II

EXEMPLE DE DIFFERENCIATION

Chapitre III

EXEMPLES DE DETERMINATION ET D'ETUDE

Index bibliographique

ABRÉVIATIONS UTILISÉES

PS : Poids spécifique.

D : Dureté.

F : Degré de fusibilité (Echelle de Kobell).

FA : Flamme de la lampe à alcool.

FAO : Flamme *oxydante* de la lampe à alcool.

FB : Flamme du brûleur.

FP : Flamme des lampes à paraffine, à alcool térébenthiné ou benziné.

FPO : Flamme *oxydante* de ces lampes.

FPR : Flamme *réductrice* de ces lampes.

FFV : Flamme de *fusion* et de *volatilisation*.

Chauffé à FA : Les micas ou verres de montre supportant un enduit ou un sublimé soumis à l'action de la flamme de la lampe à alcool.

Support C : Support de calcination.

Support C à FA : Utilisé avec la flamme de la lampe à alcool.

— *C à FB* : — du brûleur.

— *C à condenseur*. Support spécial de condensation des vapeurs.

Support G : *Support* de grillage utilisé pour effectuer des grillages sous verres de montre (*Grillages sous verres*).

Support G à FA : utilisé avec la flamme de la lampe à alcool.

Support G à FB : utilisé avec la flamme du brûleur.

Support RG : *Support de réduction* utilisé également pour effectuer des grillages avec les flammes soufflées (*Grillages à feu nu*).

Support RG à condenseur : Support RG muni d'un condenseur.

MS : Mica support du *Support RG*.

MC : Mica collecteur du *Support RG*.

MO : Mica ordinaire.

MP : Mica percé.

VM : Verre de montre.

VMP : Verre de montre percé.

E : Petit entonnoir en verre.

TE : Tube à essai.

TC : Tablettes ou pastilles de charbon.

PPD : Plaque de scorification des régules de plomb.

SPh : Sel de phosphore.

CoAz : Solution cobaltique.

TI : Teinture d'Iode.

HR : Eau régale.

Soude : Carbonate de soude sec.

PREMIÈRE PARTIE

APPAREILLAGE -- FLUX ET RÉACTIFS
DE LA VOIE SÈCHE ET DE LA VOIE HUMIDE

CHAPITRE PREMIER

APPAREILLAGE

L'appareillage que j'indique ne comprend que les instruments indispensables, consacrés par la pratique et mon expérience personnelle. Il en est de même pour les réactifs.

L'ensemble de ces instruments, appareils et réactifs, constitue un laboratoire portatif complet, donnant la possibilité aux prospecteurs, ingénieurs des mines, chargés de mission, minéralogistes, de pouvoir sur place, sur une table ordinaire, caractériser un minerai et déterminer les éléments accessoires qu'il peut renfermer.

Chalumeau

Le chalumeau le plus simple (Fig. 1) consiste en un tube métallique légèrement conique sur toute sa longueur, courbé vers son extrémité et se terminant par un orifice très étroit qu'on appelle le *bec*.

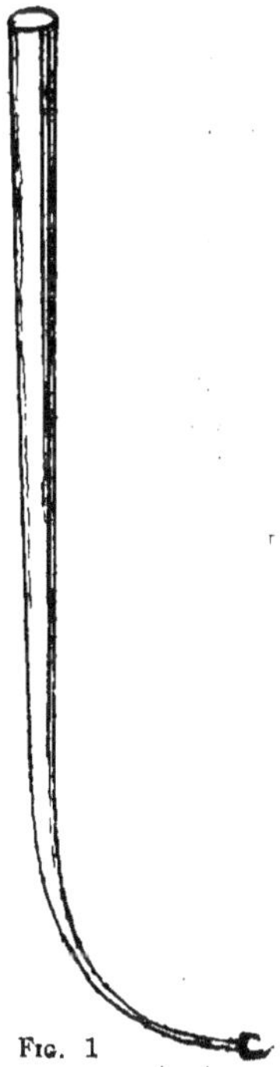

On opère avec cet instrument de la manière suivante : Le chalumeau étant tenu entre le pouce, l'index et le majeur de la main droite ; son *embouchure*, c'est-à-dire l'extrémité la plus large du tube étant introduite entre les lèvres ; l'opérateur souffle d'une façon continue en dirigeant le courant d'air sortant par le bec sur la flamme en direction du corps à essayer. L'avant-bras servant de support est appuyé contre le bord de la table sur laquelle on opère.

Fig. 1

Cet appareil primitif présenterait de sérieux inconvénients pour les essais pyrognostiques, lesquels réclament souvent de la part de l'opérateur un soufflage régulier, prolongé pendant quelques minutes consécutives.

Un pareil soufflage, avec cet instrument serait, en effet, très-fatigant, étant donnée la résistance qu'oppose le tube au passage de l'air et, en outre, des condensations d'humidité se produiraient fatalement dans le tube, arrêtant l'opération.

Des améliorations successives apportées à cet instrument ont fait disparaître cet inconvénient, et permis de réaliser le type de chalumeau que l'on emploie actuellement (FIG. 2). Cet appareil est composé de trois parties distinctes :

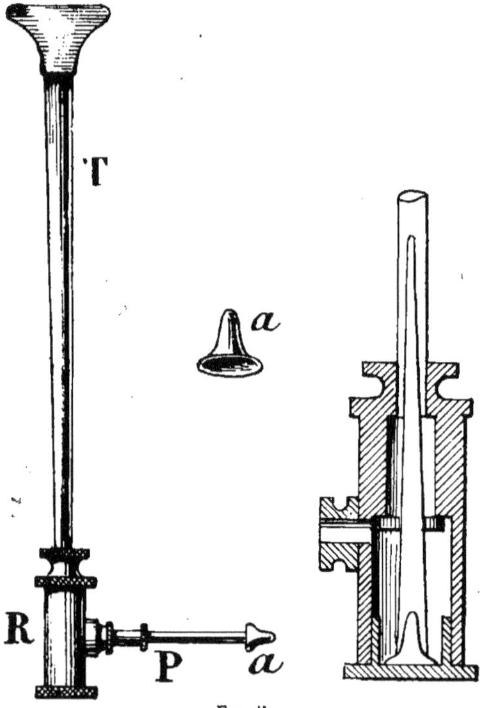

FIG. 2

1° Un tube conique T dans lequel on souffle au moyen de la bouche par l'intermédiaire d'une embouchure.

2° Un petit réservoir cylindrique R dans la partie supérieure duquel vient s'engager à frottement l'extrémité du tube T. Ce réservoir, dans lequel se condensera l'humidité provenant de la bouche, fait en même temps l'office de réservoir d'air régulateur ;

3° Un petit tube également conique P, emmanché à angle droit et à frottement sur le côté du réservoir et portant, à son extrémité, un petit ajutage conique ou petite tuyère (a) dont le diamètre du trou de sortie d'air est de 0,5 millimètres. Cet ajutage, représenté dans la FIG. 2, est la pièce la plus importante du chalumeau. Il doit être très bien centré, son axe devant coïncider avec celui du trou de sortie d'air et les deux avec l'axe du tube P sur l'extrémité duquel il est vissé ou engagé à frottement.

J'emploie, de préférence, comme ajutages des petits *rivets tubulaires pour courroies* dans lesquels on perce soi-même l'ouverture par percussion au moyen d'une aiguille en acier de 0,5 mm. de diamètre, fixée dans un bouchon.

Ces ajutages sont très convenables et peuvent servir long-temps; leur prix modique permettant d'en avoir toujours une provision de rechange (1).

Par l'usage, il se produit sur l'ajutage un dépôt de noir de fumée qui peut boucher plus ou moins le trou de sortie d'air, ce que l'on reconnaît à l'allure irrégulière de la flamme ; dans ce cas, le déboucher au moyen d'une aiguille ou d'un fil de platine.

L'embouchure généralement employée est celle recomman-dée par *Plattner*. Elle a la forme d'une embouchure de trompette de 35 m/m de diamètre et s'applique contre les lèvres. On la fait en corne, gutta-percha, quelquefois en bois.

J'emploie une embouchure de même forme mais de 25 m/m de diamètre à l'ouverture, je l'applique contre les dents.

Plusieurs auteurs : Terreil, Brush et Penfield préconisent l'embouchure plate analogue aux bouts de pipe déplaçant très-peu les lèvres de leur position normale.

La longueur du chalumeau doit varier selon la distance visuelle de l'opérateur. La longueur de 20 à 22 cm. qui corres-pond à une vue normale devra donc être diminuée ou augmentée suivant que l'opérateur sera myope ou presbyte.

Le chalumeau se construit en laiton ou en maillechort.

Pour diminuer l'encombrement du chalumeau et éviter la perte de l'ajutage, cas assez fréquent en voyage, le fond du réser-voir de notre chalumeau comme l'indique la (Fig. 2) est mobile, pouvant être fermé ou ouvert à volonté, ce qui permet d'y intro-duire le petit tube P et l'ajutage et d'éviter la perte de ce dernier.

Du soufflage. — Pour pouvoir utiliser le chalumeau, il est nécessaire de savoir souffler et de pouvoir maintenir le souffle d'une façon régulière et sans fatigue pendant quelques minutes.

---

(1) Ces ajutages m'ont été indiqués par M. Falloux, ingénieur.

Cette possibilité, à l'inverse de ce que l'on pense généralement, ne réclame de la part de l'opérateur aucun talent personnel, elle peut être acquise en peu de temps par qui que ce soit. Il suffit d'y mettre un peu de bonne volonté et de ténacité et de ne pas perdre de vue que la condition essentielle pour souffler régulièrement, longtemps, sans fatigue, est de souffler en faisant travailler les muscles des joues et non en expulsant l'air des poumons. On s'y habitue facilement en essayant de respirer de plus en plus longtemps, en tenant les joues gonflées et l'embouchure du chalumeau entre les lèvres. Quand on sera parvenu à respirer ainsi tranquillement, on s'exercera à produire par la contraction des joues un jet d'air régulier et non intermittent. S'éviter de chercher à souffler fort, ce que l'on a toujours une tendance à faire dans les débuts.

On a cherché de tout temps à adapter ou réunir au chalumeau des appareils dispensant de souffler avec la bouche, appareils tels que: soufflets, trompes à eau, vessies, poires en caoutchouc, etc... Tous ces soi-disant perfectionnements ne sont pas pratiques, ils ne remplaceront jamais la bouche qui, seule, permet de modifier instantanément les conditions d'une expérience en faisant varier instantanément la pression et le volume de l'air soufflé.

Combustibles et lampes

Dans les essais pyrognostiques, d'une façon générale et particulièrement sur ceux basés sur notre nouveau procédé permettant de volatiliser et recueillir par fractionnement, enduits et sublimés, deux sortes de lampes sont nécessaires :

1° *Une lampe à alcool.*

2° *Un brûleur Bunsen,* lequel peut être remplacé, si l'on n'a pas le gaz à sa disposition, par une *lampe à alcool térébenthiné* ou *benziné* doublée d'un *brûleur Max Siévert,* fonctionnant à l'essence minérale.

Je dois en outre mentionner *la lampe à paraffine* qui, utilisant un combustible solide, a son emploi tout indiqué en lieu et place des lampes à alcool térébenthiné ou benziné dans les voyages ou prospections lointaines.

Quant aux *lampes à huile* et aux *bougies*, ce sont, à mon avis, des pis aller, que l'on emploiera quand on ne peut pas faire autrement.

Lampe à alcool (Fɪɢ. 3). — J'utilise de préférence, comme lampe à alcool, la « Lampe de Berzélius ». Cette lampe en laiton, à mèche plate, à grand réservoir d'alcool, démontable, par conséquent très-transportable , rend d'énormes services , car elle permet, grâce au bras coulissant le long de la tige, en utilisant des verres de montre, de petites capsules en porcelaine, d'opérer les dissolutions des minéraux et globules métalliques, enduits sur verre de montre, les évaporations, etc.

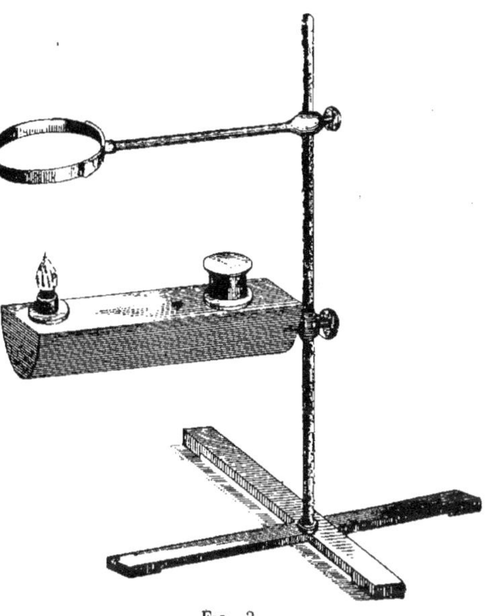

Fɪɢ. 3

La flamme libre de cette lampe est utilisée (comme indiqué pages 80-85) pour les calcinations et grillages sous verres à faible température ; la flamme soufflée étant utilisée pour les grillages effectués sur le support de réduction : *Support RG* (page 54).

Brûleur Bunsen (Fɪɢ. 4). — Ce brûleur est universellement connu, c'est le seul appareil permettant, en réglant les venues d'air et de gaz, d'obtenir toutes variétés de flammes, depuis celle très-carbonnée et éclairante, jusqu'à celle non-lumineuse et très-chaude utilisée dans les essais de fusibilité ou de coloration des flammes.

Avec cette flamme et les supports appropriés, on pourra réaliser les calcinations et grillages à haute température, désagrégation par les flux dans la cuiller de platine, etc...

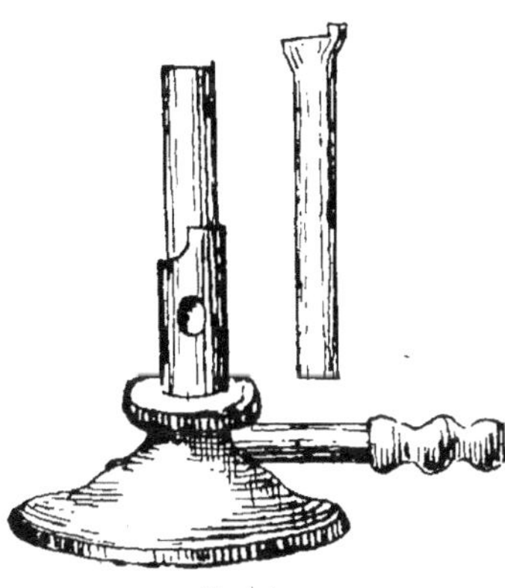

Fɪɢ. 4

Pour l'utiliser avec le chalumeau, il est nécessaire d'introduire à frottement doux, dans le tube du brûleur, un second tube dont l'extrémité supérieure, dépassant légèrement le brûleur, est aplatie de façon à ce que son ouverture ait un millimètre et demi de large, sur 10 à 12 de long, et de couper cette ouverture obliquement de façon à ce que l'on puisse diriger la flamme soufflée vers le bas.

Les trous d'air étant bouchés, ce bec donnera une flamme éclairante analogue à celle des lampes à alcool térébenthiné dont on pourra modifier la hauteur par l'arrivée du gaz.

Brûleur Max Siévert (FIG. 5). — Ce brûleur, dénommé commercialement : *Lampe à souder à bec vertical de Max Siévert (type 3)*, remplacera le Bunsen dans le cas où l'on n'a pas le gaz à sa disposition. Très-portatif, très-solide, très-pratique, il fonctionne à l'essence minérale et donne une flamme analogue à celle du Bunsen. Le bec étant muni à sa partie inférieure d'un barillet permettant de démasquer plus ou moins les trous d'air, l'arrivée des vapeurs d'essence pouvant être réglée au moyen d'un pointeau, on peut donc modifier comme on le désire la nature et la hauteur de la flamme.

Pour maintenir dans la flamme les capsules, creusets, etc., on utilisera le support démontable (FIG. 62, page 147).

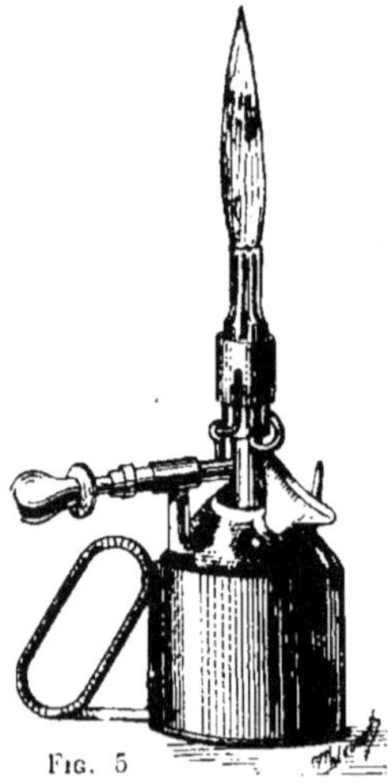

FIG. 5

Lampe à alcool térébenthiné ou à alcool benziné. — J'utilise la lampe représentée (FIG. 6). Cette lampe en laiton est prismatique et de section carrée.

Le porte-mèche est placé près d'un angle et un petit couvercle vissé sur le portour permet de la boucher hermétiquement.

Un second couvercle garantissant ce dernier et emboîtant le réservoir peut contenir une mèche de réserve et servir, le cas échéant, de support à la lampe.

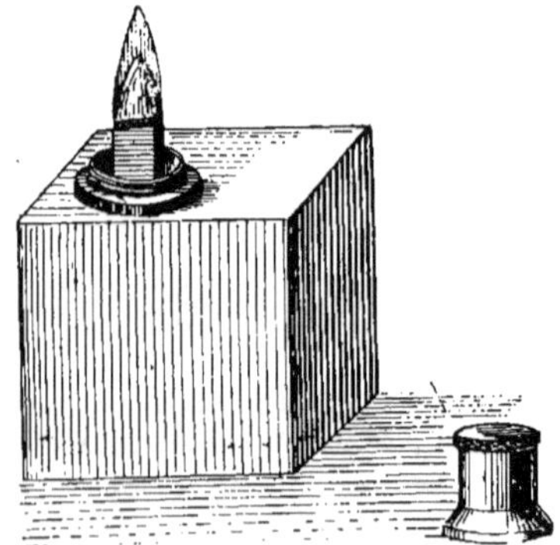

FIG. 6

La mèche plate de 12 ‰ de large sur 2 ‰ d'épaisseur déborde le porte-mèche de 5 ‰.

L'alcool térébenthiné se prépare en dissolvant jusqu'à saturation de l'essence de térébenthine dans de l'alcool à brûler. La saturation obtenue, l'alcool commence à se troubler. Pour le rendre limpide, réajouter de l'alcool ou quelques gouttes d'éther.

Pour préparer l'alcool benziné mélanger quatre volumes d'alcool et un volume de benzine.

Lampe à paraffine. — Plusieurs espèces de ces lampes ont été proposées :

Lampes Foster, Fletcher, etc. ; elles sont toutes pratiques.

En général, ces lampes sont cylindriques. J'estime préférable de leur donner, ainsi que l'indique la Fig. 7, la forme d'un prisme carré, ce qui permet d'augmenter leur contenance sans augmenter l'encombrement.

Le porte-mèche, coupé obliquement, est brasé sur un angle de la lampe.

La mèche est plate de 12 ‰ de large et déborde de 5 ‰ environ.

Le couvercle de cette lampe, de quelques centimètres de hauteur, est utilisé comme support de la lampe et permet de lui donner la hauteur convenable pour pouvoir travailler commodément.

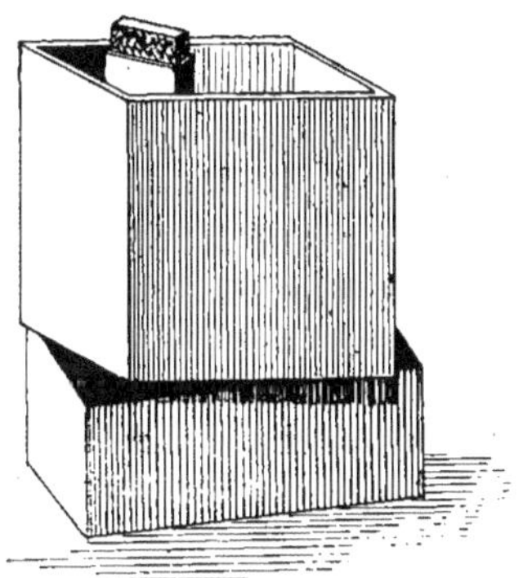

Fig. 7

Pour employer cette lampe, on la chauffe d'abord légèrement, par un moyen quelconque, de façon à ce que la mèche soit imbibée de paraffine liquide ; enflammant alors cette dernière, on dirige au moyen du chalumeau la flamme contre la paroi intérieure de la lampe de façon à élever sa température et opérer la fusion totale de la paraffine qui la remplit.

La lampe brûle d'une façon continue. Il suffit d'ajouter, de temps à autre, un morceau de paraffine solide pour remplacer la paraffine brûlée, en réchauffant la lampe avec la flamme si l'on s'aperçoit que la paraffine a des tendances à se solidifier.

Chaque fois que l'on s'est servi de la lampe et avant que la paraffine soit solidifiée, il est recommandable de relever légèrement la mèche au moyen de la pince en fer et, quand la lampe est refroidie, de la rafraîchir en coupant franchement avec des ciseaux l'extrémité carbonisée.

En pratiquant ainsi, on aura toujours une flamme claire, non fumeuse.

Petite lampe à alcool à flamme réglable. — Dans cette petite lampe, à mèche ronde, représentée (Fig. 8), la hauteur de la flamme peut être réglée facilement au moyen d'un coulisseau cylindrique vissé sur le porte-mèche. En élevant ou abaissant ce coulisseau, la hauteur de la mèche, par conséquent celle de la flamme, sera augmentée ou diminuée à volonté.

Cette lampe sera utile pour chauffer ou volatiliser à basse température sublimés ou enduits ; on l'emploiera également pour chauffer une plaque en cuivre adaptée au support à filtration, au moyen de laquelle je remplace la plaque chauffante (voir page 19).

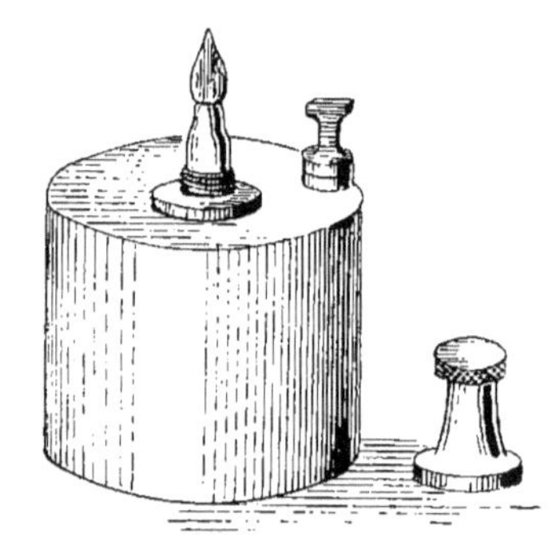

Fig. 8

Tablettes de charbon pour réduction. Fraise à charbon

Pour les réductions, j'employais primitivement de *petites pastilles en charbon comprimé*, déposées dans la cavité hémisphérique réservée près de l'extrémité du support en terre réfractaire (Fig. 53).

La pratique m'a amené à les remplacer de préférence par de *petites tablettes en charbon* ayant 2 centimètres sur 2 cm. 1/2 et 7 millimètres d'épaisseur.

Ces tablettes, ainsi que l'indique la Fig. 9, sont maintenues sur le prisme en terre réfractaire du support R.G. (voir page 51), au moyen d'une pince-res-

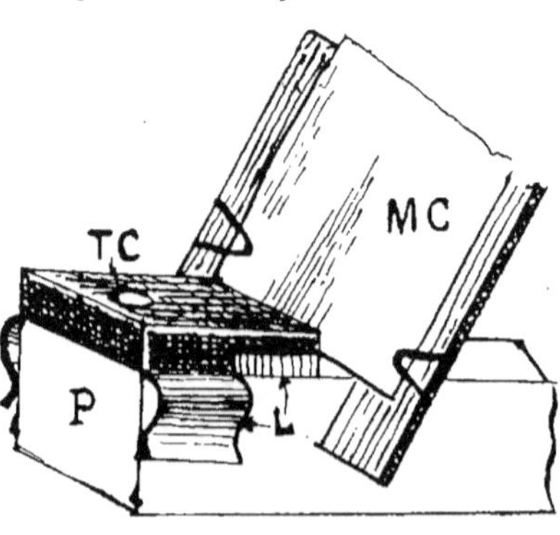

Fig. 9

sort spéciale découpée dans un clinquant assez épais. Ce mode de fixation permet de les maintenir fixes sur le support et cela dans n'importe quelle inclinaison de ce dernier.

Pour recevoir l'essai, mélangé ou non avec les flux ; creuser sur une des faces de la tablette, vers l'extrémité, au moyen de la

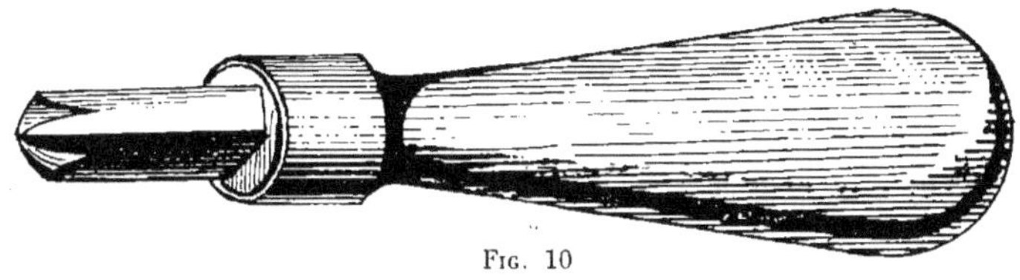

FIG. 10

Fraise à charbon (FIG. 10), une cavité hémisphérique d'environ 8 ᵐ/ₘ de diamètre.

Une tablette permet de réaliser deux essais, un sur chaque face.

Coquille Saint-Jacques [1]

Pour rechercher et séparer du charbon les parcelles métalliques ou petits boutons résultant de la réduction des oxydes avec les flux sur T.C. ; Berzélius indique de séparer du charbon avec un canif le flux et le charbon adhérent, de broyer le tout dans un mortier d'agate, et de lessiver la matière de façon à séparer le charbon qui surnage du métal réduit, lequel apparaît au fond du mortier sous forme de paillettes ou boutons, ou dont l'existence — s'il est en petite quantité — est révélée seulement par des traits métalliques résultant du frottement des paillettes métalliques sur le fond du mortier.

Quand on a à rechercher de très-faibles quantités de métal réduit, comme c'est le cas quand on veut constater la présence de l'étain dans les minéraux des terres rares ; l'opération, dans ce cas, est très-difficile à réaliser et des granules infimes d'étain soudées au charbon peuvent être entraînées sans laisser de traces.

J'estime qu'il est préférable, dans tous les cas, pour effectuer cette lévigation d'employer, au lieu de mortier, la valve creuse d'une coquille Saint-Jacques qui constitue une battée en miniature (voir Battée page 21).

---

(1) Je dois l'indication de l'utilisation de la « Coquille Saint-Jacques » à M. l'abbé Gaudefroy.

Opérer comme suit : Faire tomber dans la coquille avec un pinceau la matière finement broyée au préalable dans le mortier, après avoir été détachée du charbon. Mouiller la matière complètement en la remuant avec un fil de platine. Saisir la coquille par les deux ailes et, la maintenant légèrement inclinée, la plonger lentement dans de l'eau contenue dans un vase quelconque. La plaçant horizontale, l'agiter circulairement avec précaution. On constatera que le charbon en poudre se sépare rapidement, laissant sur le fond de la coquille les parcelles ou boutons métalliques. Sortir la coquille de l'eau tout en laissant à l'intérieur une petite quantité de liquide. Concentrer les parcelles ou les boutons par des mouvements analogues à ceux employés dans la concentration de la battée. Laisser sécher. Grains ou parcelles métalliques seront visibles à l'œil nu ou à la loupe. Les faire tomber avec un petit pinceau dans un V.M. dans lequel on pourra les caractériser avec les acides.

Supports et Micas

Dans la nouvelle méthode permettant de recueillir et caractériser les enduits et sublimés, j'utilise des feuilles de *muscovite* que l'on trouve dans le commerce sous le nom de *mica ruby clair*.

Ces micas sont utilisés largement dans les essais de grillage et de réduction et dans la construction des *Supports de calcination, grillage et réduction*, appareils décrits pages 48 à 53.

Des lames un peu épaisses, carrées de 4 à 5 ‰ de côté, percées au centre d'une ouverture circulaire de 2 à 3 ‰ de diamètre que je désignerai sous l'abréviation de M.P. (micas perforés) sont utilisées :

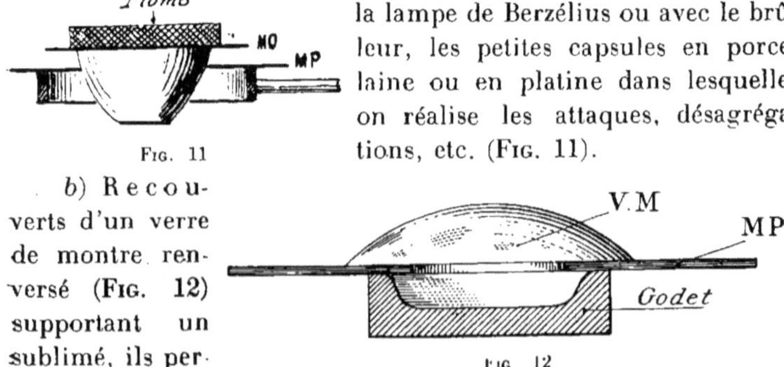

Fig. 11

Fig. 12

a) Pour chauffer à la flamme de la lampe de Berzélius ou avec le brûleur, les petites capsules en porcelaine ou en platine dans lesquelles on réalise les attaques, désagrégations, etc. (Fig. 11).

b) Recouverts d'un verre de montre renversé (Fig. 12) supportant un sublimé, ils permettent de soumettre ce dernier à l'action de quelques gouttes de réactifs déposées au fond d'un godet sur lequel repose le support en mica (Fig. 30-31).

De petites feuilles minces de mica, semblables aux micas supports (M.S., page 53), peuvent remplacer avantageusement la lame de platine dans la recherche du manganèse, chrome, vanadium par le bioxyde de sodium ; du cuivre dans certains minerais par la coloration de la flamme. Des feuilles plus grandes seront employées pour rechercher le molybdène et le tellure par l'attaque à l'acide sulfurique. Une vingtaine de lames de mica un peu épaisses et une cinquantaine de feuilles minces de 8 ‰ sur 6 ‰ (*micas collecteurs*) sont suffisantes pour réaliser un grand nombre d'essais ; les micas, après nettoyage, pouvant resservir à nouveau. Il sera utile d'avoir également une cinquantaine de *micas supports*.

Nettoyage des micas. — Les micas doivent toujours être en parfait état de propreté, et comme ils peuvent servir pendant longtemps, il est donc nécessaire, quand un certain nombre ont été employés, de procéder à leur nettoyage : c'est-à-dire de faire disparaître toutes traces d'enduits ou de réactifs existantes.

On procédera pour cette opération de la manière suivante :

Les micas seront chauffés à l'ébullition pendant quelques minutes dans de l'acide chlorhydrique ordinaire additionné d'une petite quantité d'acide azotique.

Cette opération sera suivie d'un lavage à l'eau ordinaire.

Les micas seront ensuite chauffés à l'ébullition dans de l'eau additionnée de carbonate de soude du commerce ; lavés à nouveau à l'eau courante, au besoin brossés, puis séchés entre deux feuilles de papier buvard.

Les micas secs seront examinés séparément, rejetés s'ils sont inutilisables, rafraîchis en bordure avec les ciseaux s'ils sont intacts, et les parties saines de ceux partiellement détériorées, découpées pour être utilisées comme petit mica collecteur si elles sont assez grandes, ou comme mica support dans le cas contraire.

Pince de Ross (Fig. 13)

Pour saisir, porter et maintenir dans les flammes les différents supports en mica, la pince utilisé par Ross pour maintenir sa plaque en aluminium convient parfaitement.

C'est une simple pince en laiton à branches longues, plates
et larges, s'ou-
vrant par pres-
sion et dont la
partie préhen-
sible est entou-
rée d'une pe-
tite bandelette
en étoffe iso-

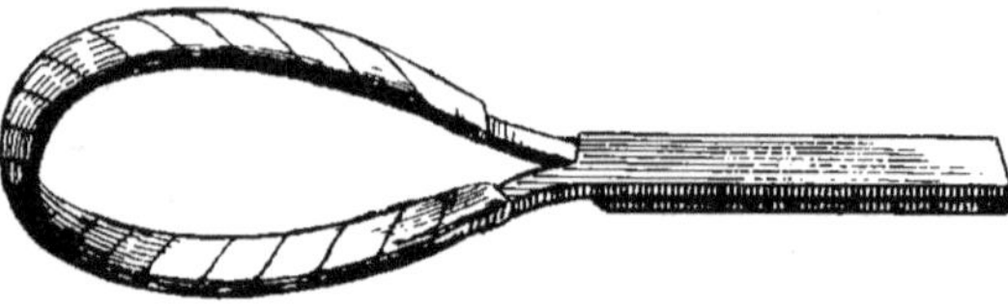

Fig. 13

lante permettant de maintenir la pince quand elle est chaude

Fils de platine

Employer comme support des perles de borax ou de sel de
phosphore un fil de 3/10 de ‰ pesant 1 gr. 60 le mètre courant.

Les perles ordinaires ne doivent pas avoir plus de 2 ‰ de
diamètre.

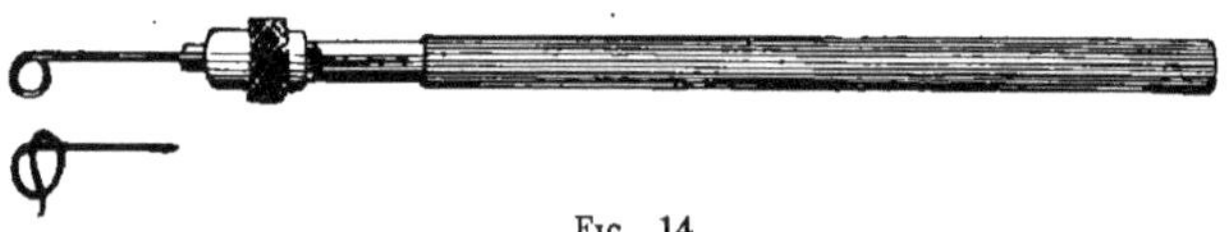

Fig. 14

Dans le cas de grosses perles, l'adhérence du flux au fil de
fer sera obtenue en repliant l'extrémité de ce dernier suivant un
diamètre ou mieux en faisant une double boucle.

J'utilise quelquefois comme **compte-gouttes** un fil de platine
enroulé en spirale sur 2 ‰ de hauteur. Plongée dans les réactifs,
cette spirale en retient une goutte que l'on peut déposer exactement en un point choisi du sublimé ou de l'enduit que l'on veut
caractériser.

Un morceau de fil de platine de 8 à 10 ‰ de long et de 6/10
de ‰ de diamètre est nécessaire comme agitateur surtout dans
les désagrégations.

Porte-fil de platine (Fig. 14).

Un roule-goupille d'horloger constitue le meilleur porte-fil.
Etant creux suivant l'axe, on peut y loger un fil de 10 ‰ de
longueur.

Pince à bouts de platine (FIG. 15-15 *bis*)

Pince double en acier nickelé. A une extrémité elle se termine par deux lames de platine normalement en prise. A l'extrémité opposée ces branches sont normalement ouvertes, remplissant l'office de brucelles.

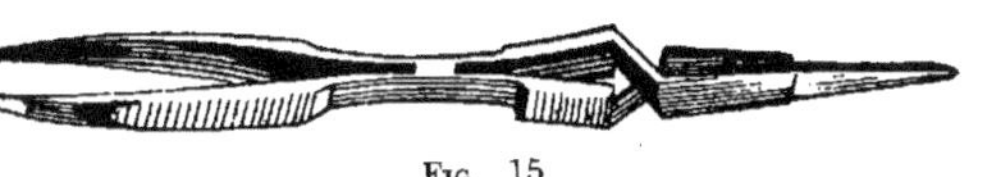

FIG. 15

Les lames en prise servent à saisir et maintenir un fragment du minerai dont on veut étudier la fusibilité au chalumeau, la brucelle étant utilisée pour trier des mélanges de minéraux détachés des boutons métalliques résultant de la réduction, etc., etc... Ne jamais employer la pince pour essayer la fusibilité des minerais métalliques ; certains éléments Pb, As, etc., pouvant produire des alliages fusibles avec le platine.

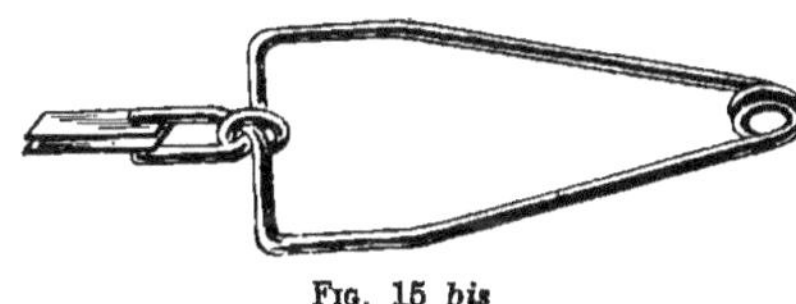

FIG. 15 *bis*

Une pince plus simple et représentée FIG. 15 *bis*.

Capsule en platine

Une capsule en platine de 2 ‰ de diamètre est nécessaire pour effectuer les désagrégations par le bisulfate, le bioxyde de sodium, etc.

Marteau

Employer un marteau en acier à manche en fer

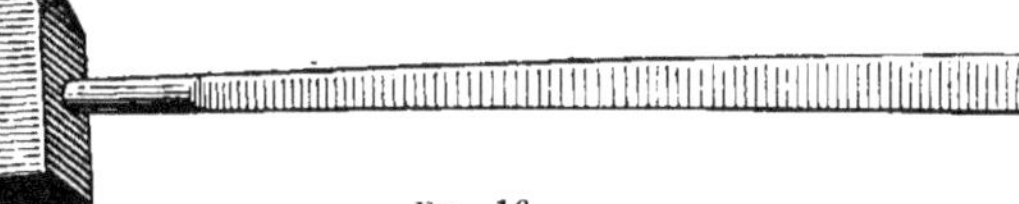

FIG. 16

biseauté d'un côté, dont la panne a environ 15 ‰ de côté (FIG. 16)

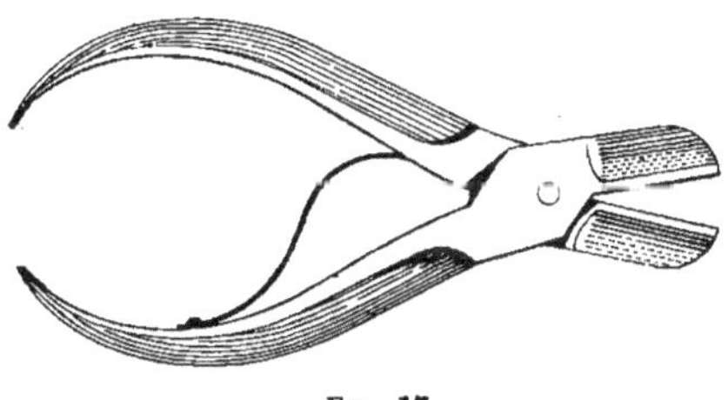

FIG. 17

Pince coupante

Cette pince est utile pour couper des fils, des lames métalliques, détacher des parcelles de minerai sur un échantillon. (FIG. 17)

Dans ce dernier cas, elle peut être remplacée par un **petit burin** en acier sur lequel on frappe avec le marteau (FIG. 18).

FIG. 18

Tas en acier — Mortier d'Abich

Le tas consiste en une plaque d'acier de 6 à 8 $^m/_m$ d'épaisseur et de 4 à 5 $^c/_m$ de côté dont une des faces a été dressée et polie.

Il permet au moyen du marteau de briser les minéraux, d'étudier la malléabilité ou la fragilité des globules métalliques, de les séparer de la scorie, etc...

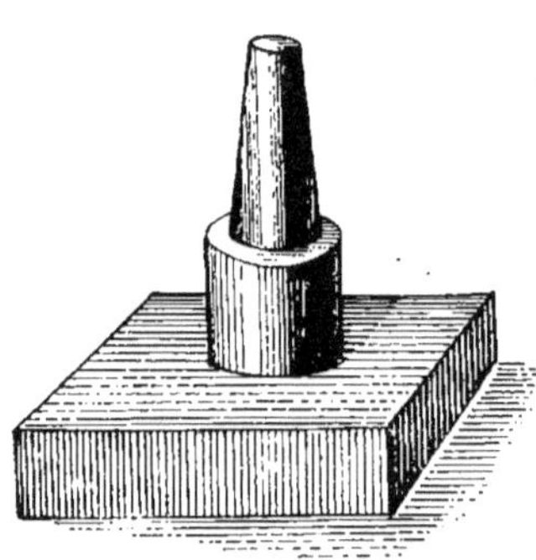

FIG. 19

On le transforme en *mortier d'Abich*, en lui adjoignant un petit pilon cylindrique en acier de 1 cm. de diamètre et de 4 cm. de long, coulissant à frottement doux, dans un morceau de tube en acier de 2 cm. 1/2 de longueur (FIG. 19).

Mortier d'agate

Un mortier de 5 à 6 cm. de diamètre est suffisant pour les porphyrisations. Enchasser le pilon dans un gros bouchon pour le rendre plus maniable. (FIG. 20).

FIG. 20

Spatule (FIG. 21)

Petit instrument en laiton utilisé pour prendre les matières porphyrisées, etc... et effectuer les mélanges des minerais et flux.

FIG. 21

Plaque en porcelaine

Deux plaques rectangulaires en porcelaine vernissée de 8 cm. sur 5 cm., l'une noire, l'autre blanche sont très-utiles. Sur ces plaques on effectue les mélanges des minerais et flux. En déposant sur elles les micas supportant les enduits, la coloration de ces derniers est rendue plus sensible par opposition avec du noir et du blanc. On dépose sur ces plaques les micas dont on veut effectuer la tranformation des enduits de sulfures en iodures.

Mesure en ivoire (Fig. 22)

Il est recommandé dans les essais au chalumeau d'employer autant que possible toujours les mêmes doses de matières ; à cet effet, on utilise généralement une petite cuillère en os. Cet instrument est peu commode et manque de précision.

Je l'ai remplacée par une plaque rectangulaire en ivoire d'épaisseur uniforme percée de part en part par des trous cylindriques de deux diamètres différents.

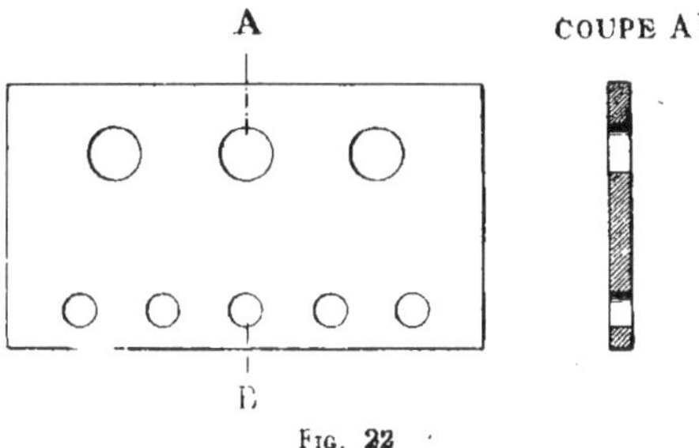

Fig. 22

Les petits trous représentent un vide correspondant à un volume de pyrite finement porphyrisée et bien tassée, de 25 centigrammes environ. Les grands trous ont un volume triple.

La plaque d'ivoire est déposée sur un mica ou une plaque en porcelaine et les trous sont remplis avec la matière ou les flux bien tassés. En soulevant la plaque et la frappant légèrement les matières tombent sur le mica. On a ainsi des volumes parfaitement définis.

Loupe

Une loupe est indispensable.

On emploiera de préférence la loupe pliante (Fig. 23), composée de deux lentilles de grossissements différents.

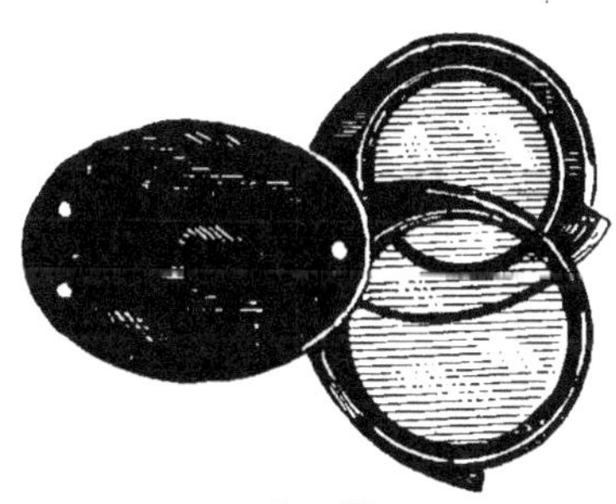

Fig 23

Aimants

Deux aimants sont nécessaires, un aimant faible et droit (Fig. 24) et un aimant puissant en fer à cheval, représenté Fig. 25. Cet aimant, en acier au tungstène, est *permanent*.

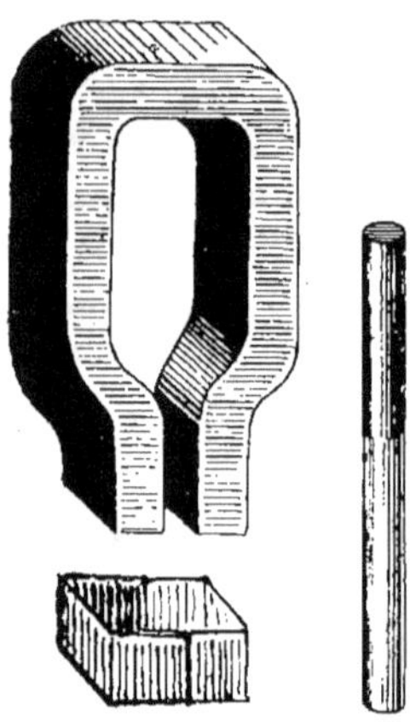

Fig. 25   Fig. 24

Les aimants seront utilisés dans les essais pour reconnaître la présence du fer et serviront à exécuter des séparations magnétiques.

Pour empêcher l'adhérence du minerai magnétique aux pôles de l'aimant, je les enveloppe dans une feuille de clinquant repliée sur elle-même, formant cuvette maintenue à frottement doux sur les pôles.

En la maintenant contre les pôles, les éléments magnétiques y adhéreront ; en la faisant glisser, l'action magnétique, s'affaiblissant, les grains s'en sépareront automatiquement.

Tubes à essais

Pour les essais par voie humide, quelques jeux de 3 tubes de 6, 8 et 10 mm. de diamètre et de 10 à 12 cm. de longueur emboîtant l'un dans l'autre sont suffisants.

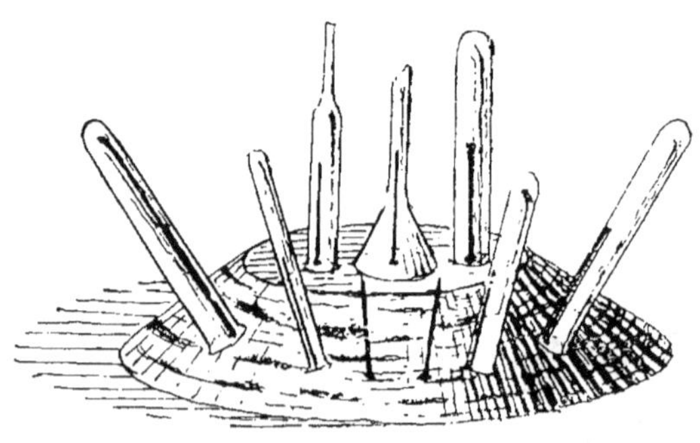

Fig. 26

On pourra les placer sur un support de liège (Fig. 26) dans lequel sont enfoncées de petites tiges en bois pointues.

'Comme support pendant leur chauffage, utiliser la pince en laiton représentée (Fig. 27).

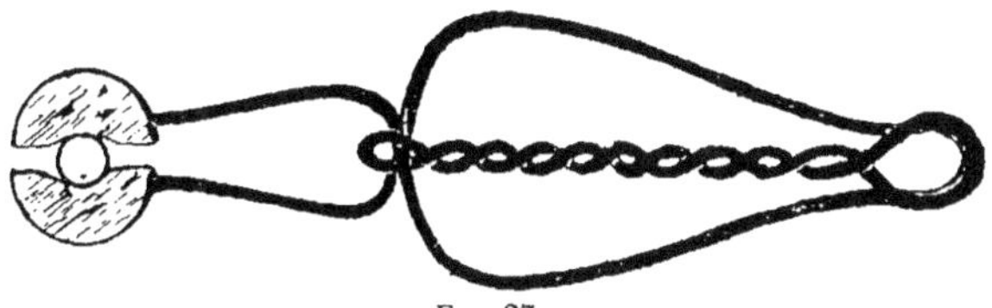

Fig. 27

Tubes gradués

Un ou deux tubes gradués cylindro-coniques semblables à celui représenté (Fig. 28) sont utiles pour estimer le volume de certaines précipités.

Capsules en porcelaine

Quelques petites capsules en porcelaine *avec bec* de 2 cm. 1/2 de diamètre sont nécessaires pour les attaques que l'on ne peut réaliser dans des verres de montre. Quelques capsules *sans bec* seront utilisées pour les désagrégations par le soufre et le carbonate de soude.

Deux capsules vernissées avec bec de 5 cm. de diamètre seront également très-utiles.

Des micas percés serviront de support à ces capsules.

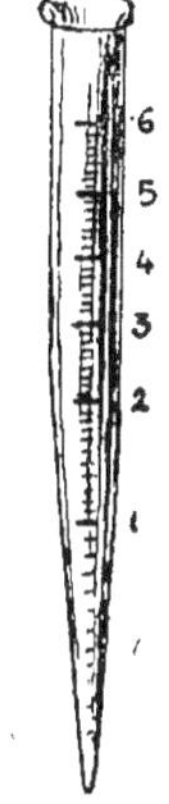

Fig. 28

Verres de montre ordinaires (par abréviation : **VM**)

Une douzaine de verres de montre *minces* de 2 cm et deux douzaines de verres de 3 à 3 cm. 1/2 de diamètre sont nécessaires.

Ces verres sont utilisés :

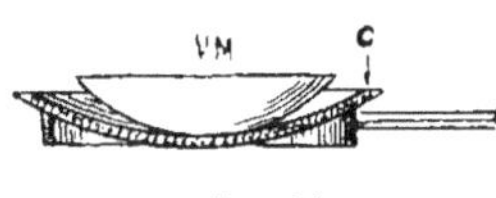

Fig. 29

1° Pour remplacer dans les essais de calcination et grillage les tubes fermés et ouverts ;

2° Pour effectuer l'attaque de minerais, globules métalliques, sublimés par les acides. Pour réaliser cette opération, je place le verre de montre (V.M.) contenant matière et réactif sur une *petite calotte sphérique en carton d'amiante C*, reposant sur l'anneau qui termine le bras mobile de la lampe de Berzélius ; la calotte étant maintenue au-dessus de la flamme à une distance variable suivant les cas (Fig. 29).

Verres de montre percés (par abréviation : VMP)

Quelques verres de montre percés au centre d'une ouverture circulaire de 5 mm. de diamètre sont utilisés dans certains essais, et pourront, le cas échéant, remplacer les entonnoirs dans les filtrations (Fig. 30).

Entonnoirs (par abréviation : E)

Ayant constaté qu'en cours de route les tiges des entonnoirs se brisent facilement, j'emploie de préférence des jeux de trois petits entonnoirs de 2 à 4 cm. de diamètre à tige raccourcie, s'emboîtant les uns dans les autres. Avec ces entonnoirs, comme avec les verres de montre percés, la filtration se fait normalement, si on prend la précaution avant de placer le filtre d'introduire, pour détruire l'effet de la capillarité, une petite bandelette de papier de 2 mm. de largeur et de 4 cm. de longueur environ que l'on fait adhérer par son extrémité supérieure contre la paroi intérieure de l'entonnoir au moyen d'une goutte d'eau, laissant pendre librement l'extrémité au-dessous de l'entonnoir (Fig. 30).

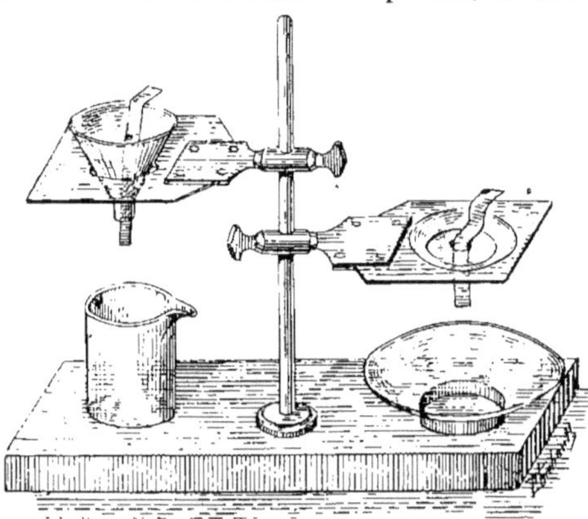

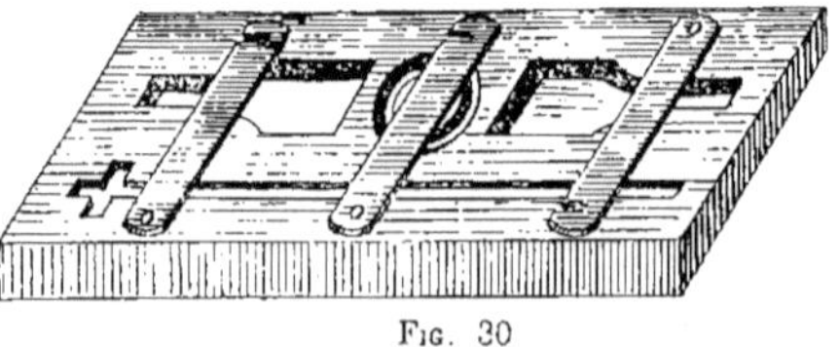

Fig. 30

On constate que le filtrat tombe goutte à goutte. On peut le recueillir dans un vase à précipté ou dans un verre de montre reposant sur un petit anneau métallique.

Ces entonnoirs sont utilisés également dans les calcinations à faible température (voir page 73).

Supports pour filtration (Fig. 30-31)

Le support (Fig. 30) se compose d'un bloc en bois sur lequel est vissée une tige en laiton verticale le long de laquelle coulissent deux pinces métalliques, lesquelles peuvent être vissées à hauteur convenable.

Chacune de ces pinces maintient horizontal un mica percé d'une ouverture circulaire dans laquelle on dépose entonnoirs ou verres de montre percés. Les verres dans lesquels on recueille le filtrat reposant sur le socle en bois.

En remplaçant le mica par une feuille de cuivre et en utilisant la petite lampe à alcool à flamme réglable, on a ainsi *une plaque chauffante* sur laquelle on pourra réaliser des évaporations lentes sur des plaques porte-objet ou dans des verres de montre supportés par des anneaux.

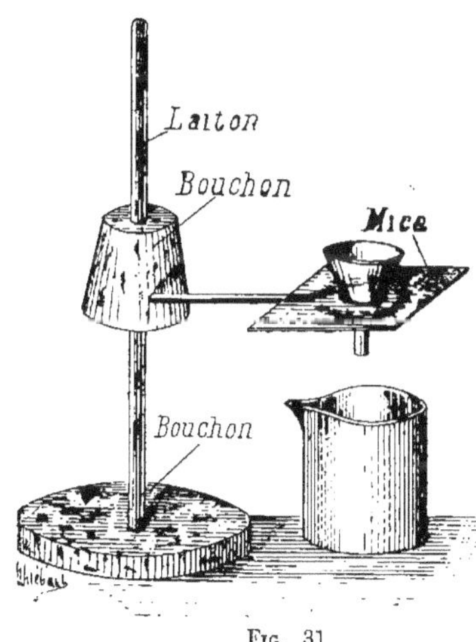

Fig. 31

Ce support est démontable, les diverses pièces s'encastrant dans le socle en bois.

Un support très-simple est représenté (Fig. 31). La base consiste en une plaque de liège dans laquelle on pique une tige en laiton pointue par un bout, le long de laquelle on fait coulisser un bouchon percé suivant son axe. Celui-ci étant placé à hauteur convenable, on pique horizontalement de gros fils de laiton terminés par des anneaux sur lesquels on place des micas percés servant de supports aux entonnoirs.

Vases à précipitation et vases gradués

Deux jeux de trois vases à précipitations chaudes avec bec d'une contenance de 15, 25 et 40 cm³, s'engageant les uns dans les autres sont suffisants. Un jeu de vases gradués en cm³, de mêmes dimensions, à bords rodés, seront très-utiles comme appareils de mesure pour préparer certaines. solutions. L'utilisation de ces vases pour prendre la densité de morceaux de minerais de dimension moyenne est indiqué page 262.

Nacelles et godets en porcelaine

Dans la méthode des enduits, pour soumettre ces derniers à l'action des vapeurs se dégageant de certains réactifs, deux petites nacelles et deux godets sont nécessaires.

J'utilise pour les micas collecteurs, des nacelles rectangulaires de 6 cm. sur 3 cm. et 6 mm. de profondeur.

Pour les micas supports, les godets et demi-godets rectangulaires dont on se sert pour les couleurs d'aquarelle.

Enfin pour les sublimés sur verre de montre, de petits godets ronds ordinaires de 2 cm. 1/2 de diamètre.

Compte-gouttes en amiante (Fig. 32)

Pour déposer les gouttes de teinture d'iode sur les enduits afin de les transformer en iodure par inflammation, j'utilise une

Fig. 32

cordelette d'amiante introduite à frottement doux dans un petit tube en verre de même diamètre qu'elle déborde de 2 cm. environ.

Cette partie débordante, plongée dans la teinture d'iode, en retient suffisamment pour permettre de déposer plusieurs gouttes sur l'enduit. Enflammée ensuite, elle sert à son tour à enflammer les gouttes éparses sur le mica.

Pipette

Une petite pipette de 5 mm. de diamètre intérieur sera utile pour prendre quelques gouttes de réactif à ajouter le cas échéant à des solutions.

Agitateur

Un petit agitateur en verre de 10 cm. de long et de 3 mm. de diamètre, convient parfaitement. Il peut être remplacé avantageusement par un morceau de fil de platine rigide.

Papier-filtre

Une provision de filtres ronds empilés dans une boîte quelconque est nécessaire. Préparer les filtres soi-même en découpant dans des feuilles de papier-filtre des rondelles d'un diamètre double de celui des entonnoirs employés.

Pince plate en fer (Fig. 33)

Pince employée pour relever les mèches des lampes.

Fig. 33

Ciseaux

Une bonne paire de ciseaux servira pour couper les mèches, découper les micas et les filtres.

Toile émeri

Quelques bandelettes de toile émeri N° 000 seront utiles pour nettoyer les instruments en fer et en acier.

Pierre ponce

Un morceau de pierre ponce servira pour nettoyer le mortier d'agate.

Battée (Fig. 34)

La battée est un appareil de lévigation et de concentration remarquable par sa simplicité. Cet appareil qui doit se trouver toujours dans le bagage du prospecteur est également indispensable quand on se livre à l'étude des minerais.

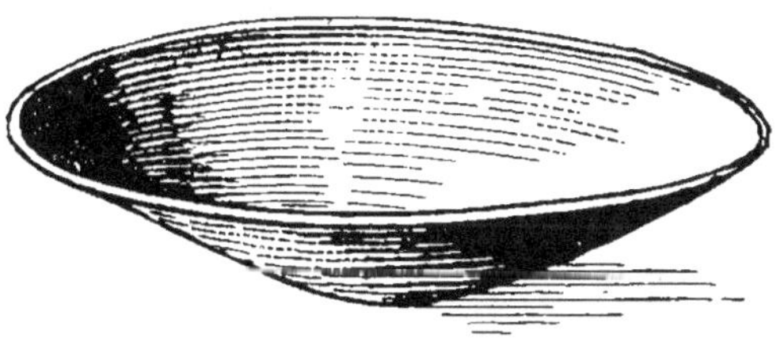

Fig. 34

Pour ce cas particulier, la battée que je recommande, plus petite que la battée de travail, au lieu d'avoir une forme conique, a celle d'un paraboloïde de révolution très-ouvert à angle au sommet de 150° à 160°. Son diamètre est de 30 cm. environ.

Elle est généralement construite en fer mais pour le travail de laboratoire on trouvera avantage à employer une battée en aluminium dont la teinte grise permet de mieux distinguer la couleur des concentrés quelle qu'elle soit.

Mode d'emploi. — La battée, à moitié remplie d'eau, est tenue avec la main gauche sur la surface de l'eau. Y verser une certaine quantité de matière (minerai à concentrer broyé et passé au tamis 60, sables et graviers aurifères, etc., etc...). Travailler cette masse avec la main droite jusqu'à ce qu'elle soit débourbée et ait l'apparence d'une bouillie claire. Incliner ensuite la battée vers l'extérieur en laissant rentrer un peu d'eau et imprimer à l'appareil des mouvements giratoires de façon à amener la partie légère vers le bord et concentrer les parties lourdes au centre.

Recommencer cette opération de débourbage jusqu'à ce que l'eau soit claire. Il ne restera plus dans l'appareil que les graviers, sables et concentrés. Trier les graviers à la main en les examinant séparément. Quand il ne reste plus que sables et concentrés, plonger la battée dans l'eau en l'inclinant de plus en plus vers l'extérieur, en continuant les mouvements de rotation de façon à se débarrasser de la plus grande partie des matières légères.

Cette concentration préliminaire (élimination des gros stériles) exécutée, il reste à séparer les stériles des concentrés.

Pour arriver à ce résultat, retirer la battée de l'eau et tout en y laissant une quantité suffisante d'eau pour que le minerai soit largement recouvert, recommencer les mouvements giratoires jusqu'à ce que la concentration soit réalisée, c'est-à-dire que les parties lourdes (*concentrés*) soient déposées, fixées au fond et que les parties légères (*stériles*) en suspension dans l'eau soient entraînées dans le mouvement de rotation.

Inclinant alors la battée progressivement tout en continuent les mouvements giratoires, expulser au dehors avec une certaine quantité d'eau une partie des stériles en suspension. Renouvelant l'eau et recommençant plusieurs fois cette opération en inclinant de plus en plus la battée, on finira par éliminer la très grande majorité des stériles. Finalement il ne restera plus au fond de la battée que les concentrés entourés ou partiellement.

recouverts d'une petite couche de stériles étalés que l'on pourra séparer par râclage ou par projection d'eau à la main.

Si on a peu de matières lourdes, on pourra les séparer des stériles au moyen de petits chocs sur le bord de la battée opposé à celui sur lequel se trouve la matière. On constate que les grains lourds se séparent automatiquement des stériles en remontant sur la paroi de la battée. On pourra également pour arriver à ce résultat, donner à la battée un mouvement de va-et-vient transversal avec secousses brusques d'avant en arrière ou entraîner les stériles au dehors par un léger courant d'air après avoir donné une inclinaison convenable à la battée.

On arrivera ainsi à séparer complètement les *métaux précieux* et les *minerais lourds* (minerais dont la densité est en général supérieure à 3,5, tels que : cassitérite, magnétite, illménite, pyrite, zircons, corindons, grenats, monazites, etc.

Sécher, enlever les minéraux magnétiques au moyen de l'aimant faible puis de l'aimant fort. Peser. Les concentrés seront étudiés par des moyens *ad hoc*.

Microscope

Un microscope est indispensable pour mesurer le diamètre des boutons des métaux précieux, obtenus par scorification du minerai. Celui dont nous nous servons est du type non inclinant à crémaillère et vis micrométrique pour la mise au point. Il est muni d'un oculaire micrométrique quadrillé. Le tube portant la partie optique du microscope peut varier de longueur par l'allongement du coulant porte-oculaire, ce qui permet d'avoir des grossissements variés. En général, j'utilise seulement dans la mesure des diamètres des boutons les grossissements extrêmes, c'est-à-dire ceux qui sont donnés par le coulant porte-oculaire tiré complètement hors du tube du microscope ou par le coulant porte-oculaire engagé complètement.

Oculaire. — L'oculaire, de même grossissement que l'oculaire n° 3 Nachet, est monté à tirage de façon à ce que le verre d'œil puisse être mis au point sur le quadrillé micrométrique qui se trouve dans l'intérieur.

Micromètre. — Ce dernier est constitué par une plaque de verre sur laquelle est gravé un quadrillage au demi-millimètre.

En outre, afin de pouvoir mesurer avec précision le dia-

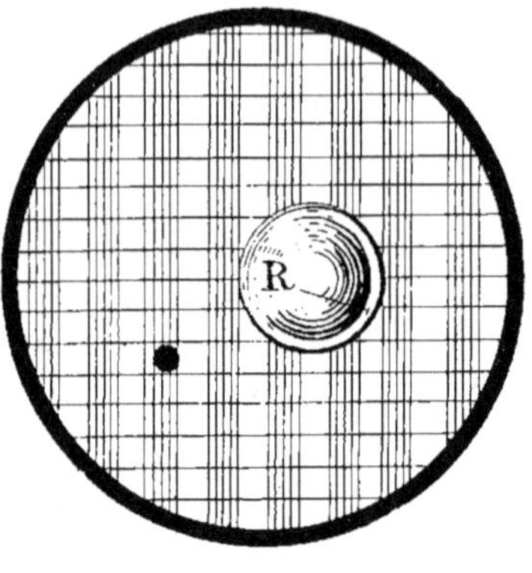

FIG. 35

mètre des boutons très-petits, une division sur deux a été divisée, sur toute la longueur du micromètre, en huitièmes de millimètre (FIG. 35).

Objectif. — Nous employons dans la mesure des boutons l'objectif Nachet n° 3.

On peut adapter au microscope un appareil de polarisation, le polariscur engagé à frottement dans un tube placé sous la platine, l'analyseur coiffant l'oculaire.

Un pareil microscope rendra d'énormes services dans l'étude des fonds de battée, de certains enduits ou sublimés, des cristaux produits dans les réactions microchimiques. Son appareil de polarisation permettant d'étudier les propriétés optiques des minéraux transparents.

Balances

Deux sortes de balances de voyage sont nécessaires :

1° Balance utilisée pour peser les prises d'essai dans les essais d'or et d'argent et les petits échantillons de minerai dont on veut déterminer la densité par l'appareil de Pisani. Cette balance devant peser 15 grammes avec une sensibilité d'un quart de milligramme.

Celle représentée (FIG. 36) fabriquée par Hcill et Cie, remplit ces desiderata ;

2° Une balance plus forte, pouvant peser 500 gr. avec une sensibilité de 5 centigr.,

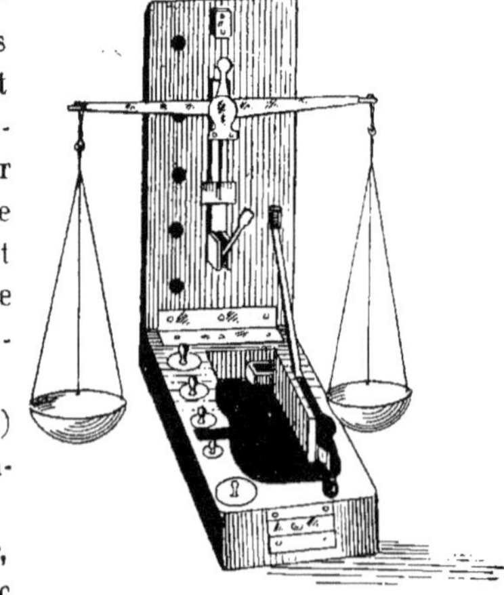

FIG. 36

utilisée pour les échantillons moyens dont on veut déterminer la densité, les matières à traiter à la battée, les concentrés, etc.

Spectroscope

Un petit spectroscope à vision directe (Fig. 37), décrit p. 103, sera utilisé dans les essais pour la coloration de la flamme, la

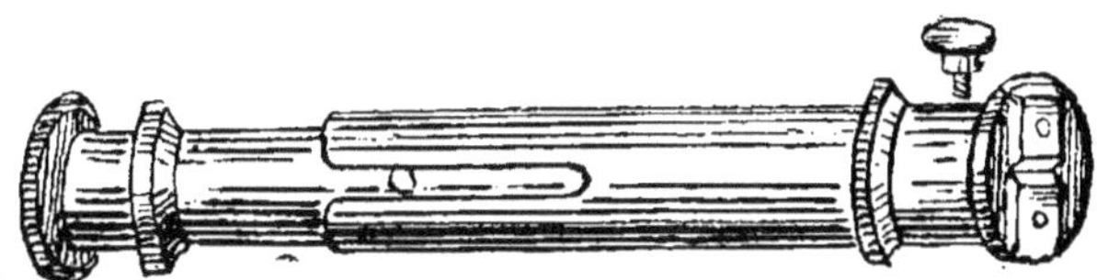

Fig. 37

recherche des minéraux donnant des bandes d'absorption (monazite, zircon, etc.).

Ecran de Merwin (Merwin's Screen)

Ecran servant à étudier les mélanges de flammes colorées et rendant invisible la coloration de la flamme de la soude. (Voir page 101).

Appareil à densité de Pisani

Cet appareil (Fig. 38), très-pratique pour prendre la densité de petits fragments de minéraux est décrit page 261.

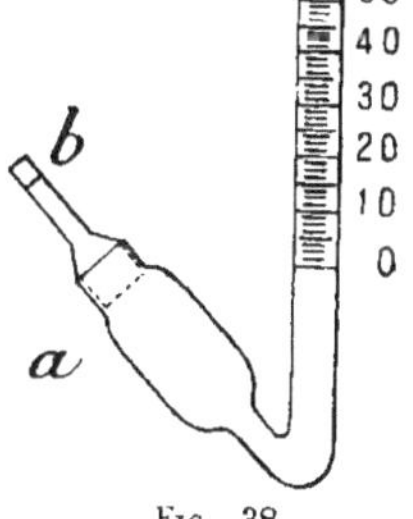

Fig. 38

Crible démontable

Un petit crible démontable (Fig. 39) en laiton muni de trois tamis N°s 30, 60, 90, trouvera son emploi pour séparer dans les fonds de

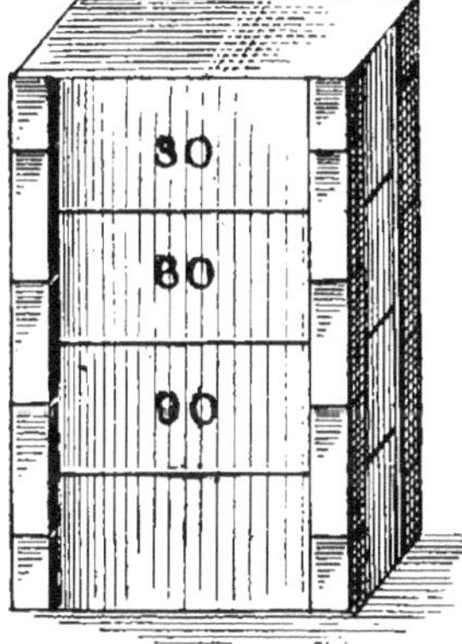

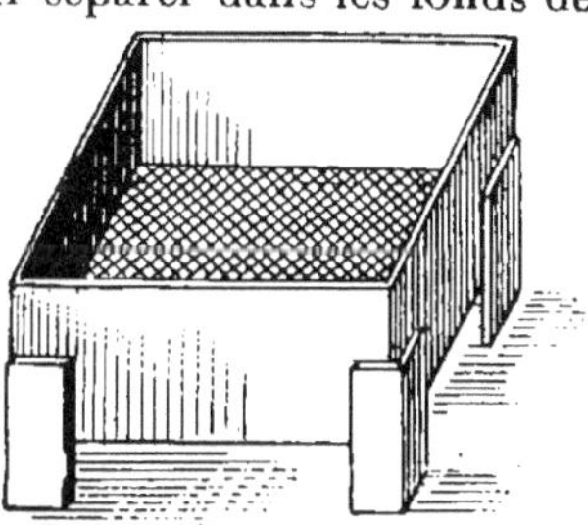

Fig. 39

battée les minéraux de différentes grosseurs et pour étudier les résultats du broyage de certaines associations, etc., etc. Cet appareil peut servir, le cas échéant, de boîte pour les V.M.

Appareillage pour la recherche des métaux précieux par scorification.

Bloc pour scorificatoires. — J'utilise pour ces essais de petits blocs prismatiques en terre spéciale dégourdie (Fig. 40).

Sur les faces de ces blocs, au moyen d'une forte fraise en

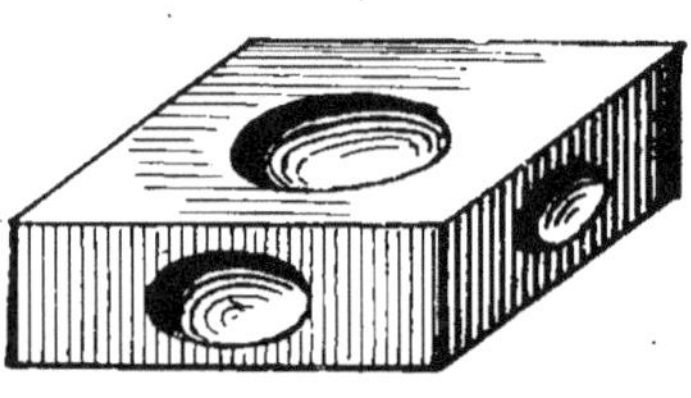

acier trempé (**fraise à scorificatoire** Fig. 41) on creuse des cavités qui rempliront l'office de scorificatoires ; ces cavités ayant sur les grandes faces 12 $^m/_m$ de diamètre et 4 à 5 $^m/_m$ de profondeur, sur les petites 10 $^m/_m$ sur 3 $^m/_m$.

Les grandes cavités sont utilisées pour les scorifications des minerais. Les petites pour des essais qualitatifs, les rescorifications, le traitement des galènes riches, etc., etc.

Pince à scorificatoire (Fig. 58). — Forte pince en laiton doublé à l'intérieur d'un fort ressort en acier. Cette pince permet

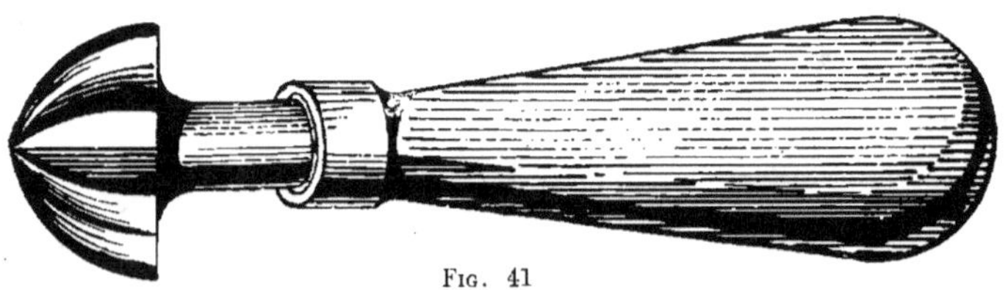

Fig. 41

de saisir les scorificatoires et de les porter et maintenir dans la flamme. Elle est utilisée également pour saisir et maintenir les plaques de scorification des régules, quand celles-ci deviennent trop chaudes.

Plaque de scorification des régules de plomb (Fig. 59). — Cette plaque, en terre spéciale dégourdie, a 7 cm. de long, 5 cm. de large et cm. 1/2 d'épaisseur. Elle est utilisée pour scorifier les régules de plomb obtenus par scorification jusqu'à l'obtention du bouton de métaux précieux. Nous la désignerions par abréviation sous le nom de **Plaque P.P.D.** Une plaque sert au minimum pour cinquante essais.

Plaque de finissage. — Petite plaque en terre réfractaire utilisée pour terminer la scorification des régules pauvres en métaux précieux. Etant moins scorifiable, les très-petits boutons, en fin d'opération, ont moins de tendance à s'incruster dans la plaque.

Plaque en carborundum. — Une plaque en carborundum de quelques centimètres de long et 1 centimètre d'épaisseur environ est nécessaire pour débarrasser, après chaque opération, la plaque P.P.D. des traînées de scories résiduelles. Cette opération s'exécute simplement en frottant la surface de la plaque avec le carborun-

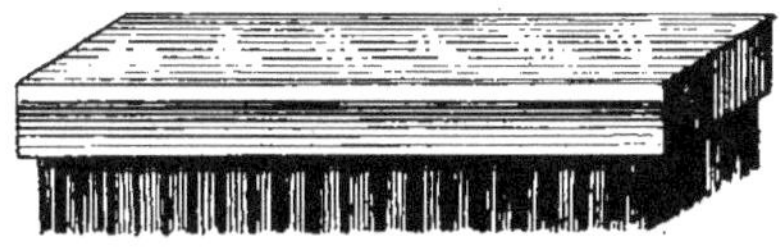

Fig. 42

dum. Le carborundum étant nettoyé lui-même au moyen d'une **carde** (Fig. 42) ou d'une brosse en fil de fer.

Tournevis (Fig. 43). — Un petit tournevis à plusieurs mèches

Fig. 43

interchangeables sera très utile pour détacher de la plaque les boutons de métaux précieux et le cas échéant les régules de plomb en cours de scorification.

CHAPITRE II

FLUX ET REACTIFS DES ESSAIS PYROGNOSTIQUES ET DE LA VOIE SECHE

Carbonate de soude

Par abréviation ce flux est désigné sous le nom de *Soude*, dans les essais par voie sèche. C'est le terme dont nous nous servirons pour le désigner.

Employé principalement dans les essais sur le charbon il

s'empare des métalloïdes et acides et libère les oxydes, ces derniers pouvant être réduits au contact du charbon.

Avec les sulfures, sulfo-sels, sulfates, il se forme à F. R. du sulfure de sodium, masse jaune plus ou moins brune désignée sous le nom d'*hépar*, dont la dissolution noircit l'argent.

Il est utilisé également pour désagréger les composés insolubles ou infusibles et, mélangé avec du nitre, il sert à reconnaître la présence du manganèse, du chrome, du vanadium dans les minerais.

La soude servant à rechercher le soufre ne doit pas contenir de sulfates, la solution de ce corps ne doit donc pas précipiter par l'azotate de baryte.

Borax

Ce flux est le fondant par excellence de tous les oxydes métalliques.

En faisant adhérer une parcelle de l'oxyde à essayer à une perle faite avec ce sel et soumettant cette perle à l'action des flammes du chalumeau on obtient des colorations particulières caractéristiques de l'oxyde.

Employé avec la soude sur le charbon il sert à séparer les oxydes difficilement réductibles de ceux pouvant se réduire à l'état métallique.

Employer de préférence le *borax fritté* qui boursoufle moins. S'assurer que le produit donne des perles incolores dans les deux flammes.

Sel de phosphore ou *Phosphate ammoniaco-sodique.*

Comme le borax, ce sel dissout les oxydes à l'exception toutefois de la silice.

Chauffé, il bouillonne beaucoup et longtemps perdant successivement son eau d'hydratation et son ammoniaque avant de se transformer en métaphosphate de sodium très-fusible.

Bisulfate de potasse

Ce sel, employé pour chasser de leurs combinaisons certains éléments volatils reconnaissables à leur odeur ou à leur couleur (acide azotique, iode, etc.), doit être préalablement fondu et ne *pas renfermer d'acide sulfurique libre*. On reconnaîtra que le bisulfate est bon pour emploi quand, mélangé à un peu de borax et introduit dans la flamme à l'extrémité d'un fil de platine il ne donne pas de coloration verte.

Le bisulfate de commerce est très-employé dans les analyses par voie humide pour désagréger les minerais principalement les bauxites, spinelles, titanates, niobates et tantalates des terres rares.

Ce réactif, réduit en poudre, doit être conservé dans un flacon bien bouché à l'émeri.

Nitre

Ce sel est un oxydant énergique employé en général en mélange avec la soude pour réaliser des fusions oxydantes (recherche du manganèse, etc.).

Bioxyde de Sodium

Réactif très-utile. Oxydant très-énergique, il remplace avantageusement le mélange nitre-soude.

Fondant au rouge naissant, on peut réaliser des attaques sur une petite lame de mica à la flamme de l'alcool.

Ce corps attaque facilement les sulfures, sulfo-arséniures, sulfo-antimoniures, tungstates, etc.).

Avec très-peu d'eau à froid il donne un vif dégagement d'oxygène ; dissous dans une plus grande quantité, l'oxygène se dégage à chaud.

Il peut remplacer l'eau oxygénée dans la voie humide. Soluble dans HCl étendu il se conserve longtemps. Conserver ce corps dans un flacon jaune à large goulot, bouché à l'émeri.

Charbon en poudre

Le charbon de bois en poudre est utilisé pour réduire sur la lame de mica, arséniates et antimoniates, etc... Il est utilisé en mélange avec la soude et le borax sur le charbon.

Soufre

Du soufre *broyé* à la dimension d'un mm. environ sera utilisé en mélange avec la soude pour attaquer certains minerais et trouvera emploi dans quelques essais particuliers.

Mélange de bisulfate de potasse et de spath-fluor (Flux de Turner)

Un mélange de trois parties de bisulfate et d'une partie de spath-fluor conservé dans un petit flacon bien bouché à l'émeri est utilisé pour déceler la présence du bore par la coloration de la flamme.

Oxyde de cuivre.

Ce corps s'emploie avec la perle au sel de phosphore pour rechercher chlore, brome, iode, par la coloration de la flamme.

Protoxyde d'étain

Réducteur énergique, très-utile, présentant l'avantage sur l'étain métal de pouvoir être introduit dans les perles sur le fil de platine pour faciliter les réductions sans avoir crainte de former un alliage fusible avec ce métal.

Magnésium

Du magnésium en ruban ou en poudre servira pour rechercher l'acide phosphorique.

Plomb pauvre

Le plomb pauvre, c'est-à-dire exempt d'argent sous forme de feuilles de 1/10 de mm. d'épaisseur est très-largement employé dans les essais par scorification (recherche des métaux précieux).

Lame ou fil d'argent

Une *petite lame* ou un *fil d'argent* assez fort sont nécessaires pour caractériser le soufre dans l'hépar avec la soude.

Quelques réactifs de la voie humide sont utilisés pour faciliter la reconnaissance de certains gaz, pour rendre plus visibles les colorations de la flamme, caractériser les sublimés, enduits et globules ou paillettes métalliques, etc.

Sont absolument nécessaires :

Eau distillée ou eau de pluie ; acides chlorhydrique, azotique, sulfurique, ammoniaque ; sulhydrate d'ammoniaque, teinture d'iode ; solutions d'azotate de cobalt, d'azotate d'argent, de chlorure stanneux ; papier de tournesol sensible et papier de curcuma.

CHAPITRE III

REACTIFS DE LA VOIE HUMIDE

§ 1 — REACTIFS LIQUIDES

Ces réactifs seront contenus dans des flacons compte-gouttes à bouchon plat, bouchés à l'émeri, à l'exception de la teinture d'iode qui sera conservé pour usage dans un flacon à *large goulot*, bouché également à l'émeri.

Eau : H^2O

Employer de l'eau distillée. Si l'on ne peut s'en procurer, utiliser l'eau de pluie filtrée.

Acide chlorhydrique : HCl

L'acide fumant (D-1,20) contient 35 % d'HCl. Dans beaucoup d'essais, il sera préférable de l'étendre de son volume d'eau.

L'acide fort est employé comme dissolvant, l'acide faible pour acidifier les liqueurs, précipiter les chlorures insolubles, etc.

Acide azotique : NO^3H

L'acide concentré (D-1,33) est peu employé. L'étendre de deux fois son volume d'eau. Il doit être incolore. Utilisé comme dissolvant et oxydant.

Eau régale (par abréviation : HR)

Se prépare au moment de l'emploi en mélangeant un volume de NO^3H et trois volumes d'HCl.

Agit comme chlorurant, oxydant. Il est le dissolvant des métaux précieux.

Acide sulfurique : SO^4H^2

Employé pur ou étendu de deux fois son volume d'eau. Prendre la précaution de verser lentement l'acide dans l'eau en agitant et éviter de verser l'acide concentré dans un liquide chaud.

Employé pour déplacer un grand nombre d'acides volatils, précipiter des sulfates insolubles, produire certaines réactions colorées, etc.

Ammoniaque : NH'OH ou Am

Employer la solution pure qui dégage beaucoup de gaz pour identifier les enduits. L'étendre de trois fois son volume d'eau pour les réactions chimiques.

Réactif employé pour précipiter les métaux à l'état d'oxydes dont beaucoup sont solubles dans un excès, pour neutraliser les solutions acides, etc.

Sulfure d'Ammonium : Am'S

Employé pour transformer les enduits d'oxydes en sulfures, en identifier quelques-uns, etc., etc. Conserver dans un flacon en verre jaune.

Teinture d'Iode (par abréviation : TI)

Préparer ce réactif en dissolvant dans de l'alcool absolu de l'iode jusqu'à saturation. Se garder d'employer la teinture d'iode pharmaceutique qui contient de l'iodure de potassium donnant des enduits parasitaires. Ce réactif est employé pour transformer les sulfures en iodures.

Chlorure Stanneux : SnCl',xH'O

Préparer ce réactif en chauffant longtemps à l'ébullition un *excès* de grenailles d'étain pur avec HCl jusqu'à cessation de dégagement d'hydrogène. Etendre la solution, la conserver dans un flacon compte-gouttes contenant un peu d'étain et d'HCl.

Azotate d'Argent : NO'Ag

Ce réactif en solution sert à différencier les enduits d'arsenic et d'antimoine, à précipiter certains acides dont les sels d'argent sont insolubles ou ont des colorations caractéristiques (chlorures, arséniates, chromates). Conserver dans un flacon en verre jaune.

Azotate de Cobalt : (NO')' Co (Solution cobaltique)

Solution à 10 %. Cette solution sera conservée dans un petit flacon dans le bouchon duquel sera emmanché le compte-goutte en fil de platine indiqué page 12. Les enduits du zinc, de l'étain, les minéraux blancs de zinc, alumine, magnésie, humectés avec cette solution et traités à FAO prennent des colorations caractéristiques.

Acide Acétique : $C^2H^4O^2$

Employer l'acide acétique cristallisable, étendu de son volume d'eau.

Acide faible, utilisé pour acidifier des solutions quand on veut éviter les sels minéraux.

Alcool : C^2H^6O

Se servir d'alcool à 90-95°. Employé pour opérer quelques séparations et insolubilisations de sels, des réductions, etc.

L'alcool est le solvant du diméthylglyoxyme (réactif du nickel).

Eau Oxygénée : H^2O^2

Employer la solution commerciale à 10 volumes. Oxydant très-énergique et réactif très-sensible des acides titaniques, chromiques, etc.

Eau de Baryte : $Ba\,(OH)^2$

Dissolution saturée d'hydrate de baryte. Sert à reconnaître CO^2.

§ II. — REACTIFS SOLIDES

Acide Citrique : $C^6H^8O^7$

Réactif très utile en cours de prospection où il peut remplacer HCl pour caractériser les carbonates (voir page 172).

Acide Tartrique : $C^4H^6O^6$

Solution à 10 % préparée au moment de l'emploi. Empêche certaines précipitations et en particulier celle de l'oxy-chlorure d'antimoine par l'eau, etc.

Acide Oxalique : $C^2H^2O^4$

Sert à dissoudre certains précipités, cet acide est le précipitant des terres rares, etc.

Chlorure d'Ammonium : NH^4Cl

S'emploie en solution à 20 % du sel commercial. Utilisé pour empêcher la précipitation de certains métaux tels que Mn, par suite de la formation de sels doubles, solubles dans l'eau, etc.

Oxalate d'Ammonium : $C^2O^4(NH^4)^2$

Employer en solution saturée à froid. Sert à reconnaître le calcium et à donner des précipités d'oxalates insolubles.

Carbonate d'Ammonium : $CO^3 (NH^4)^2$

Préparer les solutions comme suit :
Dissoudre 50 % de sesquicarbonate dans l'eau ;
Ajouter 25 % d'ammoniaque pure.
Sert à précipiter les alcalino-terreux, à séparer la magnésie, etc.

Molybdate d'Ammonium : $Mo^7O^{24}(NH^4)^6+4H^2O$

Dissoudre le molybdate cristallisé dans de l'eau rendue alcaline par l'ammoniaque.
Pour emploi : acidifier un peu de cette solution avec NO^3H. S'il se forme un précipité, le redissoudre en ajoutant à nouveau de l'acide.
Ce sel est le réactif des phosphates et arséniates.

Sulfocyanure d'Ammonium : $CySNH^4$

Employé dans les recherches du molybdène.

Potasse Caustique : KOH

Employer de la potasse caustique en pastilles et préparer une solution concentrée à 33 % au moment de l'emploi.
Ce réactif est utilisé pour libérer Am, précipiter certains oxydes métalliques, redissoudre et séparer des oxydes tels que ceux de Zn, Ni, qui sont solubles dans un excès de réactif, etc.
Conserver les pastilles dans un flacon bouché à l'émeri.

Chlorate de potassium : ClO^3K

Employé en poudre ou en solution. Oxydant énergique.

Chromate neutre de potassium : CrO^4K^2

Solution à 40 %. Sert à précipiter un certain nombre de métaux à l'état de chromates, dont quelques-uns ont une coloration caractéristique (chromate d'argent rouge, etc.).

Iodure de potassium : KI

Solution à 10 %. Réactif du palladium.

Ferri et Ferrocyanure de Potassium : $(Fe^2Cy^{12})K^6$ et $(FeCy^6)K^4$

Ces deux sels sont employés en solutions à 10 % du sel commercial. Réactifs de coloration et précipitation surtout pour le fer ; le ferrocyanure est également employé pour l'urane et le cuivre.

Carbonate de Sodium : $CO^3Na^2 + 10^2O$

Solution à 40 % du sel commercial. Ce sel précipite à l'état de carbonate tous les métaux, excepté les alcalins. Utilisé pour saturer les acides libres et décomposer des sels insolubles.

Phosphate de Sodium : $PO^4Na^3 + 12H^2O$

Employer une solution à 10 % du sel commercial. Utilisé pour séparer la magnésie à l'état de phosphate ammoniaco-magnésien. Peut être remplacé par le sel de phosphore.

Nitroprussiate de Sodium : $Fe^2Cy^{10}\ (NO^2)^2Na^4$

Solutionner à 5 % au moment de l'emploi. Réactif des sulfures.

Azotate de baryum : $(NO^3)^2Ba$

Solution à 10 % du sel commercial. Réactif précipitant un grand nombre d'acides minéraux. Employé surtout pour reconnaître SO^4H^2 et les sulfates.

Sulfate de Magnésium : $SO^4Mg + 7H^2O$

Solution à 10 %. Réactif des phosphates et arséniates en solutions ammoniacales, avec lesquels il forme des sels ammoniaco-magnésiens insolubles.

Acétate de Plomb : $(C^2H^3O^2)^2Pb + 3H^2O$

Solution à 10 % à laquelle on ajoute 2 gouttes d'acide acétique %. Sert à reconnaître H^2S, les sulfures, SO^4H^2, etc.

Chlorure d'Or : $AuCl^3$

Solution à 1 %. Facilement réduit par plusieurs corps, transforme les protochlorures en perchlorures, etc., en donnant un précipité d'or.

Utilisé dans la recherche de faibles quantités d'étain.

Chlorure de Platine : PtCl⁴

Solution à 5 %. Réactif de K, Cs, Ru, avec lesquels il forme des précipités jaunes cristallins.

Azotate de Bismuth : $(NO^3)^3Bi + 5H^2O$

Solution à 5 % d'azotate acide du commerce additionné de 10 % de NO^3H pur.

Précipitant de l'acide phosphorique.

Diméthylglyoxyme : $C^4H^8O^2N^2$

Dissoudre une partie en poids dans 100 parties d'alcool. Indispensable pour la recherche du nickel.

Zinc et Etain

En grenailles et lames. Sont nécessaires pour effectuer la réduction de certaines solutions de sels minéraux ; précipitation des métaux ou production de colorations caractéristiques.

Papiers Réactifs

Des bandelettes de papier *tournesol sensible*, de *curcuma*, sont indispensables.

On pourra y ajouter du *papier amidonné* (réactif de l'iode) et du papier à l'*acétate de plomb* (réactif de H^2S).

Réactifs organiques

Pour certaines réactions colorées, avoir en réserve quelques centigrammes de *Morphine*, *Codéine*, *Thymol*.

DEUXIÈME PARTIE

ESSAIS PYROGNOSTIQUES
UTILISÉS JUSQU'ICI DANS LA DÉTERMINATION DES MINERAIS.
NOUVELLE MÉTHODE RATIONNELLE
PERMETTANT DE RECUEILLIR ET CARACTÉRISER ENDUITS ET SUBLIMÉS

CHAPITRE PREMIER

HISTORIQUE — NOMENCLATURE ET BUT DES ESSAIS AMELIORATIONS NECESSAIRES

§ I. — HISTORIQUE ET GENERÀLITES

La détermination et l'étude rapide d'un minéral sur place, au moyen d'un appareillage réduit et transportable, impose l'obligation d'utiliser, de préférence, les essais pyrognostiques et de la voie sèche pour rechercher ses éléments constitutifs et accessoires. Ces essais sont réalisés principalement au moyen du chalumeau, intrument dont se servent depuis des siècles les petits artisans pour fondre et souder le verre et les métaux précieux.

Cet instrument merveilleux, remarquable par sa simplicité, permet d'envoyer l'air soufflé par la bouche de l'opérateur sur la flamme d'une bougie, d'une lampe à mèche, d'un brûleur Bunsen et, par ce seul moyen, de porter en un seul instant ces flammes à une température très élevée et, en outre, de modifier leur nature en les rendant à volonté oxydantes ou réductrices.

En utilisant ces deux sortes de flammes et des supports appropriés, il devient donc possible d'effectuer des fusions, volatilisations, calcinations, grillages, réductions ; en un mot, toutes les opérations que nécessitent les essais par la voie sèche (essais n'utilisant que la chaleur et les flux) et de reproduire en petit les opérations métallurgiques courantes et cela avec un appareillage très-simple et en opérant sur des quantités infimes de matière.

Le chalumeau fut, pour la première fois, appliqué à l'essai des minerais, en 1738, par *Anton Swab*, conseiller des mines suédoises, lequel, malheureusement, ne laissa aucun écrit sur ce sujet.

Il eut pour continuateurs dans cette voie :

Cronstedt, qui s'en servit pour distinguer les minéraux entre eux en utilisant le borax, le sel de phosphore et le carbonate de soude.

Von Engeström, en 1770, qui publia un traité du chalumeau dans lequel on trouve un exposé exact de la méthode employée par Cronstedt.

Bergmann (1735-1784), professeur de chimie à Upsala, qui perfectionna la forme du chalumeau et publia, en 1779, un traité de chalumeau, dans lequel il exposa le résultat de ses recherches personnelles et celles d'autres savants.

Scheele qui, en 1784, signala la différence qui existe entre la flamme oxydante et la flamme réductrice.

Gahn (1745-1818), assistant de Bergmann, dont l'habileté était remarquable, indiqua l'emploi du fil de platine, de l'azotate de cobalt et découvrit la réduction des oxydes par le carbonate de soude.

Mais c'est surtout depuis que *Berzélius*, qui avait la pleine confiance de Gahn, publia le résultat de ses travaux dans son ouvrage intitulé : « *De l'emploi du chalumeau en chimie et en minéralogie* » que cet instrument est devenu indispensable pour le chimiste et le minéralogiste.

De Berzélius à nos jours, des chimistes et minéralogistes éminents ont apporté des perfectionnements dans la technique et le mode opératoire de ces essais. Parmi eux :

Harkort (1827), appliqua la première fois le chalumeau à l'analyse quantitative des minerais d'argent.

Plattner (1800-1858) s'occupa également de cette question et perfectionna les méthodes de détermination des éléments en combinaison.

Bunsen, en faisant connaître les réactions de la flamme de son brûleur sur les éléments, la possibilité de recueillir les produits volatilisés sous forme d'enduits déterminables, créa un nouveau mode d'analyse remarquable par sa précision et sa sensibilité.

En dehors de ces savants auxquels on doit les principes et les méthodes d'essais utilisés pour la recherche et la détermination des éléments constitutifs d'un minerai, beaucoup d'autres minéralogistes et chimistes ont travaillé dans cette voie, améliorant appareillage et procédés.

Quoique tous ces travaux n'aient pas abouti à la création d'une méthode systématique d'analyse par voie sèche permettant, comme dans la voie humide, d'isoler successivement tous les éléments contenus dans un minéral, ils ont permis néanmoins de constater qu'en le soumettant à un certain nombre d'essais pyrognostiques, tels que calcination, grillage, réduction, coloration de la flamme, des flux, etc., complétés ou confirmés par quelques essais simples par voie humide, on pouvait néanmoins déterminer rapidement ses éléments constitutifs. Que, d'autre part, en tenant compte de certaines propriétés physiques caractéristiques du minerai, telles que densité, dureté, degré de fusibilité, couleur de la poussière, il devenait ainsi possible de le spécifier, même si l'on ne peut, ce qui est souvent le cas pour les minerais métalliques, déterminer ses caractères cristallographiques.

C'est d'ailleurs sur ce principe que sont basées les méthodes systématiques de détermination des minéraux, proposées par divers minéralogistes, méthodes incluses dans les ouvrages de minéralogie pratique dont on trouvera la nomenclature dans nos notes bibliographiques.

Etant donné qu'il n'existe aucune méthode systématique de recherche des éléments par la voie sèche, on se trouve dans l'obligation, quand on veut spécifier un minerai, c'est-à-dire déterminer ses éléments constitutifs, de le soumettre à une série méthodique d'essais différents, ayant chacun un objectif déterminé ; l'un permettant, par exemple, de séparer les éléments volatilisables des éléments fixes, d'autres séparant les éléments réductibles des irréductibles, les éléments oxydables de ceux qui ne le sont pas, enfin certains utilisant pour reconnaître ou différencier les éléments les colorations de la flamme ou des flux, etc.

En un mot, ces essais successifs se complétant ou se contrôlant, permettront finalement de connaître et de caractériser les éléments constitutifs des minéraux à l'exception de quelques éléments plutôt rares.

§ II. — NOMENCLATURE ET OBJET DES ESSAIS

En général, on effectuait les essais suivants :

a) Des essais que je qualifierai d'**essais fondamentaux** ayant pour but de rechercher et caractériser les éléments volatilisables ou réductibles au chalumeau.

Ces essais comprenant :

1° *L'essai de calcination* ;

2°   —   *grillage* ;

3°   —   *réduction* ;

4°   —   *coloration des flammes* ;

5°   —   *coloration de perles de borax et de sel de phosphore* ;

6° *L'essai par le bisulfate de potasse.*

b) Des **essais spéciaux** ayant pour but de rechercher ou caractériser plus spécialement l'existence d'éléments particuliers, tels sont :

7° *L'essai à l'azotate de cobalt*, permettant de caractériser les enduits de Zn, Sn et les minéraux non colorés de Zn, Al, Mg.

8° La recherche des *métaux précieux* par fusion et coupellation ;

9° Celle du *nickel* en présence du cobalt et du fer par transformation des oxydes en arséniures suivie d'une oxydation de l'arséniure en présence d'une perle de borax ;

10° Celle du *chlore*, *brome* et *iode*, par la perle au sel de phosphore saturée d'oxyde de cuivre ;

11° Recherche des *acides phosphorique, borique, fluorhydrique*, par coloration de la flamme.

c) Quelques **essais simples par voie humide** permettaient de rechercher quelques éléments et de confirmer certains résultats obtenus par les essais précédents.

Ces indications générales fournies, j'indiquerai ci-dessous comment jusqu'ici on a réalisé les essais fondamentaux de calcination, grillage et réduction, ainsi que les raisons qui m'ont incité à modifier leur technique et leur mode opératoire et amené à créer une nouvelle méthode applicable à ces essais, beaucoup plus pratique et surtout plus rationnelle.

Ces trois essais ont été réalisés jusqu'ici dans les conditions suivantes :

Essai de calcination. — Une petit quantité de matière était introduite dans un petit matras ou tube fermé d'un bout (Fig. 44) chauffée à la flamme de la lampe à alcool, puis ensuite à celle du chalumeau.

Fig. 44

Ces essais permettant de constater si le minerai décrépite, change de couleur, fond, dégage des gaz, des vapeurs, si de l'eau ou d'autres produits liquides se condensent sur le tube, si des sublimés d'éléments volatilisables se déposent.

La nature des produits de l'opération étant révélée par leurs caractères physiques.

Essai de grillage. — Le minéral était chauffé en présence d'un excès d'air dans un petit tube ouvert aux deux bouts et courbé vers une extrémité (Fig. 45). Le tube étant maintenu p l u s ou moins incliné pendant le chauffage de façon à établir un courant d'air passant sur la matière déposée à la courbure.

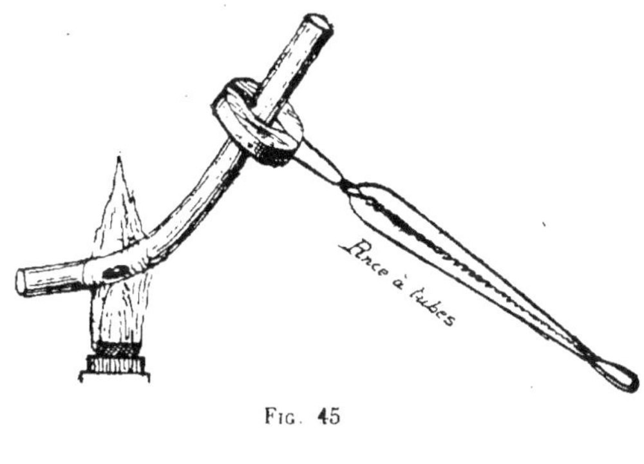

Fig. 45

Dans cet essai, les sublimés produits sont en général les oxydes ou acides des corps volatilisés dans le tube fermé.

Essai de réduction. — Un fragment ou une petite quantité de minerai réduit en poudre était placé dans une cavité creusée dans un bloc parallélipipédique de charbon de bois et soumis seul ou mélangé avec des flux à l'action de la flamme réductrice du chalumeau.

Cet essai permettant de constater si la matière devient magnétique, si elle renferme des éléments réductibles volatilisables, lesquels se déposent en général sous forme d'enduits sur le charbon ou si elle renferme des métaux se réduisant sous forme de globules ou paillettes métalliques dont la nature sera révélée par leurs caractères physiques ou chimiques.

§ III. — AMELIORATIONS NECESSAIRES DANS LES MODES OPERATOIRES DES ESSAIS DE CALCINATION GRILLAGE REDUCTION — PRINCIPE D'UNE NOUVELLE METHODE PLUS RATIONNELLE

Les modes opératoires des trois essais fondamentaux de calcination, grillage et réduction, tels qu'ils étaient ainsi réalisés ne sont pas sans présenter des inconvénients. En effet :

1° Les tubes fermés ou ouverts sont peu pratiques. Fragiles, difficiles à nettoyer, les sublimés y sont souvent impossibles à caractériser nettement. D'autre part, si l'on a beaucoup d'essais à effectuer, il devient obligatoire d'en avoir une ample provision, car souvent ils ne peuvent être utilisés que pour une seule opération.

On verra que quelques verres de montre et petits entonnoirs utilisés avec les supports particuliers indiqués pages 48 à 53, les remplacent avantageusement.

2° Les appareillages employés dans les opérations du grillage ou de la réduction au moyen du chalumeau ou du Bunsen, malgré les perfectionnements apportés par Fletcher, Ross, Bunsen, etc., pour recueillir plus complètement les enduits, les rendre plus visibles ou plus déterminables, laissent encore à désirer, les éléments volatilisables étant imparfaitement captés et les enduits foncés peu visibles.

3° Ce mode opératoire, d'autre part, était irrationnel. En effet, les matières à essayer étant soumises à l'action brutale des flammes du chalumeau, c'est-à-dire à l'action de hautes températures tous les éléments susceptibles de se volatiliser à ces températures élevées se volatilisaient *in globo* produisant par conséquent un mélange d'enduits souvent difficiles à caractériser, sauf dans le cas, extrêmement rare, où un minéral ne renferme qu'un seul élément volatilisable.

On ne paraît pas avoir tenu compte jusqu'ici de ce fait extrêmement important : **que les éléments se volatilisent à des températures différentes ; qu'en conséquence, en faisant agir sur l'essai des flammes de plus en plus chaudes, on devait volatiliser successivement les éléments, c'est-à-dire les séparer.**

C'est en tenant compte de ce principe que j'ai été amené à modifier sensiblement la technique des essais de calcination, grillage, réduction et à créer la méthode nouvelle décrite ci-après :

CHAPITRE II

NOUVELLE METHODE
PERMETTANT DE RECUEILLIR PAR FRACTIONNEMENT
LES SUBLIMES ET ENDUITS

La réalisation pratique d'une séparation fractionnée dans les trois essais fondamentaux, en tenant compte du principe énoncé ci-dessus, imposait deux conditions :

1° La possibilité de pouvoir chauffer ou traiter le minerai à des températures croissantes, ce qui peut être réalisé facilement en plaçant la matière à l'extrémité du cône invisible qui entoure les flammes ou le dard du chalumeau et en le rapprochant progressivement de la pointe de la zone de fusion ;

2° Celle de pouvoir recueillir successivement et séparément les enduits ou sublimés sur des supports appropriés permettant de les caractériser par leurs propriétés physiques et chimiques ; supports devant en conséquence présenter les propriétés suivantes : *solidité, transparence, mauvaise conductibilité de la chaleur, inattaquabilité aux acides.* — Les feuilles de *mica muscovite* et les *verres de montre réalisent ces desiderata.*

Quant à l'utilisation pratique de cette nouvelle méthode, elle impose l'obligation de connaître :

1. — La constitution des flammes et leur transformation par soufflage en flamme oxydante, réductrice, de fusion et volatilisation ;

2. — Les appareillages et modes opératoires des essais de calcination, grillage, réduction.

3. — La connaissance des éléments susceptibles de produire des enduits ou sublimés ; les réactions permettant de les caractériser.

4. — Les caractères particuliers physiques et chimiques des enduits et sublimés de chacun des éléments volatilisables.

§ 1. — CONSTITUTION D'UNE FLAMME ET SA TRANSFORMATION AU CHALUMEAU

Constitution des flammes des brûleurs, lampes à huile, à paraffine, bougies

Ces flammes (FIG. 46) se composent de trois zones distinctes :

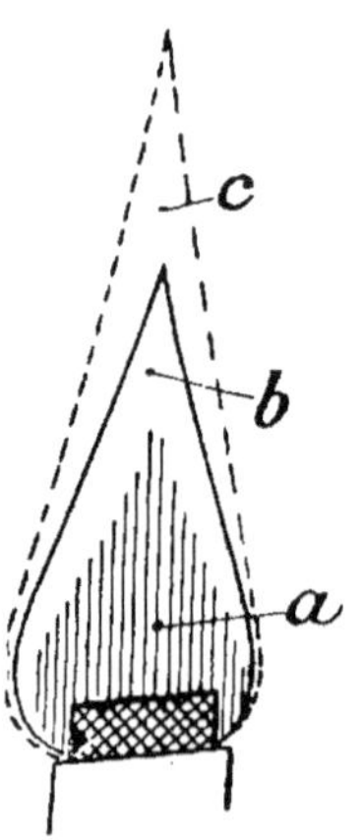

FIG. 46

1° Une zone intérieure (a) sombre constituée par des vapeurs combustibles ne brûlant pas faute d'oxygène.

2° Une enveloppe brillante (b) où la combustion n'est que partielle et dans laquelle les carbures sont décomposés avec mise en liberté du carbone, ce qui donne à la flamme son éclat et sa coloration jaune.

3° Une zone extérieure, un peu éclairante (c), dans laquelle la combustion est complète et où le carbone à l'état d'acide carbonique mélangé à de la vapeur d'eau se trouve en présence d'un excès d'oxygène.

La zone (b), par sa composition, constituant un milieu essentiellement réducteur, est dénommée : « *zône réductrice* ».

La zone extérieure (c), au contraire, constituant un milieu oxydant est dénommée : « *zone oxydante* ».

Au point de vue de la température, c'est au contact des zones (b) et (c) que la température de la flamme est la plus élevée. Cette région sera désignée sous le nom de « *zone de fusion* ».

Flamme de la lampe à alcool

Les parties constitutives sont les mêmes que celles des flammes précédentes, mais le cône intérieur est plus grand par suite de la volatilité du combustible et la zone éclairante très-petite étant donné la faible teneur de l'alcool en carbone. Quant à la zone extérieure, présentant moins d'opposition avec la zone éclairante, elle paraît plus étendue et plus visible.

L'hydrogène produisant par sa combustion une température moins élevée que le carbone, la flamme de l'alcool est donc moins chaude que la précédente ; d'où la nécessité, si l'on veut l'employer pour effectuer des réductions, de la mélanger avec des huiles riches en carbone telles que l'essence de térébenthine ou la benzine.

Transformation des flammes au moyen du chalumeau

La constitution de la flamme étant connue, on constate que si on la soumet à l'action du chalumeau (Fig. 48), elle s'étend dans la direction du bec de l'instrument formant un cône très allongé qu'on appelle le dard, cône qui présente également les trois zones *a*, *b*, *c*, analogues à celles de la flamme brûlant librement.

C'est cette flamme soufflée qu'on utilise dans les essais du chalumeau pour produire des oxydations, réductions, volatilisations, déterminer le degré de fusibilité des minéraux et caractériser certains corps par les colorations qu'ils communiquent à la flamme.

Suivant que l'on voudra réaliser l'une ou l'autre de ces opérations et pour les réaliser dans les meilleures conditions, le soufflage de la flamme devra être conduit de manière différente et la matière à essayer placée dans la flamme au point le plus convenable.

Ces détails opératoires, étant très-importants, sont indiqués ci-après.

Flamme oxydante (Fig. 47)

Pour obtenir une bonne flamme oxydante, introduire l'extrémité du chalumeau dans la flamme jusqu'au tiers de la largeur de cette dernière. Souffler assez vivement en envoyant le courant d'air très près de la mèche. On obtient ainsi un long dard bleuâtre dont la pointe *f* est très-chaude et oxydante.

Si l'on n'a pas besoin d'une haute température, la meilleure oxydation est obtenue en maintenant la substance au rouge, dans

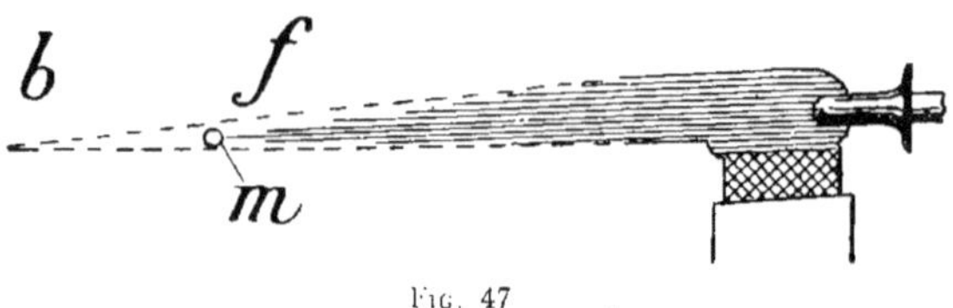

Fig. 47

la partie non lumineuse du dard entre *f* et *b*, région où la flamme est saturée d'oxygène.

Si une haute température est nécessaire, placer la substance en *m* légèrement en dehors de la pointe bleue.

Cette flamme s'obtient sans difficulté.

Flamme réductrice (Fig. 48)

Pour l'obtenir, l'extrémité du chalumeau au lieu d'être engagée dans la flamme doit être seulement en contact avec cette dernière et placée légèrement plus haut que dans le cas précédent.

Il est nécessaire, d'autre part, de *souffler très-modérément*, plutôt doucement.

Dans ces conditions, le cône intérieur *a* est plus court que

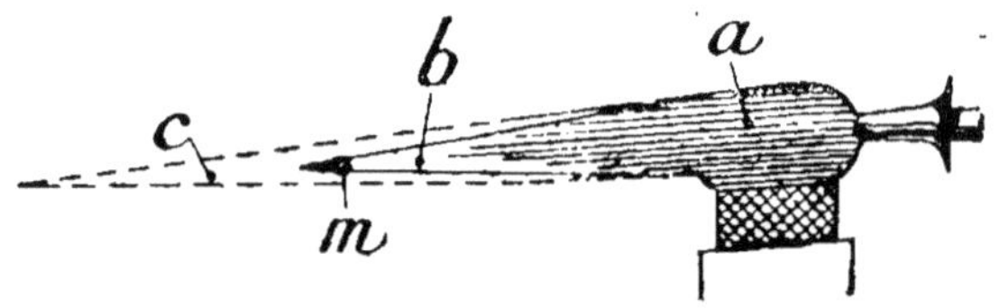

Fig. 48

dans l'opération précédente et il est enveloppé d'un dard éclairant (réducteur) *b* plus volumineux.

Placer l'essai en *m* vers la pointe du dard éclairant, mais un peu en dedans. Une certaine expérience est nécessaire pour arriver à produire cette flamme et opérer dans de bonnes conditions.

Pour réaliser une bonne réduction, cette flamme doit être maintenue pendant quelques minutes et pendant tout ce temps la substance à essayer plongée uniquement dans la zone réductrice qui est très réduite.

La matière à essayer, placée trop en dedans du cône éclairant, se recouvrirait d'un dépôt de noir de fumée ; légèrement en dehors, elle s'oxyderait immédiatement.

On apprendra à connaître et à produire ces deux flammes en s'essayant à oxyder et réduire successivement une perle de borax colorée par un oxyde de manganèse.

Cette perle violet foncé ou noire en flamme oxydante doit devenir incolore en flamme réductrice.

Pour apprendre à exécuter les réductions sur charbon, fondre un grain d'étain, l'oxyder partiellement avec la flamme oxydante afin de le recouvrir d'une couche d'oxyde, réduire cette dernière en faisant agir la flamme réductrice de façon à rendre de nouveau le globule brillant et le maintenir dans cet état quelques minutes.

Flamme de volatilisation et fusion

Flamme permettant d'étudier les colorations produites par les éléments volatilisables.

Il est nécessaire dans ce cas d'employer un dard très chaud, peu éclairant.

Pour l'obtenir, introduire la pointe du chalumeau jusqu'au milieu de la flamme, souffler assez fortement. On produira ainsi un petit dard bleuâtre peu visible (Fig. 49).

Fig. 49

La matière à essayer est placée en *m* à proximité et légèrement en dehors de la pointe du cône bleu.

Flamme employée pour les essais de fusibilité

Cet essai réclamant un dard très-chaud, pratiquer comme pour l'essai précédent.

Détails importants

Pour les essais, il est toujours nécessaire d'opérer avec une flamme forte et pure. On l'obtiendra en tenant compte des observations suivantes :

1° Dans les lampes à mèche, cette dernière doit dépasser le porte-mèche de 4 millimètres environ ;

2° Couper la mèche parallèlement aux bords inclinés du porte-mèche.

3° Débarrasser la mèche des fils charbonnés et des parties indurées qui pourraient produire dans la flamme oxydante des bandes jaunes riches en carbone, par conséquent, réductrices. Il sera donc nécessaire de la rafraîchir souvent en la coupant avec des ciseaux ;

4° Exécuter les essais à l'abri des courants d'air qui font vaciller la flamme ; l'opérateur se tenant de préférence le dos tourné à la lumière du jour de façon à ce que la flamme étant dans l'ombre soit perçue plus nettement.

§ II. — NOUVEAU MODE OPERATOIRE
DES ESSAIS DE CALCINATION, GRILLAGE ET REDUCTION

Essai de calcination

Pour réaliser une calcination fractionnée sous verres de montre, sur lesquels je fais condenser les produits volatilisés sous forme de sublimés, j'utilise les flammes non soufflées de la lampe à alcool et du brûleur avec un support approprié.

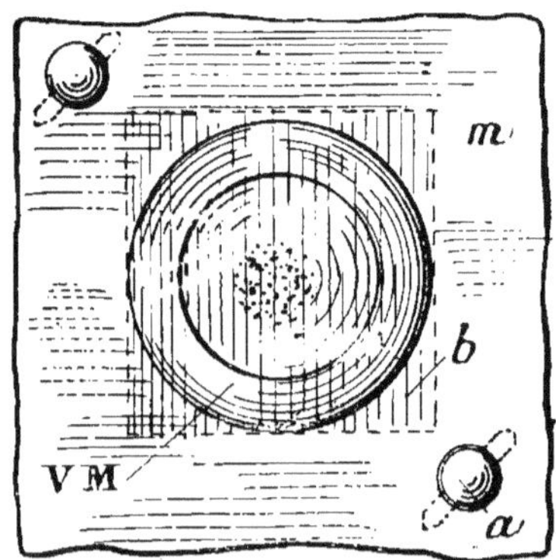

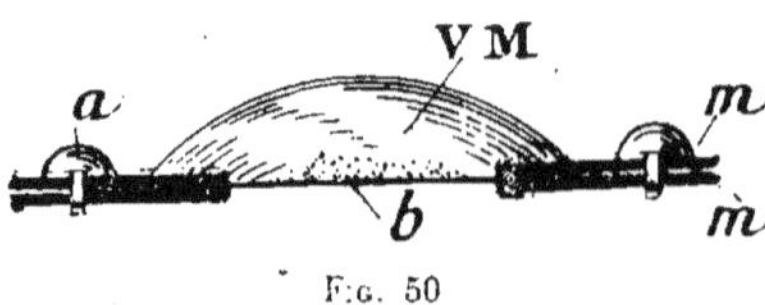

Fig. 50

Ce support spécial de calcination que je désignerai par abréviation sous le nom de *Support C* est construit comme suit (Fig. 50).

Deux feuilles de mica m, rigides, carrées, de 5 cm. de côté, percées chacune au centre d'une ouverture circulaire de 20 mm. de diamètre sont maintenues appliquées l'une contre l'autre au moyen de deux agrafes en cuivre a, piquées près des sommets de deux angles opposés.

Entre ces deux feuilles, une petite lame *très mince* de mica b de 3 cm. de côté est glissée de façon à obturer l'ouverture.

Opérer de la manière suivante :

Etaler une couche peu épaisse de minerai finement porphyrisé sur la petite lame *b*, recouvrir avec un verre de montre renversé, reposant sur le mica *m*, saisir le support avec la pince de Ross et porter la petite lame *b* d'abord dans le cône extérieur de la flamme de la lampe à alcool où la température est faible, la rapprocher ensuite progressivement de la pointe bleue du cône intérieur où le minerai sera soumis à une température de 400-450° environ. Les produits volatils au-dessous de cette température se condenseront successivement sur le verre de montre.

Cette première opération effectuée, remplacer le verre de montre sur lequel des sublimés ont pu se condenser puis porter le support et la matière résiduelle à la pointe de la flamme du brûleur Siévert et la rapprocher petit à petit de la pointe du cône intérieur où elle sera soumise à une température de 750° à 800° environ. On constatera si de nouveaux produits volatils se déposent sous forme de sublimés sur le verre de montre.

L'opération terminée, la petite plaque de mica sera retirée, nettoyée, remise en place ou remplacée et les micas *m* passés en entier dans la flamme du brûleur afin de volatiliser toutes traces résiduelles de sublimés.

Pour spécifier l'utilisation de ce support dans les essais, j'emploierai les abréviations suivantes :

Support C-FA pour indiquer que le support a été utilisé avec la flamme de la lampe à alcool et *Support C-FB* avec la flamme du brûleur.

Il sera utile quelquefois de se rendre compte grossièrement de la proportion de matières très-volatiles que renferment certaines substances minérales et, pour ce, de les obtenir plus visibles et plus condensées que sur les verres de montre.

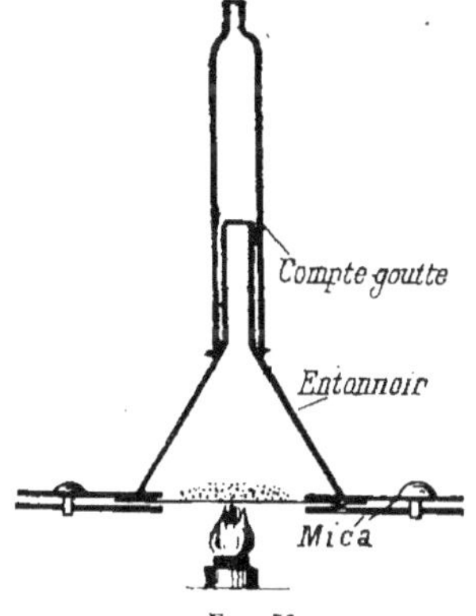

Fig. 51

Dans ce cas ; hydrocarbures, eau d'hydratation, etc., on remplacera comme l'indique la Fig. 51 le verre de montre par un petit entonnoir à tige courte surmonté d'un compte-gouttes sur lesquels se feront la condensation de ces produits.

Je désignerai ce support sous le nom de *Support C à condenseur*.

Noter qu'au début de la calcination, les éléments volatilisés produisent toujours un petit sublimé d'oxyde dû à la petite quantité d'air emprisonné sous le verre de montre.

Essai de grillage

Le grillage, à l'inverse de la calcination, doit être effectué en présence d'un excès d'air.

Pour arriver à ce résultat, il suffit, dans le support de calcination, de remplacer, comme l'indique la Fig. 52, le mica m par trois petites cornières en cuivre c, reposant à frottement sur le mica sur lequel elles sont fixées chacune au moyen d'agrafes en cuivre a.

Le rebord vertical de chaque cornière est muni de crans en escalier sur lesquels reposent les bords des verres de montre. Ces derniers peuvent donc être maintenus plus ou moins surélevés au-dessus du petit mica qui supporte la matière à essayer, mica glissé entre le mica m et les cornières et maintenu par ces dernières.

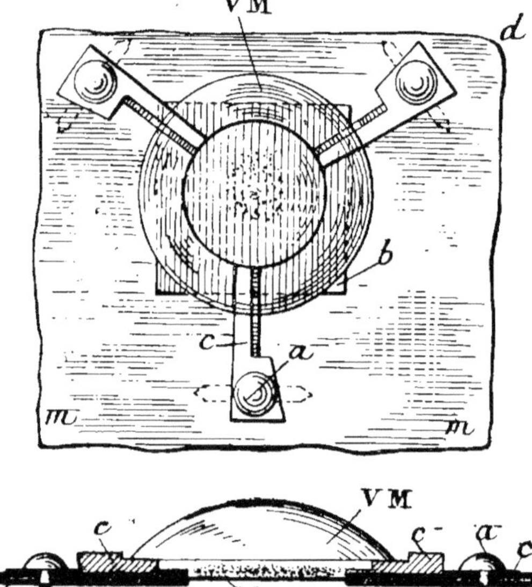

Fig. 52

Le verre étant surélevé, il se produit ainsi constamment un appel d'air sur le minerai et dans la chambre de condensation constituée par le verre de montre.

Je désignerai par abréviation ce support sous le nom de *Support G*.

Opérer comme pour la calcination : répandre le minerai porphyrisé sur le petit mica, recouvrir avec le verre de montre, les bords reposant sur la cornière, porter successivement dans la flamme de la lampe à alcool, puis dans celle du brûleur.

Ce mode de grillage progressif, commençant à faible température, convient particulièrement pour les minerais fusibles : sulfoarséniures, sulfoantimoniumes, séléniures, tellurures, minerais de mercure, etc. Suivant qu'il y aura lieu de spécifier le mode d'emploi de ce support avec l'une ou l'autre des flammes, j'utiliserai les abréviations : *Support G-FA* ou *Support G-FB*.

L'essai terminé, nettoyer la petite lame de mica, la remplacer si nécessaire et passer rapidement le support dans la flamme du brûleur, pour volatiliser toutes traces de sublimé. La coloration de la flamme pouvant donner certaines indications.

Ces deux supports remplacent avantageusement les tubes fermés et ouverts. Ils sont résistants, économiques, d'un long usage. Comme les tubes, ils permettent de constater si le minerai est fusible, décrépite, change de couleur et surtout la succession de volatilisation des éléments. D'autre part, les sublimés se déposant sur des verres de montre peuvent être caractérisés facilement, ce qui est souvent impossible avec les tubes.

Essai de réduction

Dans cette opération, les enduits sont recueillis sur des micas.

Le support que j'utilisais jusqu'ici était construit de la façon suivante :

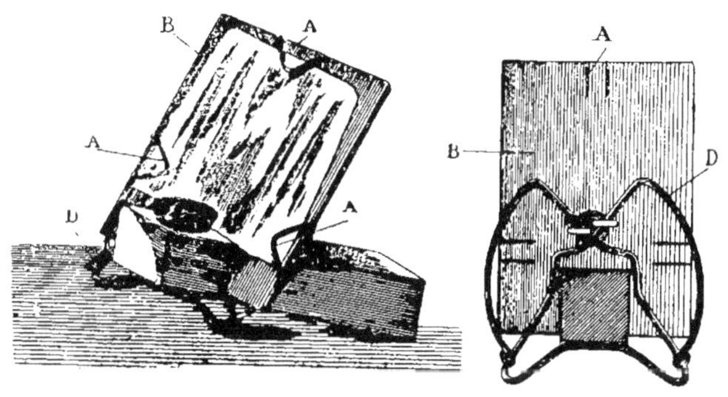

FIG. 53

Une feuille de mica de 8 cm. sur 6 cm. environ (*Mica collecteur* ou *M.C.*) est maintenue par trois agrafes en laiton A, sur une plaque en carton d'amiante de même dimension, fixée elle-même par derrière et par l'intermédiaire d'un mica et d'une agrafe jumelle à une pince ressort spéciale en laiton D qui peut se déplacer à volonté sur un petit support prismatique en terre réfractaire ayant 2 cm. de côté et 9 cm. de long.

L'expérience m'ayant démontré que dans ce support la pince ressort en fil de laiton devenait insuffisante au bout d'un certain temps, n'assujettissant plus solidement et invariablement plaque d'amiante et prisme, j'ai été amené à le modifier.

J'ai remplacé (voir croquis ci-dessous) pince ressort en fil de laiton et support du mica-collecteur (plaque d'amiante) par les pièces suivantes :

1° La pince en fil de laiton par une pince-ressort spéciale R munie d'un ergot E, pince découpée dans une feuille de laiton se fixant fortement sur le prisme au moyen de ses quatre lames-ressort L.

2° Le support du mica-collecteur par un ensemble constitué par deux lames épaisses de mica M jointives, entre lesquelles s'engage à frottement l'ergot E et une feuille d'aluminium Al

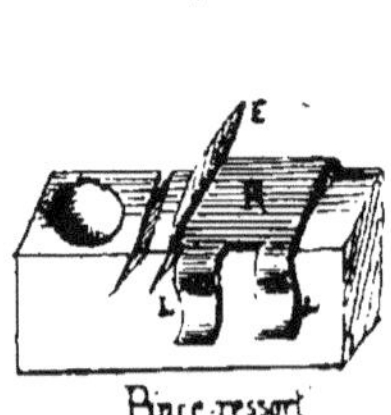

Pince-ressort

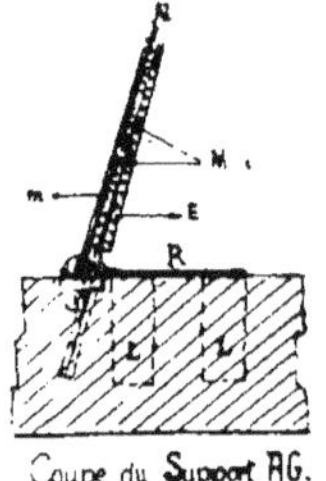

Coupe du Support AG.

recouverte d'un mica très transparent m. Toutes ces lames sont maintenues appliquées l'une contre l'autre au moyen de trois agrafes..

La pince étant fixée sur le prisme, l'ergot E engagé à frottement entre les lames M, l'expérience démontre que tout cet ensemble constitue, avec le prisme, un bloc solidaire et invariable dans n'importe quelle position de ce dernier.

D'autre part, la couleur grise de la plaque d'aluminium permettra de constater plus nettement sur MC l'existence d'enduits même faibles, ainsi que leur coloration.

Les essais de réduction sont effectués sur ce support dans les conditions suivantes :

a) **Réduction normale.** — Les réductions normales s'exécutent sur des pastilles ou des tablettes de charbon comprimé, en utilisant uniquement les *flammes réductrices* des lampes à paraffine ou à alcool térébenthiné ou benziné.

Pratiquer de la manière suivante :

Remplir avec le minerai grillé seul ou mélangé avec des flux, une petite cavité creusée dans le charbon avec la fraise à charbon. Déposer la pastille avec sa charge dans une cavité de même forme ménagée, à cet effet, dans le prisme de terre réfractaire au voisinage de son extrémité, ou la tablette sur le support *ad hoc* indiqué page 8. Ceci fait, incliner le mica collecteur à 80° environ sur le prisme et le fixer à 2 mm. du bord du charbon. Traiter la matière à essayer à une bonne flamme réductrice. Constater si le minerai est fusible, donne des globules métalliques, des enduits. Ces derniers pouvant, suivant les cas, se déposer sur le charbon, sur le mica ou sur les deux à la fois. -

b) **Réduction à faible température.** — Pour effectuer ces réductions, il suffit (Fig. 54) de remplacer le charbon par un petit mica de 2 cm. de large et de 4 à 5 cm. de long (*Mica support* ou MS) maintenu sur le support par la plaque d'amiante sous laquelle on l'a glissé jusqu'à ce que les extrémités du mica et du prisme coïncident.

Le mica collecteur, toujours incliné à 80° est fixé à 2 cm. 1/2 de

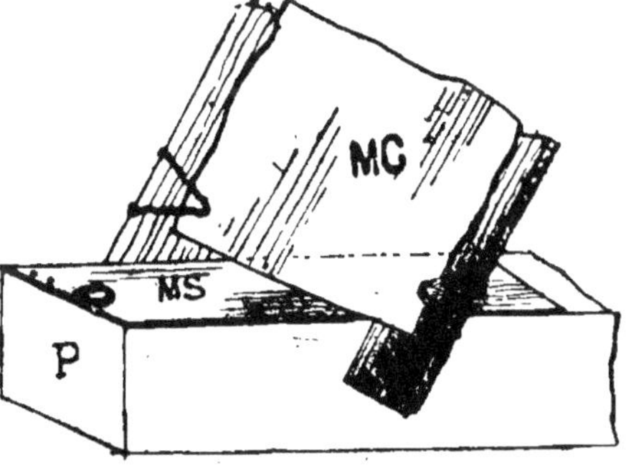

Fig. 54

l'extrémité du mica où l'on dépose avec une spatule la matière à essayer : minerai grillé seul, mélangé avec de la soude ou de la poudre de charbon et aggloméré avec une goutte d'eau.

Les enduits se déposeront, suivant les cas, sur un seul mica ou sur les deux à la fois.

Utilisation du support de réduction pour effectuer un grillage fractionné

En dehors des réductions, on peut effectuer sur ce support des essais de grillage.

Il suffit pour cela d'employer le support utilisé pour les réductions à faible température et de traiter la substance à la *flamme oxydante* de la flamme de l'alcool. Avec ce support, la réalisation pratique d'un grillage fractionné et progressif devient possible. En effet, la température du dard du chalumeau diminuant au fur et à mesure que l'on s'éloigne de la pointe du cône bleu, il suffira pour réaliser cette opération de placer le minerai à griller dans le cône invisible superoxydant qui prolonge le dard de FAO et le plus loin possible et de rapprocher ensuite progressivement l'essai de la pointe bleue où se trouve le maximum de température.

La matière sera ainsi soumise à des températures de plus en plus élevées et les éléments susceptibles de se volatiliser dans ces conditions déposeront successivement leurs enduits sur le mica.

Ces enduits pourront être recueillis par fractionnement en arrêtant par intervalles l'action de la flamme et en remplaçant les micas collecteurs sur lesquels les enduits se sont déjà déposés.

Dans le cas où l'on aurait à griller un minerai contenant des éléments très-volatils, tels que Hg, Se, As, en très-faibles proportions, ou si l'on se trouvait dans l'obligation d'utiliser seulement une très-faible quantité de matière, les enduits trop légers pourraient passer inaperçus ou trop volatils ne pas être captés par les micas.

Dans ces cas particuliers, j'adapte au support un *condenseur C* (Fig. 55), constitué simplement par une petite lame de mica carrée de 3 cm. de côté que je courbe de façon à former un demi-cylindre. Je place ce condenseur au-dessus du mica-

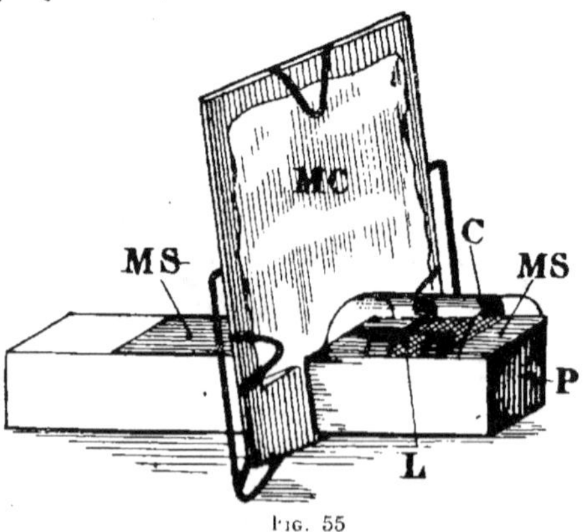

Fig. 55

support MS et les deux en prise par leurs bords au moyen de quatre petites griffes, découpées dans une lame de clinquant L, glissée entre le mica-support et le prisme P.

De cette façon, les éléments volatilisés sous l'action de la flamme sont canalisés et concentrés sur le mica collecteur, placé légèrement en arrière du condenseur, et donnent des enduits nettement visibles.

Le support de réduction pouvant être utilisé également pour effectuer des grillages sera désigné par abréviation sous le nom de *Support RG* et le support muni d'un condenseur sous l'abréviation de *Support RG à condenseur*.

Avec ce nouveau support de réduction, les prismes de charbon dont nous avons signalé les inconvénients sont supprimés et l'expérience démontre que les enduits sont plus abondants, plus nets et toujours visibles quelle que soit leur coloration.

Remarque importante. — On doit retenir qu'au moyen de cet appareillage nouveau on peut réaliser le grillage de deux manières différentes :

1° En employant le *Support G* et successivement les flammes de la lampe à alcool et celle du brûleur, on effectuera un grillage fractionné que je désignerai sous le nom de : *Grillage sous verres* :

2° En utilisant le *Support RG* et en traitant à la flamme oxydante du chalumeau la matière déposée sur le mica support, on effectuera le grillage que j'appellerai : *Grillage à feu nu.*

§ III. — ENDUITS ET SUBLIMES

Eléments susceptibles de les produire

En soumettant un minerai aux trois opérations fondamentales de calcination, grillage, réduction, effectuées dans les conditions indiquées ci-dessus, on obtient comme résultat :

1° Des sublimés sur verre provenant :

a) De l'opération de la calcination, sublimés d'éléments ou de composés volatilisés sans changement, lesquels sont en général caractéristiques par leur coloration et leurs propriétés physiques.

b) De l'opération du grillage sous verres laquelle, si elle est bien conduite, c'est-à-dire si la température n'est pas trop élevée, mais suffisante et l'air en excès, donne des oxydes ou composés oxydées des éléments volatilisés dans l'opération précédente, sauf quelques exceptions telles que les sulfures, tellurures, séléniures de mercure, les chlorures métalliques naturels, lesquels se volatilisent sans changement ainsi que les séléniures qui donnent un sublimé de sélénium rouge plus ou moins mélangé d'oxyde.

2° **Des enduits sur mica obtenus :**

a) Par le grillage à feu nu du minerai. Généralement, ces enduits sont des oxydes des corps volatilisés, sauf les quelques exceptions précitées.

b) Par réduction du minerai grillé sur mica ou charbon, enduits qui sont des oxydes ou composés des éléments réduits puis volatilisés.

En général, les métalloïdes : *soufre, sélénium, arsenic, tellure, antimoine et leurs combinaisons, le mercure et ses composés*, ainsi que *les chlorures métalliques naturels* donnent des **sublimés** sur verre ou des enduits sur mica.

Les métaux : *cadmium, zinc, plomb, bismuth, étain, thallium, germanium, indium*, donnent seulement des enduits par réduction.

Les enduits et sublimés sont souvent caractéristiques ; leur nature, dans tous les cas, pourra être précisée en utilisant les réactions bien connues de Bunsen, complétées toujours en soumettant à la température de la flamme non éclairante de l'alcool les micas ou verres de montre supportant les enduits originels, ceux de sulfures et d'iodures.

Ces essais additionnels sont très utiles pour étudier les mélanges d'enduits ou de sublimés. En effet, certains restent fixes, d'autres sont volatils. Les produits volatilisés étant recueillis sur un verre de montre, on a donc ainsi la possibilité d'effectuer des séparations.

Traitement des enduits et sublimés
Réactions permettant de les caractériser

Enduits et sublimés sont d'autant plus nets qu'ils sont plus abondants, c'est-à-dire plus épais. Quoiqu'il en soit, tout sublimé ou enduit élémentaire sera toujours facilement caractérisé par les réactions suivantes :

A. — Enduit ou sublimé originel.

1° S'il est blanc, essayer l'action des deux réactifs suivants :

a) *Chlorure stanneux.* — Déposer sur l'enduit une ou deux gouttes d'une solution aqueuse de chlorure stanneux, les oxydes du sélénium et du tellure sont réduits à l'état métallique ; celui du tellure devient noir, celui du sélénium rouge.

b) *Azotate d'argent et ammoniaque.* — Déposer sur l'enduit d'oxyde une ou deux gouttes d'une solution d'azotate d'argent, retourner le mica ou le verre et soumettre la goutte pendant quelques instants à l'action des vapeurs ammoniacales se dégageant de quelques gouttes de ce liquide, déposées dans un petit godet ou un verre de montre.

Les enduits arsénicaux donnent un précipité jaune ou rougeâtre soluble dans l'ammoniaque.

L'enduit d'oxyde d'antimoine devient noir et est insoluble.

La réaction terminée, enlever les gouttes avec un petit tampon de papier filtre.

2° Chauffer à la flamme de la lampe à alcool son support (mica ou verre).

Constater si une modification se produit, s'il reste fixe, fond ou est plus ou moins volatil ; dans ce cas, recueillir le produit

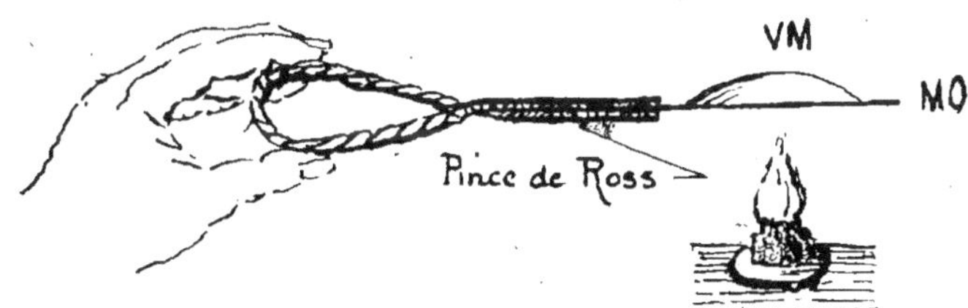

Fig. 56

de la volatilisation sur un verre de montre (Fig. 56 et 57).

3° Transformer l'enduit d'oxyde en sulfure en le soumettant aux vapeurs de sulfure ammonique se dégageant de quelques gouttes de

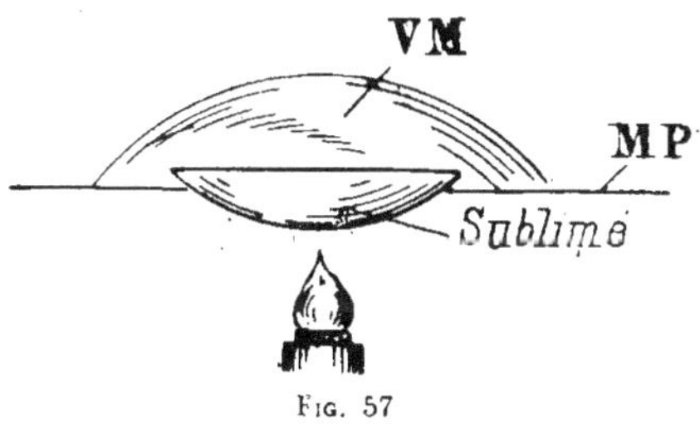

Fig. 57

ce réactif répandues sur le fond d'une nacelle ou d'un godet.

B. — **Enduit de sulfure.** — Les sulfures ont, en général, une couleur caractéristique.

1° Essayer la solubilité du sulfure dans le sulfure ammonique en déposant quelques gouttes de ce réactif sur l'enduit de sulfure.

2° Soumettre ensuite le mica à l'action de la flamme de la lampe à alcool, constater si le sulfure reste fixe, se modifie ou se volatilise. Recueillir sur un verre de montre.

3° Transformer l'enduit de sulfure en iodure au moyen de la teinture d'iode, opération qui se réalise en déposant par places sur le sulfure quelques gouttes de teinture d'iode au moyen de la cordelette d'amiante et en enflammant celles-ci.

C. — **Enduit d'iodure.** — Les iodures ont des colorations assez caractérisques, les essayer :

1° En soufflant l'haleine ;

2° En les soumettant à l'action des vapeurs ammoniacales ;

3° En faisant agir sur le support, mica ou verre, la flamme non éclairante de la lampe à alcool pour constater si l'enduit est fixe ou volatil. Recueillir, dans ce dernier cas, le sublimé sur un verre de montre.

Pour réaliser ces essais, il peut être nécessaire d'avoir à sa disposition plusieurs enduits ou sublimés, les préparer au préalable.

Ayant indiqué les quelques essais simples à utiliser pour caractériser un enduit ou un sublimé, je décrirai les caractères de chacun des enduits et sublimés élémentaires. Au cours de cette description et dans la suite de mon exposé, j'utiliserai les abréviations indiquées

§ IV. — CARACTERES PARTICULIERS DES ENDUITS ET SUBLIMES DES ELEMENTS ET COMPOSES VOLATILISABLES

A) — ELEMENTS

Soufre (Point de fusion 114°)

Traité sur support C. — Fond, se volatilise complètement sous forme de vapeurs jaunes donnant un sublimé jaune constitué par un semis de gouttelettes de soufre fondu. En petite quantité le sublimé est blanc jaunâtre. Chauffé à FA, ce sublimé brûle avec une flamme bleue et répand l'odeur de SO_2.

Traité sur support G. ou RG. — Donne l'odeur de SO_2

Sélénium (Point de fusion 217°)

Traité sur support C. — Le Sélénium colore la flamme en bleu azur et répand, en brûlant, l'odeur désagréable de raifort pourri.

A FA : Se volatilise complètement, donnant des fumées brunes sublimé gris violacé à rouge violacé, quelquefois bordé de rouge clair.

A FB : Volatilisation immédiate, sublimé analogue au précédent.

Traité sur support G. — A FA : Volatilisation complète, sublimé rose violacé plus ou moins clair (mélange de Se et SeO^2).

A FB : *idem.*

Traité sur support RG. — A FO sur MS : Flamme bleue. Donne sur MC un enduit très-étendu, rouge violacé caractéristique (Se et SeO^2). Souvent sur MS cet enduit, au voisinage de l'essai, passe à un enduit métallique, gris d'acier, constitué par du sélénium vaporisé puis condensé en fines gouttelettes.

A FR sur TC : Enduit elliptique de même nature.

Caractères des Enduits et Sublimés

Ils sont caractéristiques par leur coloration.

Soumis à l'action de FA : enduits et sublimés se volatilisent, colorant la flamme en bleu azur, produisant des fumées brunes et répandant l'odeur caractéristique de Se.

L'enduit d'oxyde, blanc, qui se forme quelquefois, devient rouge par $SnCl^2$ (réaction caractéristique).

Arsenic

L'arsenic se volatilise sans fondre à 450°.

Traité sur support C. — A FA : se volatilise sans fondre, donnant d'abord un faible enduit blanc, puis un sublimé abondant brun, mélangé de noir.

A FB : Volatilisation rapide, sublimé noir miroitant (*miroir d'arsenic*) mélangé de brun.

Traité sur support G. — A FA : Sublimé blanc, blanc grisâtre, gris foncé, suivant la quantité d'arsenic et la venue d'air.

A FB : Volatilisation immédiate, sublimé blanc, gris, mélangé de brun ou noir si la venue d'air est insuffisante.

Traité sur support RG. — A FAO sur MS : Enduit blanc d'As^2O^3 éloigné de l'essai, se fondant fréquemment dans un enduit intérieur brun noir si la quantité d'arsenic est forte.

Les enduits bruns sont quelquefois masqués par l'enduit d'As^2O^3. L'enduit est d'autant plus blanc que la flamme est plus oxydante, l'arsenic en plus faible quantité.

A FR sur TC : Enduit zônaire de même nature.

Caractères des Enduits et Sublimés

1° Chauffés à FA : ils sont volatils et produisent des fumées blanches répandant en général l'odeur alliacée, surtout les sublimés colorés.

Recueilli sur un VM le sublimé est blanc ou blanc grisâtre s'il provient d'un enduit foncé.

2° Tous les enduits ou sublimés blancs ou colorés, traités directement par AzO^3H, donnent avec AzO^3Ag en liqueur neutre, un précipité rouge brique d'arséniate d'argent.

Enduit d'oxyde. — 1° Sous l'action des vapeurs d'HCl : l'enduit blanc disparaît ;

2° Traité par $SnCl^2$, l'enduit blanc se détache, flotte à la surface de la goutte ;

3° Traité par AzO^3Ag et Am : il donne un précipité jaunâtre quelquefois rougeâtre ;

4° Traité par TI : formation d'un iodure jaune.

Enduit de sulfure. — Les vapeurs d'Am^2S transforment l'enduit blanc en sulfure jaune jonquille ; les enduits foncés restent sans changement.

1° Chauffé à FA : l'enduit de sulfure se volatilise et peut être recueilli sur un VM. Il est soluble dans Am^2S ;

2° L'enduit soumis longtemps aux vapeurs d'Am^2S, disparaît momentanément, puis réapparaît à l'air.

Enduit d'iodure. — Dans les parties où l'iodure est peu épais, la partie centrale de l'iodure est jaune entourée de carmin plus ou moins clair et sertie par un liseré jaune. Dans les parties épaisses, l'iodure est carmin par réflexion et paraît jaune orangé mélangé de carmin par transparence.

1° Sous l'action de FA : l'enduit se volatilise et dépose sur VM un enduit carmin mélangé de jaune orangé.

2° L'enduit d'iodure disparaît passagèrement en soufflant l'haleine ;

3° Il se décolore sous l'action des vapeurs d'Am et reprend la couleur jaune du sulfure sous l'action des vapeurs d'Am^2S.

Tellure (Point de fusion 450°)

Traité sur support C. — A FA : Le tellure réduit en poudre fond en petits globules, se volatilise lentement donnant un sublimé peu abondant d'oxyde gris noirâtre à gris blanchâtre et sur le mica un petit enduit blanc mat d'oxyde fondu autour de l'essai.

A FB : Volatilisation complète, sublimé gris noirâtre à gris blanchâtre sur VM. Sur mica enduit abondant d'oxyde fondu jaune à chaud, blanc à froid.

Traité sur support G. — A FA : Réduit en poudre, fond en petits globules et donne un sublimé d'oxyde blanc grisâtre sur VM et sur mica de l'oxyde fondu.

A FB : Volatilisation complète. Sur VM sublimé d'oxyde blanchâtre. Sur mica enduit d'oxyde fondu jaune à chaud, blanc à froid.

Traité sur support RG. — A FAO sur MS : Le tellure produit sur MC un enduit brun noir, passant au brun rouge sur le pourtour. Sur MS, tout près de l'essai, tache jaune d'oxyde fondu puis, successivement, enduits zônaires d'oxyde blanc, puis bleu, enfin brun noir.

A FR sur TC : Enduit elliptique assez serré sur MS, montrant en partant du centre des zones successives d'oxydes blancs, puis bleus, limité extérieurement par un large enduit brun rouge.

Caractères des enduits et sublimés

1° Chauffés à FA : Tous ces sublimés et enduits d'oxydes divers fondent en se transformant en TeO^2 et prennent la teinte blanc mat de l'oxyde fondu ;

2° Traités à chaud par quelques gouttes de SO^4H^2, ils donnent des solutions pourpres, desquelles, par addition d'eau, on reprécipite le tellure sous forme de poudre noire.

Enduits blancs d'oxyde fondu. — 1° Soumis aux vapeurs d'HCl : invariables ;

2° Traités par $SnCl^2$: deviennent noirs.

Enduit de sulfure. — Couleur brun clair.
Soluble dans Am^2S.

Enduit d'iodure. — Couleur ardoise foncé s'il est épais ; s'il est mince il reste au centre de la tache de TI un enduit brun et tout autour un liseré ardoise. Cet enduit est volatil à FA.

Il disparaît quand on souffle l'haleine et sous l'influence de vapeurs ammoniacales.

Antimoine (Point de fusion 450°)

Traité sur support C. — A FA : Broyé fin, fond en petits globules. Infusible en morceaux.

Production de fumées denses, blanches, sublimé blanc d'oxyde. Sur le petit mica les petits globules de Sb sont recouverts de houppes blanches cristallines d'oxyde non volatil.

A FB : Volatilisation complète et rapide et sublimé épais blanc d'oxyde.

Traité sur support G. — A FA : Fumées blanches denses ; sublimé et résidu analogue à celui obtenu sur support C à FA.

A FB : Fumées blanches denses et volatilisation complète ; abondant sublimé blanc.

Traité sur support RG. — A FAO sur MS : Enduit abondant blanc passant au blanc bleuâtre sur le pourtour où l'enduit est faible. Au voisinage de l'essai sur MS, il se forme un enduit gris rosé constitué par un semis de petits cristaux octaédriques de sénarmontite.

A FR sur TC : Enduit zonaire de même nature et sur TC, enduit blanc se déplaçant à FPO, disparaissant à FPR.

Caractères des enduits et sublimés

Chauffés à FA, sublimés et enduits blancs se volatilisent lentement à la pointe de la flamme bleue. Ils ont des tendances au cours du chauffage à se détacher du mica ou des verres.

Enduit d'oxyde. — 1° Soumis aux vapeurs d'HCl : l'enduit disparaît .

2° Traité par AzO^3Ag et Am : l'enduit devient noir ;

3° Traité par TI : formation d'un iodure jaune orangé.

Enduit de sulfure. — L'enduit de sulfure est jaune orangé et paraît plus foncé vu par transparence.

1° Soumis à l'action de FA : l'enduit reste fixe, mais prend une coloration mordorée (Kermès) ;

2° Le sulfure est soluble dans Am^2S ;

3° Exposé longtemps aux vapeurs d'Am^2S, il disparaît momentanément puis réapparait à l'air.

Enduit d'iodure. — Traité par TI : l'enduit de sulfure devient rouge orangé d'autant plus foncé qu'il est plus épais.

1° Chauffé à FA : l'iodure se volatilise. Recueilli sur VM l'enduit est rouge orangé ;

2° L'enduit d'iodure disparaît passagèrement en soufflant l'haleine ;

3° Il se décolore sous l'action des vapeurs d'Am et redevient jaune orangé sous l'action des vapeurs d'Am^2S.

Oxydes d'antimoine

Sb^2O^3. — Traité à FPR ou FPO sur MS : fond et se volatilise en répandant d'abondantes fumées blanches et donnant sur les micas l'enduit caractéristique de l'antimoine.

Sb^3O^5. — Traité à FPR : infusible, non volatil. Mélangé avec son volume de charbon se réduit, donne des fumées blanches et les enduits de l'antimoine comme Sb^2O^3.

Mercure (Point d'ébullition 357°)

Traité sur supports C et G. — Donne des sublimés gris constitués par un semis de fines gouttelettes de mercure vaporisé.

Traité sur support RG. — Donne sur MC un enduit étendu grisâtre, irrégulier, peu adhérent, visible surtout par reflexion, enduit constitué comme le précédent.

Caractères des sublimés et enduits

1° Chauffés à FA : enduits et sublimés se volatilisent ;

2° Traités par TI : ils se volatilisent, mais sur le pourtour de la goutte de TI, il reste un liseré plus ou moins large d'iodure rouge vermillon à carmin bordé généralement d'iodure jaune (l'iodure de mercure étant dimorphe).

Cet enduit disparaît momentanément sous l'action des vapeurs ammoniacales et réapparaît à l'air.

Soumis à l'action des vapeurs d'Am^2S, l'enduit d'iodure devient noir verdâtre.

Si l'on dépose sur l'enduit un très petit morceau d'iode, que l'on recouvre ensuite d'un VM ou mieux d'un Godet, et que l'on chauffe à FA ; le mercure et l'iode volatilisés ensemble donnent sur VM un très beau sublimé d'iodure rouge vermillon avec accessoirement iodure jaune.

Cadmium (Point de fusion 321°)

Un petit morceau de cadmium volatilisé dans la flamme donne des vapeurs brunes et, sur le mica, un enduit bigarré très-abondant et très-caractéristique ressemblant à l'œil d'une plume de paon. Cet enduit est exceptionnel. Le cadmium étant toujours en petite quantité, on obtient généralement les enduits suivants :

Enduit originel. — Une petite quantité d'oxyde réduite sur TC à FPR sur support RG donne sur MC un enduit d'oxyde brun au centre, entouré d'une auréole jaune se fondant sur les bords et souvent deux ailes brun-jaunâtres passant à un enduit blanc peu étendu. L'enduit présente des *irisations caractéristiques.*

Sur TC : il se forme, au voisinage de l'essai, un petit enduit d'oxyde rouge-brun.

Sur MS : une très faible quantité d'oxyde de cadmium, traitée directement à FPR, donne au voisinage de l'essai un petit enduit brun rouge auréolé de jaune ou simplement jaune, irisé sur le pourtour.

Caractères de l'enduit

Enduit originel. — 1° Chauffé à FA : Invariable. Les irisations de la partie centrale deviennent plus éclatantes ;

2° Aucun changement sous l'action de vapeurs d'HCl. Sous l'action des vapeurs d'Am²S, les enduits centraux brun et jaune restent invariables, les enduits jaunâtres et blancs prennent une coloration jaune de cadmium à jaune citron.

Enduit de sulfure. — 1° L'enduit de sulfure est insoluble dans Am²S ;

2° Chauffé à FA : Le sulfure prend à chaud une coloration un peu plus foncée, les irisations deviennent plus éclatantes ;

3° Traité par Tl : Les enduits brun-rouge et jaune donnent un iodure blanc rosé, l'enduit citron disparaît, l'iodure formant autour de la tache de Tl un liseré blanc rosé.

Enduit d'iodure. — L'enduit est invariable sous l'action des vapeurs ammoniacales. Chauffé à FA : l'iodure est volatil.

Zinc (Point de fusion 419°)

Traité sur support RG. — A FPR sur TC, le zinc donne : sur MC, un enduit d'oxyde jaune pâle à chaud, blanc à froid.

Sur TC : un enduit plus épais de même nature. Après refroidissement de TC, cet enduit, humecté d'azotate de cobalt, puis soumis à l'action d'une forte FPO prend surtout dans les parties épaisses, une belle coloration verte caractéristique (vert de Rinmann).

Caractères de l'enduit

Enduit originel. — 1° Chauffé à FA : invariable ;
2° Disparaît sous l'action des vapeurs d'HCl.
Soumis aux vapeurs d'Am²S : l'enduit reste blanc, mais se révèle plus étendu.

Enduit de sulfure. — 1° Chauffé à FA : invariable ;
2° Insoluble dans Am²S ;
3° Traité par TI : Dans les enduits minces, liseré blanc autour de la tache de TI. Dans les enduits épais, anneau blanc large et tache blanche intérieure plus ou moins étendue.

Enduit d'iodure. — 1° Invariable sous l'action des vapeurs ammoniacales ;
2° Chauffé à FA : fixe.

Oxyde de zinc. — Traité à FPR sur MS.
1° *Seul :* Infusible devient jaune lumineux brillant, se réduit légèrement en produisant un enduit blanc plus ou moins étendu entourant et en contact avec l'essai.
2° *Mélangé avec son volume de C :* production d'un enduit analogue, mais plus abondant et étendu.
L'oxyde de zinc et ses enduits sur TC, humectés avec Co Az, et traités à FO, se colorent en *vert de Rinmann* s'ils sont suffisamment épais.

Plomb (Point de fusion 326°)

1° *Traité sur TC du support RG :*
A FPR : le plomb fond facilement, reste brillant, mais étant sensiblement volatil, il colore la flamme en bleu pâle et donne des enduits sur TC et MC.
Sur TC : un enduit jaune, disparaissant sous l'action de FPR, en colorant la flamme.
Sur MC : un enduit zônaire constitué au centre par du massicot jaune foncé à chaud, jaune serin à jaune soufre à froid, entouré d'une auréole blanche de carbonate de plomb plus ou moins étendue passant au blanc-bleuâtre sur le pourtour où l'enduit est peu épais.
A FPO : le plomb se recouvre d'abord d'une couche d'oxyde, puis le métal se découvre, devient brillant, irisé, s'oxyde rapidement et il dépose sur TC et MC des enduits semblables à ceux obtenus sous l'action de FPR, mais beaucoup plus abondants.

5

2° Traité sur MS :

A, FPR ou FPO : le métal fond en un bouton qui roule sur le mica, laissant derrière lui une traînée de litharge. Le mica est rapidement percé, par suite de la formation d'un silicate de plomb très-fusible.

Autour de la litharge, le mica est recouvert d'une pellicule vitreuse entourée d'un enduit jaune à chaud, jaune clair à froid, bordé de blanc.

CARACTÈRES DE L'ENDUIT

Enduit originel. — 1° Chauffé à FA : invariable ;

2° Soumis à l'action des vapeurs d'HCl : l'enduit jaune est invariable ; l'enduit blanc devient blanc bleuâtre à gris rosé et se révèle plus étendu ;

3° Soumis aux vapeurs d'Am^2S : l'enduit se révèle plus étendu. La région centrale jaune reste invariable ; l'enduit blanc, dans les parties épaisses, devient noir ou brun et, dans les parties minces, brun clair par transparence, brun violacé par réflexion.

Enduit de sulfure. — 1° Chauffé à FA : ne varie pas ;

2° Il est insoluble dans Am^2S ;

3° Traité par TI : l'enduit devient jaune, même en dehors de la tache de TI, si l'enduit est épais.

Enduit d'iodure. — 1° Disparaît momentanément sous l'action des vapeurs ammoniacales, réapparaît à l'air ;

2° Chauffé à FA : reste fixe et si l'enduit est épais, les régions intercalaires de sulfure entre les taches de TI prennent également une coloration jaune.

Oxydes de plomb. — *Traités à FPR sur MS :* présentent les caractères suivants :

1° *Traités seuls :* Fondent, la masse fondue a une coloration jaune sale. Autour de l'essai, la surface du mica paraît vitrifiée par un léger enduit de litharge fondue, entouré d'un enduit jaune à chaud, jaune clair à froid, auréolé de blanc. Le mica est généralement percé ;

2° *Mélangés avec leur volume de C :* Se réduisent avec production de globules de plomb et formation d'une pellicule vitreuse fondue et d'enduits comme ci-dessus.

Le mica est généralement percé.

Ces enduits présentent les caractères de l'enduit du plomb.

Bismuth (Point de fusion 264°)

Traité sur TC du support RG :

A FPR : le bismuth fond facilement, mais se volatilise plus difficilement que le plomb et ne colore pas la flamme.

Il donne les enduits suivants :

Sur TC : un enduit jaune plus ou moins foncé, disparaissant sous l'action de FPR sans colorer la flamme.

Sur MC : un enduit zônaire avec région centrale jaune orange à chaud, jaune citron à froid, se fondant extérieurement dans un enduit de carbonate blanc à blanc bleuâtre dans les parties minces ;

A FPO : le métal fond facilement, bouillonne, donne sur TC et MC des enduits semblables aux précédents, mais beaucoup plus abondants. Quand on arrête la flamme, le bouton devient terne, se recouvre d'une pellicule d'oxyde rouge brun à chaud, jaune sale à froid ;

Traité sur MS :

A FPR : fond, projette pendant quelques secondes des gouttelettes incandescentes, puis s'entoure, comme Pb, d'une pellicule vitreuse et d'un enduit jaune, mais plus foncé et plus étendu.

Le bouton devient terne dès qu'on arrête la flamme.

A FPO : fond, se déplace en laissant une traînée de scorie jaune ou se noie au milieu de l'oxyde formé.

Donne les mêmes enduits que ci-dessus. Le bouton est terne à froid et le mica très-lentement percé.

Caractères de l'Enduit

Enduit originel — 1° Chauffé à FA : l'enduit jaune devient plus foncé, redevient jaune citron à froid ; l'enduit blanc reste invariable ;

2° Soumis aux vapeurs d'HCl, l'enduit disparaît ;

3° Soumis aux vapeurs d'Am^{2}S : l'enduit jaune reste blanc jaunâtre, l'enduit blanc de pourtour se révèle plus étendu et prend une coloration sienne brûlée dans les parties épaisses, passant au brun café dans les parties minces.

Enduit de sulfure. — 1° Chauffé à FA : invariable ;

2° Insoluble dans Am^2 S ;

3° Traité par TI : la partie centrale jaune reste invariable, les enduits, brun ou sienne, disparaissent partiellement, la tache de sous l'action de FPR ou FPO ;

TI reste sertie d'un liseré d'iodure carmin plus ou moins large ;
en outre, l'enduit de sulfure entre les taches de TI prend également une coloration carmin à rouge saumon caractéristique (1).

Enduit d'iodure. — 1° Soumis aux vapeurs d'Am²S : l'enduit
disparaît momentanément, puis réapparaît à l'air ;

2° Chauffé à FA : l'iodure se volatilise et se sublime sur E
ou VM.

Oxyde de bismuth. — Traité à FPR sur MS, seul ou mélangé
avec son volume de C : se comporte comme les oxydes de plomb,
avec cette différence que le mica est à peine attaqué et que l'oxyde
n'étant pas réduit, il n'y a pas production de globules de métal.

L'enduit présente les caractères de celui du bismuth.

Etain (Point de fusion 232°)

Traité sur support RG : A FPR sur TC : fond facilement,
s'oxyde très-facilement, le globule ne reste brillant que si FPR
est bien soutenue.

Dès qu'on arrête la flamme, il se recouvre d'un enduit d'oxyde.

Sur TC : enduit blanc d'oxyde, voisin de l'essai, inaltérable à
FPR et FPO.

L'enduit, s'il est épais, humecté par CoAz et soumis à forte
FPO, prend une coloration bleu verdâtre.

Sur MC : si la quantité d'étain est asez forte, on obtient un
léger enduit blanc d'oxyde.

Caractères de l'Enduit

Enduit originel. — 1° Chauffé à FA : invariable ;

2° Soumis aux vapeurs d'HCl : l'enduit se révèle plus étendu ;

3° Soumis aux vapeurs d'Am²S : l'enduit se révèle plus étendu,
l'enduit épais reste blanc ou devient jaunâtre, l'enduit mince
blanc jaunâtre avec, quelquefois, bordure extérieure brun clair.

Enduit de sulfure. — 1° Soluble dans Am²S ;

2° Chauffé à FA : l'enduit redevient comme l'enduit originel ;

3° Traité par TI : l'enduit de sulfure devient jaune mélangé par
places ou bordé de rouge orangé.

Enduit d'iodure. — 1° Disparaît sous l'action des vapeurs ammoniacales ;

2° Chauffé à FA : volatil.

---

(1) L'enduit d'oxyde traité par TI donne dans les parties épaisses un iodure
violet ardoise bordé de rose saumon. Dans les enduits minces, il reste autour de
la tache de TI un liseré carmin.

Germanium (Point de fusion 958°)

D'après Winckler, l'oxyde de germanium peut être réduit à FPR sur TC, avec une certaine difficulté, avec production d'un enduit blanc. On doit éviter l'emploi des flux alcalins.

L'Argyrodite ($3Ag^2S\ GeS^2$) traitée dans ces conditions, sur support RG, m'a donné :

Sur MC : un enduit blanc elliptique avec deux ailes latérales ;

Sur TC : un léger enduit d'oxyde blanc, voisin de l'essai, devenant plus étendu et jaune citron en prolongeant le soufflage. Si l'argyrodite est associée à une assez forte proportion de pyrite, l'enduit est blanc brunâtre. Quoi qu'il en soit, on constatera à la loupe que cet enduit a l'apparence d'une pellicule fondue à surface vitrifiée ou émaillée. Au voisinage immédiat de l'essai, on peut apercevoir quelquefois des globules dispersés d'oxydes fondues blanc laiteux (GeO^2).

Soumis à l'action de FAO, ces enduits fondent et se réduisent en globules. Cet enduit paraît assez caractéristique du germanium (1).

Caractères de l'Enduit

Enduit originel. — 1° Chauffé à FA : invariable ;

2° Soumis à l'action des vapeurs d'HCl, l'enduit paraît plus net ;

3° Traité par Am^2S, l'enduit se révèle plus étendu, l'enduit central prend une coloration blanc jaunâtre et les ailes brun jaunâtres.

Enduit de sulfure. — 1° Chauffé à FA : invariable ;

2° Soluble dans Am^2S ;

3° L'enduit blanc jaunâtre et l'enduit primitivement invisibles sont solubles dans l'eau. Leur solution précipite par HCl du sulfure germanique blanc volumineux.

Traité par TI : formation d'un iodure rouge de saturne et jaune ou carmin et jaune suivant l'épaisseur des enduits.

---

(1) Un échantillon de Germanite de Tsumel (Val d'Otavi) Sud-Ouest africain contenant : S=30, Cu=44, Fe=6,5, As=4,5, Ge=7,2, avec accessoirement Zn. **Pb. Ga. Tl. Au Ag.** réduit seul sur TC à forte FPR après grillage préliminaire m'a donné au voisinage de l'essai un enduit net d'oxyde constitué par un semis de globules plus ou moins agglomérés et noirâtres nettement discernables à la loupe.

Soumis à l'action de FAO, cet enduit passe au grisâtre, les globules devenant blanc laiteux.

Enduit d'iodure. — 1° L'enduit disparaît sous l'action des vapeurs ammoniacales ;

2° Chauffé à FA : l'enduit devient blanc.

Thallium (Point de fusion 302°)

Traité sur support RG. — A FPR sur TC : fond facilement, dégage des fumées blanches et colore la flamme en vert pré. En arrêtant l'action de la flamme, le globule reste brillant et continue à répandre longtemps des fumées. A la loupe, on peut constater que la cavité de TC est recouverte d'un semis de petits globules métalliques miscroscopiques.

Sur TC : il se forme un léger enduit brunâtre passant au blanc sur le pourtour. Cet enduit disparaît dans les deux flammes.

Sur MC : production d'un enduit zônaire très-étendu constitué comme suit :

Au centre, un enduit brun rouge entouré d'un large enduit grisâtre transparent, entouré lui-même extérieurement d'un enduit blanc bigarré passant au blanc bleuâtre dans les parties minces.

Caractères de l'Enduit

Enduit originel. — 1° Chauffé à FA : l'enduit brun reste fixe, les autres enduits deviennent brunâtres. Recouvert d'un VM, l'enduit recouvert devient brun rougeâtre et il se dépose un léger enduit blanc bleuâtre sur VM ;

2° Soumis aux vapeurs d'HCl : l'enduit blanchit ;

3° Traité par Am^2S : l'enduit prend une couleur havane foncée, visible surtout par transparence. Les enduits épais blancs et gris prennent un léger reflet métallique visible par réflexion, l'enduit central et de pourtour prennent une coloration bleue.

Enduit de sulfure. — 1° Insoluble dans Am^2S ;

2° Traité à FA : l'enduit de sulfure devient brun, à l'exception de l'enduit de pourtour qui prend une coloration jaune mélangée de bleu verdâtre.

Enduit d'iodure. — Traité par TI : l'enduit de sulfure disparaît et les taches de TI sont serties d'un liseré noir verdâtre dans les enduits épais, jaune dans les enduits minces. Très lentement, sous l'action de l'air, les régions de sulfure intercalaires prennent une coloration jaune. Cette coloration s'obtient plus vite

sous l'action des vapeurs ammoniacales et les liserés noirs deviennent ocre jaune plus ou moins foncé.

Sous l'action de FA : tout l'enduit devient immédiatement
ocre jaune.

Indium (Point de fusion 155°)

Traité sur support RG. — A FPR ou TC : le métal se volatilise
à haute température, colorant la flamme en violet pourpre clair
et donne des enduits sur MC et TC.

Le métal ayant des tendances à s'oxyder, FPR doit être bien
soutenue. Le métal, en se refroidissant, se recouvre d'un enduit
d'oxyde jaune.

L'enduit sur TC est constitué comme suit : Liséré brun autour
de l'essai se fondant dans un bel enduit jaune serin dont la
coloration s'atténue légèrement à froid.

Traité à FPR, cet enduit disparaît très difficilement, colorant
la flamme en beau violet pourpre clair.

Sur MC : enduit elliptique jaune serin peu étendu ou faible
enduit arqué blanc-jaunâtre ou blanc si l'enduit est peu épais.

Caractères de l'Enduit

Enduit originel. — 1° Chauffé à FA : invariable ;

2° Soumis aux vapeurs d'HCl : l'enduit se révèle plus étendu ;
il est soluble à chaud dans cet acide. La solution colore la flamme
du brûleur en violet pourpre.

3° Traité par Am^2S : l'enduit se révèle plus étendu, jaune
à blanc jaunâtre dans les parties épaisses, se fondant dans une
large auréole blanche.

Enduit de sulfure. — 1° Chauffé à FA : l'enduit épais jaune
devient jaune orange, les enduits blancs jaunissent ;

2° L'enduit est insoluble dans Am^2S ;

3° Traité par TI : le sulfure se volatilise en partie dans les
enduits épais. Il reste autour des taches de TI un liseré d'iodure
blanc.

Enduit d'iodure. — 1° Sous l'action des vapeurs ammoniacales, l'iodure disparaît ;

2° Chauffé à FA : disparaît.

B) — COMPOSES VOLATILISABLES

En dehors de ces éléments, quelques composés produisent ou
peuvent produire, dans les opérations de calcination, grillage,

réduction, des sublimés et enduits particuliers suffisamment caractéristiques pour que leur production au cours de ces essais révèle la présence de ces composés.

Ces composés sont :

Les chlorures naturels de plomb, cuivre, argent ; les sulfures, tellurures, séléniures de mercure, les sulfures d'arsenic, le sulfure d'antimoine, les associations plomb-antimoine, plomb-antimoine et argent.

Nous indiquerons également l'enduit particulier que donne la molybdénite.

Chlorure de mercure (Calomel Hg² Cl²)

Traité sur support C. — A FA : se volatilise rapidement et complètement à faible température produisant un abondant sublimé blanc sur VM.

Traité sur support G. — Idem.

Traité sur support RG. — A faible FAO ou FPR sur MS : fond, se vaporise en produisant d'abondantes fumées blanches donnant sur MC un enduit blanc très étendu.

Caractères des Enduits et Sublimés

Traités par TI : formation d'iodures de mercure rouge et jaune caractéristique.

Ces enduits ou sublimés recueillis, puis mélangés avec 2 volumes de soude et traités à faible FPR sur MS donnent sur MC l'enduit gris caractéristique du mercure.

Chlorure de plomb

Traité sur support C et G. — A FA : fond en une masse blanche cornée et donne un abondant sublimé blanc.

A FB : fond, se volatilise complètement en donnant le même sublimé.

Traité sur support RG. — A FPO ou FR sur MS : fond en un liquide huileux s'étalant sur MS, dégageant des fumées blanches, donnant des enduits blancs abondants sur MS et MC. La flamme est colorée en bleu pâle, la masse fondue résiduelle est blanche, translucide, d'aspect corné.

A FPR sur TC : fond de la même manière, produisant sur TC l'enduit jaune et un globule de Pb, et sur MC un abondant enduit blanc.

CARACTÈRES DES ENDUITS ET SUBLIMÉS

Enduits et sublimés sont des chlorures volatilisés sans changement. Ils sont solubles dans l'eau bouillante et présentent les
caractères des enduits du plomb.

Chlorure de cuivre

Traité sur supports C et G. — A FA ou FB : fondent, donnent
rapidement des sublimés abondants ocre jaune, blanchissant à
l'air. A FA, il reste une masse fondue jaune. A FB, la volatilisation est complète.

Traité sur support RG. — A FPO ou FPR sur MS : fond en une
scorie noire, colore la flamme en bleu azur bordé de vert, donne
sur MS un enduit noir bordé d'un enduit ocre jaune à chaud,
blanchissant à froid, lequel s'étend également sur MC.

A FPR sur TC : fond, donne des fumées abondantes jaunes ;
il se produit :

1° Sur MC, un enduit semblable à celui indiqué ci-dessus ;

2° Sur TC, un enduit rouge cuivre au voisinage de l'essai et,
comme résidu, un globule de cuivre entouré d'une scorie noire.

CARACTÈRES DES ENDUITS ET SUBLIMÉS

Sublimés et enduits, jaunes à chaud, blancs à froid, sont constitués par du chlorure vaporisé. Ils sont solubles en bleu dans Am.

L'enduit noir sur MS soumis à l'action de FPR, prend une
coloration bigarrée, mélange des tons rouge et jaune du cuivre
métallique.

Chlorure d'argent

Traité sur supports C et G. — A FA : le petit mica étant placé
à la pointe du cône bleu, le chlorure fond en une masse cornée,
sans production de sublimé.

A FB : fond en masse cornée et donne un sublimé léger, blanc,
opalin, d'éclat nacré.

Traité sur support RG. — A FPO ou FPR sur MS : fond, se
réduit en un semis de petits globules d'argent éparpillés autour
de l'essai et donne un enduit assez étendu sur MS, peu ou pas
sur MC. Cet enduit paraît blanc rosé, bleuâtre sur le pourtour,
son éclat est soyeux.

A FPR sur TC : fond et donne :

1° Sur TC : un enduit gris métallique constitué par un semis de petits globules d'argent ;

2° Sur MC : un enduit zônaire blanc soyeux, bleuâtre dans les parties minces.

CARACTÈRES DES ENDUITS ET SUBLIMÉS

Sont assez caractéristiques par leur éclat soyeux et sont plus ou moins lentement solubles dans Am.

Soumis à l'action de Am²S, ils deviennent gris noirâtre dans les parties épaisses, brun dans les parties minces.

Traités par TI, ils se transforment en un iodure blanc jaunâtre, lequel chauffé à FA devient jaune orange, puis, en refroidissant, jaune citron foncé, pour redevenir blanc jaunâtre à froid.

Composés du mercure

Les minerais de mercure : *cinabre, métacinabrite, schistes bitumineux* et *jaspes cinabrifères*, etc., donnent tous, par grillage à faible température sur les supports G ou RG, l'enduit caractéristique du mercure.

Par calcination *sur support C*, le cinabre se volatilise, donnant un sublimé noir analogue au miroir d'arsenic.

Par grillage *sur support G*, un sublimé de mercure en fines gouttelettes.

Les *séléniures, tellurures* et *sulfosels de mercure*, en général très-fusibles, se volatilisent sans décomposition, donnant des enduits jaune brun de diverses nuances, dons lesquels la présence du mercure pourra toujours être constatée par l'action de TI. L'enduit d'iodure de mercure est toujours nettement visible.

Sulfures d'arsenic (Realgar-Orpiment)

Traité sur support C. — Fondent, se volatilisent complètement, produisant de beaux sublimés jaunes ou légèrement orangés.

Ces sublimés sont volatils à faible FA et solubles dans Am² S.

Traité sur support G. — Avec un appel d'air suffisant, une faible température, par conséquent une volatilisation lente, on a production d'un sublimé blanc d'acide arsénieux. Haute température, faible arrivée d'air, donnent lieu à production de sublimés jaunes.

Sulfure d'antimoine (Stibine)

Traité sur support C. — A faible température, fumées denses blanches et sublimé blanc d'oxyde. La matière placée à la pointe du cône bleu intérieur de FA ou dans la flamme du brûleur, production de fumées denses et enduit bigarré blanc, jaune, orangé.

Il reste sur le mica un résidu rouge foncé de Kermès fondu.

Traité sur support G. — Production de fumées blanches denses ayant des tendances à s'échapper entre verre et mica. Sublimé blanc et résidu rouge de Kermès fondu.

Ces sublimés deviennent rouge orangé sous l'action de Am^2S, dans lequel ils sont solubles.

Minerais contenant antimoine et plomb

Dans le grillage sur support RG, des galènes assez antimoniales et des sulfo-antimoniures de plomb, on obtient, au voisinage de l'essai, un enduit jaune de chrôme foncé, bordé de jaune clair, ou simplement jaune d'antimoniate de plomb, entouré extérieurement d'un enduit blanc étendu.

On constate, d'autre part, qu'il se produit presque toujours un départ du plomb avec l'antimoine, c'est-à-dire que l'enduit blanc sur MC est un enduit légèrement plombifère.

La présence du plomb sera révélée en soumettant l'enduit aux vapeurs d'Am^2S, l'enduit au lieu d'être franchement orangé, sera plus ou moins orangé rouge ou brun, suivant les quantités de plomb entraînées.

Pour caractériser la présence du plomb dans cet enduit, il suffira de lessiver l'enduit de sulfure avec Am^2S, afin de dissoudre Sb^2S^3, puis de laver ensuite le mica avec de l'eau. L'enduit de sulfure de plomb insoluble reste généralement accroché au mica et apparaîtra avec sa couleur terre de sienne caractéristique.

Minerais contenant antimoine, plomb, argent

En grillant des sulfo-antimoniures de plomb et argent à forte FPO, on obtient un enduit analogue au précédent, mais, si la proportion d'argent est élevée (comme dans la *Frieslébénite* 5 (PbAg) $S.2Sb^2S^3$ qui en renferme 24 %, l'enduit blanc sur MS prend, dans sa partie épaisse, une coloration rouge carmin caractéristique, rose dans les parties minces.

J'ai obtenu nettement cet enduit avec un minerai de cette composition, ayant une teneur de 7 % et la présence de l'argent m'a été révélée dans une *cylindrite*, par quelques taches roses irrégulières dans l'enduit blanc.

Enduit de la molybdénite (MoS^2)

Un morceau de ce minerai *grillé sur MS* à forte FAO, est infusible, mais donne sur MS, à peu de distance de l'essai, un enduit cristallin composé de petites aiguilles de MoO^3. Cet enduit est entouré d'un enduit blanc abondant passant au blanc bleuâtre extérieurement. L'enduit blanc est jaunâtre à chaud.

Sur MC, il se forme un enduit blanc et blanc bleuâtre.

J'ai constaté que, dès qu'on arrête l'action de la flamme, le minerai répond, pendant un instant très-court, des fumées blanches comme l'antimoine.

Cet enduit originel présente les caractères ci-dessous :

1° Traité à FAO : invariable, mais jaunit pour redevenir blanc à froid ;

2° Chauffé directement à la pointe du cône intérieur de **FA**, l'enduit devient d'un beau bleu, par suite de sa transformation en sesquioxyde ;

3° L'enduit sur MS soumis aux vapeurs d'Am^2S se transforme en sulfure et prend les colorations suivantes : l'enduit cristallin devient d'abord bleu et l'enduit blanc jaune. En laissant prolonger longtemps l'action de Am^2S, l'enduit cristallin prend une coloration jaune d'or, l'enduit blanc passe au brun rouge extérieurement. L'enduit sur MC prend une coloration brun rouge dans les parties épaisses, passant au brun jaunâtre dans les parties minces ;

4° Soumis à l'action de FAO, les enduits deviennent, suivant leur épaisseur, brun rouge à brun noir (sulfure de molybdène).

Les caractères des enduits de chaque élément étant décrits, afin de permettre de saisir d'un coup d'œil leurs différences essentielles, j'ai résumé dans le tableau ci-après les caractères particuliers de chacun et reproduit, d'après nature, dans la planche en couleurs hors texte faisant partie de cet ouvrage, les colorations des enduits originels de sulfure, d'iodure, lesquelles sont caractéristiques de chaque élément ou association.

ÉLÉMENT	ENDUIT ORIGINEL (Métal ou oxyde)		ENDUIT DE SULFURE			ENDUIT D'IODURE			COLORATION de la FLAMME	RÉACTIONS PARTICULIÈRES
	Couleur	Chauffé à FA	Couleur	Chauffé à FA	Solubilité dans Am^2S	Couleur	Chauffé à FA	Soumis aux vapeurs d'Am		
Mercure	Grisâtre, irrégulier, peu adhérent, visible surtout par réflexion.	Volatil.	Noir, légèrement verdâtre.	Volatil.	Insoluble.	Vermillon à carmin et jaune.	Volatil. Se sublime sur VM.	Disparaît passagèrement.		
Arsenic	Blanc métallin, se fondant souvent sur un enduit brun clair à brun noir.	Volatil, sublimé blanc sur VM.	Enduits foncés invariables. L'enduit blanc devient jaune jonquille.	Volatil. Sublimé jaune sur VM.	Soluble.	Jaune et carmin.	Volatil. Se sublime sur VM.	Disparaît.	Bleu livide à FR.	L'enduit blanc d'oxyde traité par AzO^3Ag et Am donne un précipité jaune ou rougeâtre. Tous les enduits traités par AzO^3H et AzO^3Ag donnent le précipité rouge brique caractéristique des arséniates.
Sélénium	Rouge violacé (métal). Oxyde blanc si Se en petite quantité.	Volatil, fumée rouge.	Soumis aux vapeurs d'Am^2S, l'enduit rouge du métal, Invariable — l'enduit d'oxyde devient jaune ou orange. Solubles dans Am^2S			Traité par Tl l'enduit se volatilise complètement			Bleu azur.	L'enduit d'oxyde traité par une goutte de $SnCl^2$ devient rouge.
Tellure	Brun noir à brun rouge et oxydes jaunes, blanc bleu près de l'essai.	Les enduits foncés deviennent blanc grisâtre. Se subliment en partie sur VM.	Brun.	Se décolore, devient grisâtre.	Soluble.	Brun au centre et ardoise foncé sur les bords de la tâche de Tl.	Volatil.	Disparaît.	Vert à FO. Bleu pâle à FR.	Les enduits de couleur claire traités par $SnCl^2$ deviennent noirs. Tous les enduits se dissolvent à chaud dans SO^4H^2 donnant une solution pourpre.
Antimoine	Blanc très étendu, cristallin (Sb^2O^3) au voisinage de l'essai.	invariable, sublimé très faible sur VM.	Jaune à orangé à rouge orangé.	Fixe, mais devient mordoré (kermès).	Soluble.	Rouge orangé.	Volatil. Se sublime sur VM.	Disparaît.	Vert pâle à FR.	L'enduit d'oxyde traité par AzO^3Ag et Am donne un précipité noir.
Cadmium	Brun-rouge, jaune, blanc. Irisations.	invariable.	Jaune de cadmium à jaune citron.	Invariable.	Insoluble.	Blanc rosé.	Volatil.	Invariable.		
Zinc	Blanc.	invariable.	Blanc se révèle plus étendu.	Invariable.	Insoluble.	Blanc.	Fixe.	Invariable.		
Plomb	Jaune clair auréolé de blanc.	invariable.	Se révèle plus étendu. Brun à sienne brûlée.	Invariable.	Insoluble.	Jaune.	Fixe. Entre les taches de Tl, l'enduit devient jaune.	Disparaît passagèrement.	Bleu clair à FR.	
Bismuth	Jaune auréolé de blanc.	Invariable.	Se révèle plus étendu. Brun café à sienne brûlée.	Invariable.	Insoluble.	Carmin.	Volatil.	Disparaît passagèrement.		
Étain	Faible enduit blanc.	Invariable.	Se révèle plus étendu. Jaune sale à brun clair.	Invariable.	Soluble.	Jaune et rouge orangé.	Volatil.	Disparaît.		
Thallium	Zonule très abondant grisâtre auréolé de blanc avec quelquefois léger enduit brun rouge au centre.	Tout reste fixe, les autres enduits deviennent rougeâtres. Léger sublimé blanc bleuâtre sur VM.	Havane foncé par transparence. Léger reflet métallique par réflexion.	Enduit central brun. L'enduit blanc de pourtour jaune et bleu verdâtre.	Insoluble.	Liseré noir verdâtre ou jaune autour des taches de Tl.	Fixe. Tout l'enduit de vient ocre jaune.	Tout l'enduit devient ocre jaune.	Vert pré à FR.	
Germanium	Faible enduit blanc.	invariable.	Se révèle plus étendu. Blanc, bleu jaunâtre, brunâtre.	Invariable.	Soluble.	Jaune et rouge de Sélénium, jaune et carmin.	Devient blanc.	Disparaît.		Les enduits de sulfure blanc et blanc jaunâtre sont solubles dans l'eau, la solution reprécipite par HCl du sulfure germanique blanc.
Indium	Enduit faible, blanc à blanc jaunâtre.	invariable.	Se révèle plus étendu. Blanc à jaune.	Jaune orangé à jaune.	Insoluble.	Liseré blanc autour des taches de Tl.	Volatil.	Disparaît.	Violet pourpre clair.	

NOTA — Les sandaltons (Tl+Sb) (Tl+Sb+Ag), les chlorures de mercure, plomb, cuivre et argent ; les séléniures, tellurures de mercure, la méthylétnile, donnent des enduits particuliers. Ces enduits sont décrits page 72 à 83.

TROISIÈME PARTIE

RECHERCHE
DES ÉLÉMENTS CONSTITUTIFS ET ACCESSOIRES;
DANS LES MINERAIS
NOMENCLATURE ET DESCRIPTION
DES ESSAIS SUCCESSIFS A RÉALISER

Ainsi qu'il a été indiqué page 37, l'identification d'un minerai impose l'obligation de le soumettre à une série méthodique d'essais différents, ayant chacun un objectif déterminé, mais se complétant ou se contrôlant et permettant finalement de déterminer ses éléments constitutifs et accessoires.

Nous avons divisé ces essais en *essais fondamentaux et spéciaux* réalisés par la voie sèche et en *essais par la voie humide*.

La nomenclature de ces essais, ainsi que le but de chacun d'eux, sont indiqués ci-dessous :

Essais fondamentaux permettant de rechercher et caractériser la plupart des métalloïdes et métaux :

1° *Essai de calcination ;*
2° *Essai de grillage ;*
3° *Essai de réduction,*
Ces trois essais permettant de rechercher et caractériser par les enduits sublimés ou globules les éléments volatilisables ou réductibles au chalumeau tels que : H^2O, S, Se, As, Te, Sb, Hg, Cd, Zn, Pb, Bl, Cu, Ag, Au, Fe, Ni, Co ;

4° *L'essai par les perles de borax et de sel de phosphore,* qui permettra de reconnaître ou confirmer un élément isolé communiquant une coloration spéciale à ces flux et dans quelques cas exceptionnels, deux ou trois éléments associés.

La perle au sel de phosphore étant très-utilisée pour rechercher la silice qui ne se dissout pas, mais reste à l'état de squelette dans ce flux ;

5° *L'essai de coloration de la flamme,* permettant de rechercher certains éléments volatilisables ou rendus tels, en utilisant les colorations particulières qu'ils communiquent à la flamme du brûleur ou du chalumeau, tels sont : *Ca, Sr, Ba, Li, K, Na, P, Bo, CuCl, Cu²Io ;*

6° *L'essai par le bisulfate de potasse,* au moyen duquel on pourra reconnaître que l'on est en présence d'*azotates, iodures, fluorures,* etc... ;

Essais spéciaux ayant pour but de rechercher et caractériser plus spécialement l'existence d'éléments particuliers, tels sont :

7° *Essai de l'azotate de cobalt,* permettant de caractériser les enduits de *Zn, Sn,* ou les minerais non colorés d'*Al, Zn, Mg ;*

8° *Recherche spéciale des métaux précieux* par scorification et accessoirement celle de *Cu. ;*

9° *Recherche de petites quantités de nickel et cuivre en présence de Fe, Co, Mn,* par réduction sur TC d'une perle de borax ayant dissous ces oxydes ;

10° *Recherche du Chlore, Brome, Iode* par la perle au sel de phosphore sursaturée par de l'oxyde de cuivre ;

11° *Recherche des acides phosphorique, borique, fluorhydrique* par coloration de la flamme ;

12° *Essai de fusibilité ;*

13° *Essai de radioactivité.*

c) Enfin, des **essais par voie humide** resteront toujours nécessaires :

1° Pour caractériser les *carbonates* et rechercher ou confirmer la plupart des acides SiO^2, P^2O^5, HCl, HFl, SO^4, etc... ;

2° Pour confirmer l'existence de certains éléments décelés par la coloration des flammes. J'estime, en effet, qu'étant donné la sensibilité de cet essai, la voie humide s'impose pour confirmer l'existence des éléments révélés par la coloration des flammes, surtout quand on est en présence d'associations de ces éléments ;

3° Pour confirmer la nature de quelques enduits, sublimés, paillettes, globules, obtenus dans les essais de calcination, grillage, réduction ;

4° Pour rechercher et confirmer, dans le minerai, la présence des éléments *non réductibles ou chalumeau,* tels que *Mn, Cr, Va, W, Mo, Ti, Nb,* par les réactions colorées caractéristiques que donnent les solutions de ces éléments ;

5° Pour rechercher ou confirmer la présence d'éléments accessoires existant en faible proportion, tels que : *As, Sb, Sn, SiO², P²O⁵, TiO², V²O⁵,* etc... ;

6ᵘ Pour rechercher les quelques éléments dont on ne connaît jusqu'ici aucune réaction caractéristique par la voie sèche ; éléments tels que : *Al, Gl, Zr, Terres rares, Nb, Ta.*

Les modes opératoires de ces différents essais et les constatations que l'on peut être amené au cours des opérations sont indiqués ci-après :

CHAPITRE I

ESSAIS PYROGNOSTIQUES

§ I. — ESSAIS FONDAMENTAUX

Essais fractionnés de calcination, grillage, réduction

Les principes, modes opératoires et supports utilisés pour ces essais sont indiqués et décrits pages 48 à 55.

Les caractères des sublimés et enduits produits au cours de chacun de ces essais par chacun des éléments et composés volatilisables, le sont dans le chapitre : « *Caractères des enduits et sublimés* », et le tableau qui suit résume ces caractères. En s'y reportant, il devient facile de déduire, par les caractères des enduits et sublimés obtenus au cours de ces essais, la nature des éléments les ayant produits.

En dehors de ces éléments particuliers, l'essai de calcination donnera de précieuses indications sur les produits liquides ou gazeux, eau : hydrocarbures, etc., que peut renfermer le minéral, sur son degré de fusibilité, etc... Par l'essai de réduction, on pourra, en outre, rechercher et caractériser nettement l'existence de la plupart des métaux lourds réductibles non volatilisables.

En résumé, ces trois essais permettront de rechercher et caractériser si un minéral contient de *l'eau*, des *hydrocarbures*, des métalloïdes, tels que : *S, Se, As, Te, Sb*, des métaux lourds, réductibles volatilisables ou non, tels que : *Hg, Cd, Zn, Pb, Bi, Cu, Sn, Ag, Au, Pt, Fe, Ni, Co.*

Les conditions dans lesquelles ils doivent être réalisés sont indiquées ci-dessous :

(1) ESSAI DE CALCINATION

L'opération métallurgique de la calcination consiste à séparer dans des minerais les matières volatiles des matières fixes en le chauffant en vase clos à une température suffisante.

Dans les essais de minerais, cette opération, au lieu d'être continue, sera réalisée par étapes, en soumettant le minerai à des températures de plus en plus élevées, de façon à dégager successivement les matières volatiles, suivant leur ordre de volatilité, et à les recueillir par fractionnement, afin de les étudier plus commodément.

Une calcination fractionnée devant être commencée à faible température, utiliser tout d'abord le *support C à condenseur*, qui permet de recueillir les produits très-volatils se dégageant à l'état de vapeurs. Opérer comme suit :

Porphyriser le minerai et prendre pour l'essai environ 100 mgr. Sécher le support en le passant dans FA. Déposer en couche mince le minerai sur le petit mica, recouvrir avec le condenseur bien sec après avoir, au préalable, placé une bandelette de papier tournesol sensible à l'extrémité, de façon à constater si l'eau que peut renfermer le minerai est neutre, acide ou ammoniacale. Saisir le support avec la pince de Ross et le porter dans FA en le maintenant à quelques centimètres au-dessus de la pointe bleue (température 120° à 150°). On pourra constater :

a) Dégagement de vapeur d'eau se condensant sur la tige de l'entonnoir (eau de cristallisation) ;

b) Production et condensation de vapeurs plus ou moins foncées à odeur empyreumatique (hydrocarbures, matières organiques) ;

c) Formation sur l'entonnoir de sublimés provenant d'éléments ou composés éminemment volatils, tels que : soufre natif, réalgar, orpiment (sublimés jaunes) ; amalgames, cinabre (sublimés gris noirs), **etc.**

Cette opération faite, remplacer le condenseur par un VM et rapprocher progressivement le support de la pointe bleue de la flamme intérieure où le minerai sera soumis à une température de 400 à 450° environ.

Dans cette seconde phase de la calcination, la grande majorité des éléments ou composés volatils existant dans le minerai se volatilisent successivement en donnant sur VM des sublimés caractéristiques que l'on pourra recueillir par fractionnement.

La troisième phase de l'opération consiste à porter le support recouvert d'un nouveau VM à la pointe de la flamme du brûleur et à le rapprocher progressivement de la pointe du cône bleu intérieur de cette dernière, le minerai y étant soumis à une température de 750° à 800 .

Cette opération permettra de recueillir les sublimés des éléments ou composés dissociables à haute température seulement, tels que : soufre des pyrites, chalcopyrites, etc. ; arsenic de certains arséniures de nickel et cobalt, chlorure d'argent, etc...

C'est généralement dans cette troisième phase que se dégage l'eau de combinaison des minerais hydratés. On pourra la recueillir en utilisant le condenseur.

NOTA : D'une manière générale, le condenseur ne sera employé que pour les essais des minerais hydratés, des combustibles, des roches imprégnées d'hydrocarbures. Il permettra de se rendre compte, par l'importance des produits condensés, de la teneur en eau des matières volatiles. Les VM resteront toujours les *condenseurs indispensables*, employés seuls, dans la très grande majorité des cas, pour les essais de calcination et grillage des minerais métalliques.

En dehors des dégagements de gaz, vapeurs, formation de sublimés, on pourra constater que l'application de la chaleur peut produire des changements dans l'état physique du minerai : fusion, changement de couleur, décrépitation, etc... Ces changements, étant quelquefois caractéristiques pour certains minerais hydratés, permettront de faciliter la spécification du minerai essayé. Exemple : Transformation de limonite *jaune* en hématite *rouge* par déshydratation, etc...

Pour permettre de suivre avec facilité les résultats d'un essai de calcination, on trouvera résumé ci-dessous les constatations que l'on pourra être amené à faire au cours de cet essai et les indications qu'elles fournissent.

1° Changement dans l'état physique du minerai

a) *Fusion* : de nombreux minéraux dont le degré de fusibilité (échelle de Kobell) est inférieur à 1 1/2 rentrent en fusion.

Parmi eux :

De nombreux tellurures, séléniures, sulfures, sulfo-antimoniures, sulfo-arséniures métalliques ;

Des sels alcalins, alcalino-terreux. Les aluns et borates se boursouflent et un petit morceau de charbon brûle avec éclat dans les nitrates alcalins fondus, etc... ;

b) *Décrépitation* : beaucoup de minéraux décrépitent.

Exemple : Barytine, Anglésite, Cérusite, Aragonite, Sylvanite, quelques fluorines, etc., etc... ;

c) *Changement de couleur* : des changements de couleur permanents, résultant d'une décomposition du minéral par la chaleur, peuvent se produire, changements résultant de la transformation des minerais en oxydes ou de leur déshydratation. Je me bornerai à signaler ci-dessous les plus caractéristiques :

MINERAIS	COULEUR ORIGINELLE	COULEUR APRÈS CALCINATION
Cuivre.	Verts ou bleus.	Noirs.
Fer.	Verts bruns, jaunes.	Noirs.
Oxydes de fer hydratés.	Bruns ou jaunes.	Rouges.
Manganèse.	Roses.	Noirs.
Zinc.	Blancs ou incolores.	Jaune à chaud, blanc à froid.

2° Condensation de vapeurs sur le condenseur

a) *Vapeur d'eau :* cette eau peut provenir de l'eau de cristallisation (généralement *neutre*) ou de l'eau de constitution. Cette dernière se dégageant à une température élevée, pouvant être *acide* (indication de la présence d'un acide volatil SO^3H. AzO^3H. HCL. HFl) ou *alcaline* (indication d'Am) ;

b) *Vapeur et condensation de liquides colorés à odeur empyreumatique* : indication de matières organiques, hydrocarbures, etc... ;

3° Formation de sublimés sur VM à FA et FB :

COULEUR	CARACTÈRES	INDICATIONS
A chaud, gouttelettes *jaunes plus ou moins brunes ;* à froid, sublimé *jaune soufre, blanc jaunâtre* si peu épais.	Facilement volatil, brûle à l'air libre en répandant l'odeur de SO^2.	Soufre et quelques sulfures à excès de soufre.
Sublimé *rouge violacé, rouge plus ou moins pâle.* Fumées *brunes.*	Complètement volatil à FA. répandant l'odeur de Se. Chauffé directement à FA, colore la flamme en bleu azur.	Sélénium et quelques séléniures.
Blanc passant au brun et au noir miroitant (Miroir d'arsenic).	Volatilisation facile et complète à FA. Odeur d'ail.	Arsenic natif et quelques arséniures.

3° **Formation de sublimés sur V/M à FA et FB** *(Suite)*

COULEUR	CARACTÈRES	INDICATIONS
Gris blanchâtre à gris noirâtre.	Chauffé à FA. se volatilise partiellement, laissant sur V/M. un sublimé blanc mat d'oxyde fondu, donnant les réactions de Te par SO^4H et par $SnCl^2$.	Tellure et quelques tellurures.
Blanc.	Chauffé fortement à FA se détache du verre et se volatilise (Sb^2O^3). Devient noir par A^3O^3Ag et Am.	Antimoine, quelques antimoniures.
Jaune légèrement orangé en surface.	Volatil à FA. — Sous l'action des vapeurs à d'Am^2S disparaît puis réapparaît.	Réalgar, orpiment, quelques sulfo-arséniures.
Blanc avec traînées ou tâches jaunes-orangées ou brunes. Ne se produit qu'à FB seulement.	Peu ou pas volatil (Sb^2O^4). Devient orangé par l'action des vapeurs d'Am^2S, puis chauffé à FA. se transforme en Kermès mordoré.	Sulfure d'antimoine seul ou combiné avec des sulfures.
Gris en gouttelettes.	Réaction de Hg par Tl.	Mercure, amalgames.
Noir sans éclat.	idem	Cinabre.
Blanc.	idem	Chlorure de mercure.
Blanc.	Soluble dans l'eau chaude.	Chlorure de plomb.
Ocre jaune à chaud, blanc à froid.	Soluble en bleu dans Am	Chlorure de cuivre.

(1) Les caractères des sublimés obtenus par calcination sont décrits en détail pour chaque élément dans le chapitre « Caractères des enduits et sublimés », s'y reporter

4° **Dégagement de gaz.** — Des gaz tels que : O, CO^2, SO^2, NO^2, I. Br. HFl. peuvent se dégager au cours de cette opération, l'iode sous forme de vapeurs violettes, le brome sous forme de vapeurs rouges, NO^2 en vapeurs rutilantes, SO^2 pouvant être révélé par le tournesol et son odeur particulière.

Ces gaz seront plus facilement recherchés et caractérisés en utilisant de petits tubes à essais.

(2) ESSAI DE GRILLAGE

L'essai de grillage fractionné, comme celui de calcination, a pour but de séparer successivement les éléments volatils des éléments fixes en soumettant le minerai à des températures progressivement croissantes, avec cette différence essentielle que dans le grillage, le minéral est chauffé à l'air libre, c'est-à-dire en présence d'un excès d'air, qu'en conséquence les sublimés recueillis sont principalement des oxydes.

Cet essai peut être réalisé de deux manières différentes, comme il a été indiqué pages 50 et 54, l'une que j'ai désigné sous le nom de « *Grillage sous verres* », l'autre sous celui de « *Grillage à feu neu* ».

Avant de décrire comment on réalise ces opérations et d'indiquer les constatations que l'on peut être amené à faire au cours de ces essais, quelques considérations générales sur l'opération du grillage me semblent s'impoer.

Dans les essais au chalumeau, un grillage poussé à fond est nécessaire, son but étant de séparer aussi complètement que possible les éléments volatils, c'est-à-dire S, As, Se, Te, Sb. des métaux proprement dits, ces derniers étant ramenés à l'état d'oxydes.

En général, les éléments se volatilisent dans l'ordre suivant :
Au-dessous du rouge : *Soufre*, *Mercure*, puis *Arsenic*.
Vers le rouge sombre ou naissant : *Sélénium*, puis *Tellure*.
Au rouge : *Antimoine*.

Les conditions pour réaliser un grillage fractionné et complet sont les suivantes :

1° Commencer à faible température ;

2° Eviter la fusion du minerai, laquelle a des tendances à se produire quand on grille des minerais dont l'indice de fusibilité est au-dessous de 1 1/2 (échelle de Kobell), minerais comprenant la majorité des séléniures, tellurures, sulfo-antimoniures, etc... ;

3° Terminer en décomposant les sulfates, antimoniates, arséniates, etc..., qui ont pu se former au cours de l'opération.

Tenant compte de ces considérations, et étant donné que le *Grillage à feu nu* est plus délicat à réaliser, on devra donc lui préférer, dans la très grande majorité des cas, le *Grillage sous verres*, lequel est extrêmement facile et permet toujours, avec un peu d'attention, d'éviter la fusion de la matière.

Le *grillage à feu nu* trouvera son application pour confirmer certains résultats obtenus sous verres. D'autre part, étant effectué avec la flamme du chalumeau, il permettra de pousser à fond le grillage de certains minéraux en soumettant directement le résidu du grillage sous verres à FAO, c'est-à-dire à une température supérieure à celle du brûleur.

Grillage sous verres

Cette opération sera conduite de la façon suivante :

Phorphyriser très finement le minerai dans le mortier d'agate, surtout les minerais décrépitants. Prendre pour l'essai le contenu d'une petite alvéole de la mesure en ivoire (environ 25 mgr.), l'étendre en couche très mince sur le petit mica du *support G*.

Recouvrir avec un VM reposant sur les premiers crans des cornières. Saisir le support avec la pince de Ross et le porter dans le cône invisible de FA en le maintenant à quelques centimètres au-dessus de la pointe du cône éclairant, de façon à sublimer les éléments particulièrement volatils.

Remplacer le VM, si un sublimé s'est déposé, puis rapprocher le support de la pointe éclairante où le minerai sera soumis à une température de 400-450°.

Remplacer à nouveau le VM si nécessaire, remuer le minerai avec un fil de fer, puis porter le support dans la flamme du brûleur — température 750° à 800° — généralement suffisante pour dégager les derniers éléments volatilisables.

Comme au cours de cette opération, il a pu se former des sulfates, arséniates, antimoniates, etc..., les décomposer en traitant à FPR sur MS du support RG, le minerai grillé mélangé avec son volume de charbon et aggloméré avec une goutte d'eau. Cette dernière opération permettra de recueillir les derniers éléments sous forme d'enduits sur les micas.

L'indication d'un bon grillage sera fournie si on constate que le minerai grillé est poudreux, terne, et ne renferme après porphyrisation aucune particule métallique visible.

Noter que, pour certains minéraux constitués uniquement par des éléments volatilisables, As, Sb, natifs, sulfures d'As, Sb, Hg, la venue d'air peut être insuffisante pour obtenir des sublimés composés uniquement *d'oxydes* ; dans ce cas, augmenter cette dernière en surélevant le VM, en le plaçant sur le deuxième ou troisième cran de la cornière.

Ce grillage préliminaire, effectué sur une petite quantité de matière, permettra d'étudier le minerai et de déterminer la nature des éléments volatilisables. On confirmera en effectuant un second essai dans les mêmes conditions ; enfin, on grillera à *l'air libre*, c'est-à-dire sans VM, 200 m/mg. de minerai, de façon à avoir une quantité suffisante de minerai grillé pour procéder à l'essai de réduction et confirmer au besoin ces résultats.

Au cours de l'essai de grillage, on pourra constater :

1° Dégagement de gaz, vapeurs, fumées.

	INDICATIONS
Odeur d'acide sulfureux.	Soufre, sulfures.
— d'ail.	Arsenic, arséniures.
— de raifort pourri.	Sélénium, séléniures.
Fumées blanches.	Antimoines, antimoniures.

2° Formation de sublimés (les étudier à la loupe).

Blanc (As^2O^3), petits cristaux octaédriques. Très volatils. Traité par $Azo^3Ag+Am.$ donne un précipité jaune.	Arsenic, arséniures.
Blanc (Sb^2O^3) fumées blanches denses. Cristallin octaèdres et prismes. En chauffant le VM à FA le sublimé se détache et se volatilise lentement.	Antimoine et divers composés non sulfurés.
Blanc (Sb^2O^4) fumées blanches, denses, ayant des tendances à s'échapper entre VM et mica. Subliné blanc, très peu volatil.	Stibine et sulfo-antimoniures.
Blanc rosé à rouge (SeO^2+Se). Volatil, chauffé directement à FA, colore la flamme en bleu azur.	Sélénium et Séléniures.
Blanc légèrement grisâtre (TeO^2). En chauffant le VM à FA, ce sublimé se volatilise partiellement, laissant un sublimé blanc mat d'oxyde fondu noircissant par une goutte de $SnCl^2$.	Tellure et Tellurures.
Gris métallique (Hg). Poussière de globules se réunissant en frottant avec un fil de platine.	Mercure et cinabre.
Blanc, soluble dans l'eau chaude.	Chlorure de Plomb.
Blanc, donne avec TI la réaction de Hg.	— de Mercure.
Blanc soluble en bleu dans Am.	— de Cuivre.
Sublimés *bruns plus ou moins foncés*, volatils en répandant l'odeur d'ail.	Arsenic et arséniures.
Blanc jaunâtre, jaune, légèrement orangé, facilement volatils.	As^2S^2—As^2S^3 Sulfoarséniures.
Noir.	Cinabre HgS.

Nota. — Ces trois derniers sublimés résultent d'un grillage trop rapide, trop énergique ou de ce que la venue d'air est insuffisante.

GRILLAGE A FEU NU

Les conditions dans lesquelles on doit opérer pour réaliser le *grillage* à feu nu sont indiquées page 54, les caractères des enduits d'Hg, As, Se, Te, Sb, etc... pouvant être obtenus au cours de cette opération sont résumés dans un tableau en fin de la deuxième partie.

En s'y reportant, il sera facile de constater par les caractères des enduits la nature des éléments volatilisés, par conséquent d'avoir des indications identiques à celles fournies par le *grillage sous verres*.

Les quelques exemples de grillage à feu nu indiqués ci-dessous démontrent combien cette opération est facilement réalisable et permet d'obtenir des résultats quelquefois suffisants pour spécifier immédiatement un minerai.

Clausthalite (PbSe.) *Zorgite* (Pb Cu²), Se, etc... donnent, au premier coup de feu, l'enduit caractéristique rouge violacé du sélénium.

Calavérite (AuTe²) ; *Sylvanite* (AuAgTe²), etc... l'enduit caractéristique du tellure et en prolongeant le grillage un globule d'or plus ou moins argentifère.

Quand ces éléments sont associés, cas fréquent, surtout pour l'arsenic et l'antimoine, le sélénium et le tellure, la reconnaissance des éléments associés ne présente aucune difficulté, quelques expériences suffiront à le démontrer.

Allemontite (SbAs²) Composition variable. Théorique Sb = 34,8 % ; As = 65,4 %, donne :

1° Au-dessous du rouge sombre, odeur arsenicale, enduit caractéristique d'As, sulfure jaune par Am²S, complètement volatil ;

2° Vers le rouge sombre enduit mélangé d'As et Sb. devenant jaune sous l'action de Am²S. Chauffé à FAO sous VM partiellement volatil donnant sur VM un sublimé jaune AsS³. Sur mica il reste un enduit fixe de Kermès ;

3° Au rouge : Enduit caractéristique de Sb.

De la même manière on pourra constater si As et Sb sont associés dans les sulfo-arséniures, sulfo-antimoniures, etc...

Nagyagite. — (Au²Pb¹⁴Sb⁵S¹⁷) Te = 15 à 30 %, Sb = 3,6 à 7,4 %. Au rouge sombre, enduit de Te sur MS et MC devenant noir par SnCl².

En augmentant la température, le minéral fond, production d'un enduit blanc, devenant orangé foncé sous l'action de Am²S, (Sb + Pb) (1).

Livingstonite (HgS 2Sb²S³) ; Sb = 53 %, Hg = 20-22 %. Au-dessous du rouge sombre, enduit abondant de Hg. Au rouge, enduit de Sb.

Guadalcazarite (HgS) ; Hg = 80%. Se moins de 1 %, Zn = 2 à 4 %. Au-dessous du rouge sombre, abondant enduit de *mercure* — flamme bleue du *sélénium*.

---

(1) Enduit de Sb et Pb, page 75.

Au rouge, faible enduit blanc vers la base du MC au-dessus de l'enduit de Hg. Cet enduit blanc devient rouge par $SnCl^2$ (*Se*). Sur MS., au voisinage de l'essai, faible enduit noir, blanc, bleu du *Tellure*.

Le résidu jaune clair infusible, humecté avec CoAz, et traité à FAO prend la coloration verte caractéristique de l'oxyde de zinc.

Minerais de Mercure. — *Combinaisons du Mercure avec le Sélénium et le Tellure.* — Les minerais de mercure : *cinabre, métacinabrite, schistes bitumineux* et *jaspes cinabrifères*, etc... donnent tous par grillage l'enduit caractéristique du mercure.

Les *séléniures, tellurures* et *sulfo-sels de mercure*, en général très-fusibles, se volatilisent complètement sans décomposition, donnant des enduits bruns de diverses nuances, dans lesquels la présence du mercure pourra néanmoins toujours être constatée en soumettant l'enduit à l'action de TI. L'enduit d'iodure de mercure est toujours nettement visible.

Pour séparer et caractériser les éléments, opérer comme suit : Mélanger le minéral prophyrisé avec 3 vol. de soude, traiter à FAO sur MS, le mercure seul se volatilise et donne son enduit caractéristique. Le résidu, broyé, mélangé avec son volume de charbon, puis traité à **FPR** donne sur MS les enduits caractéristiques du *sélénium, du tellure* ou de ces deux éléments.

Cette méthode sera appliquée aux cuivres gris.

(3) ESSAI DE REDUCTION

Le support utilisé pour cet essai, *support RG*, et le mode opératoire employé, ont été décrits page 51.

Dans les minerais *non oxydés* (sulfures, arséniures, sulfo-antimoniures, etc...), les métalloïdes S, As, Se, Te, Sb, ont été séparés des métaux par l'opération du grillage ; ces derniers se trouvent dans le résidu à l'état d'oxydes.

Dans les minerais *oxydés* (arséniates, antimoniates, etc), ainsi qu'il est indiqué page 94, les métalloïdes sont séparés en mélangeant le minerai avec du charbon et en soumettant le mélange déposé sur MS à l'action de FPR. Les métaux restant là encore à l'état d'oxydes, la réduction étant faite à basse température

Ces conditions réalisées, l'essai de réduction a pour but de transformer ces oxydes en métaux.

Ce résultat est obtenu généralement en traitant à FPR sur TC, les oxydes mélangés avec de la soude, additionnée souvent de borax et de poudre de charbon.

La réduction pourra donner lieu à production de globules métalliques, de globules et d'enduits ou simplement d'enduits.

Cadmium et zinc, métaux très-volatils, donnent seulement un enduit.

Plomb, bismuth, étain, **des globules et un enduit.**

Cuivre, argent, or, platine, des globules métalliques sans enduit.

Enfin *fer, nickel, cobalt*, une poudre métallique ou une masse attirable à l'aimant.

Dans l'opération de la réduction, il est impossible d'agir comme dans le grillage, avec des flammes à diverses températures, la zône réductrice des flammes étant toujours très-limitée.

La température ne pourra être modifiée qu'en traitant sur des supports concentrant plus ou moins la chaleur de la flamme sur la matière d'essai ou en mélangeant avec cette dernière des proportions diverses de charbon en poudre dont la combustion augmentera la température et facilitera les réductions.

Pour réaliser ces desiderata d'une réduction fractionnée on pourrait traiter à FPR le minerai réduit en poudre :

1° Sur MS : seul, puis mélangé avec de la soude ou du charbon ;

2° Sur TC : seul, puis mélangé avec soude, enfin, avec soude et charbon.

Cette réduction fractionnée est inutile dans la très grande majorité des cas ; exceptionnellement, MS étant utilisé dans la recherche du cadmium.

Ces considérations générales établies, j'indique ci-dessous le mode opératoire qu'il y a lieu de suivre pour cet essai :

1° *Recherche du Cadmium.* — Une portion du résidu du grillage mélangé à un volume de soude et 1/2 v. de charbon et aggloméré avec une goutte d'eau sera traitée à FPR sur MS. Au début de l'action de FPR, si le cadmium est présent, il se produit au voisinage de l'essai un petit enduit brun rouge ou jaune à froid ou des irisations caractéristiques du cadmium. Enduit nettement visible sur MS.

Exemple : Blendes et Smithsonites cadmifères.

2° *Recherche du fer.* — Une autre portion également agglomérée avec de l'eau, placée dans une cavité de TC, sera soumise à l'action prolongée d'une forte FPR. Après ce traitement, si l'essai refroidi est attirable à l'aimant faible, la présence du fer sera confirmée dans le minerai. Une forte proportion d'oxyde de nickel donne également une masse attirable.

3° *Recherche du zinc, plomb, bismuth, étain.* — J'ai constaté, par expérience, qu'il était préférable et plus rapide pour cette recherche, d'effectuer sur TC la réduction en bloc des oxydes de ces métaux et de rechercher et caractériser séparément ces derniers en étudiant les globules et enduits produits par l'opération de la réduction.

Globules et enduits devant être utilisés pour cette recherche, la réduction doit donc être aussi complète que possible afin d'obtenir d'abondants enduits et de gros globules.

Pour arriver à ce résultat, j'emploie le mode opératoire suivant : Faire un mélange intime d'un volume de minerai grillé, deux volumes de soude et un demi-volume de charbon. Agglomérer légèrement et remplir de ce mélange la cavité creusée avec la fraise dans TC.

Humecter avec CoAz la surface de TC autour de la cavité. La tablette de charbon, ainsi préparée, est placée sur son support devant MC. Faire agir sur l'essai FPR en soufflant d'abord faiblement, pour fritter légèrement la surface du mélange. Augmenter ensuite progressivement le soufflage jusqu'à fusion de la masse et obtention de globules et d'enduits. Prolonger ce traitement quelques instants afin de développer les enduits et les rendre plus épais.

Il y a lieu de noter que si l'oxyde d'étain ou d'autres oxydes difficilement réductibles, comme les oxydes de fer, se trouvent en grandes quantités, il pourra se former une masse infusible. Dans ce cas, en ajoutant un excès de soude et du borax, on facilitera la réduction et la formation de globules métalliques.

Quoiqu'il en soit, on obtiendra finalement des enduits sur TC et MC, et des globules métalliques dans la cavité de TC.

Si un seul de ces éléments existe, les caractères des enduits et des globules permettront de le caractériser facilement. Si l'on se trouve en présence d'un mélange d'oxydes, les enduits seront des mélanges des enduits élémentaires et les globules des alliages des métaux réduits.

J'indique, ci-dessous, comment, en traitant enduits et globules, on peut reconnaître les divers éléments.

1° *Enduits sur TC.* — Un enduit jaune à froid, indiquant Pb ou Bi ou ces deux éléments réunis, peut également masquer l'enduit de Zn qui est blanc.

Pour rechercher cet élément, soumettre l'enduit à l'action d'une forte FPO. Les enduits Pb et Bi seront réduits au contact du charbon et volatilisés, laissant nettement visible l'enduit du zinc qui apparaît après complet refroidissement avec une belle coloration verte (Vert de Rinmam).

Un petit enduit blanc très voisin de l'essai, fixe à FAO, devenant vert bleuâtre par CoAz, indique la présence probable de l'étain.

2° *Enduit sur MC.* — *a*) L'enduit sur MC sera transformé en sulfure. Une coloration Sienne brûlée à brun café, indique (Pb) ou (Bi) ou (Pb + Bi).

Si Pb, Bi et Zn existent ensemble, on obtiendra une coloration Sienne plus ou moins blanchâtre suivant les proportions relatives de Pb et Bi, par rapport à Zn.

b) Transformer les sulfures en iodures.

On peut avoir les associations suivantes : (Pb + Bi) ; (Bi + Zn) ; (Pb + Zn) ; (Pb + Bi + Zn).

Ces enduits composés présentent les caractères ci-dessous :

Plomb-Bismuth. — Enduit d'iodure jaune (Pb). Entre les taches de TI, iodure carmin ou carmin orangé (Bi) ou (Bi + Pb). Si l'enduit carmin est faible, en chauffant très légèrement le mica à FA, il apparaît plus nettement.

Chauffé fortement à FA, l'enduit de Bi est volatil, peut être sublimé sur VM. L'enduit jaune (Pb) reste fixe.

Exemple : *Galéno-bismuthite* PbS. Bi²S³.

Plomb-Zinc. — Enduit jaune (Pb). Autour des gouttes de TI, liseré ou anneau blanc (Zn), plus nettement visible en chauffant à FA.

Soumis à l'action des vapeurs ammoniacales, l'enduit jaune (Pb) disparaît momentanément ; l'enduit blanc (Zn) reste fixe.

Exemple : Smithsonites plombeuses.

Bismuth-Zinc. — Enduit carmin (Bi), quelquefois couleur ardoise dans les enduits épais.

Traités à FAO, l'enduit carmin (Bi) se volatilise, il reste entre les taches de TI un enduit blanc et un liseré blanc autour des taches (Zn). Cet enduit est invariable sous l'action des vapeurs ammoniacales.

Plomb-Bismuth-Zinc. — Entre les taches de TI enduit carmin plus ou moins orangé (Pb + Bi), dans les taches enduit jaune (Pb).

Chauffé à FA, l'enduit carmin se volatilise (Bi). L'enduit jaune reste fixe (Pb). Autour des taches on aperçoit un liseré ou un anneau blanc (Zn), invariable sous l'action des vapeurs ammoniacales.

Etain. — L'enduit de l'étain, toujours très faible sur MC, ne trouble pas ces réactions. Cet élément sera recherché et caractérisé dans les globules métalliques.

3° *Globules métalliques.* — En dehors des enduits, les oxydes réduits donnent naissance à production de globules métalliques restant engagés dans la scorie, globules pouvant être des métaux simples ou des alliages des métaux réduits.

Après les avoir séparés de la scorie, avec le tournevis ou par broyage de cette dernière dans le mortier d'Abich, porphyrisation dans le mortier et lévigation à la coquille, leur nature pourra être révélée par leurs propriétés physiques et confirmée par quelques essais simples par voie humide.

Etain. — Grains blancs brillants, malléables, très oxydables solubles dans HCl concentré à chaud, se transforment en SnO^2 par NO^3H. Allié avec un grain de plomb et traité sur PPD à FPR, puis à FPO, boursoufle, se transforme en une masse infusible poudreuse friable (*potée d'étain*).

Bismuth. — Blanc rougeâtre, texture feuilletée, cassant. NO^3H le dissout à froid. HCl, difficilement. La solution acide précipite par l'eau.

Plomb. — Gris de plomb, très malléable, ductile, facilement oxydable. Soluble dans NO^3H étendu, la solution précipite en blanc par SO^4H^2.

Argent. — Globules blancs brillants malléables noircissant par Am^2S. Soluble à chaud dans NO^3H étendu. La solution donne par HCl, un précipité blanc caillebotté, noircissant à la lumière, soluble dans Am.

Cuivre. — Rouge cuivre malléable, soluble facilement dans NO^3H. Solution bleue ou verte devenant bleue par Am et donnant par le ferrocyanure un précipité rouge-brun.

Or. — Soluble seulement dans HR. La solution évaporée, reprise par HCl et traitée par $SnCl^2$, donne du pourpre de Cassius.

Si le globule est un alliage après l'avoir attaqué par NO^3H, on pourra dans la solution, reconnaître Sb, Bi par la précipitation par l'eau, Pb par SO^4H^2. Ag par HCl, Cu par la coloration bleue de la solution rendue ammoniacale, et Fe par le précipité rouille. Un résidu blanc insoluble pourra renfermer SnO^2 et Sb^2O^5, ce dernier soluble dans l'acide tartrique.

L'essai de réduction devant toujours être effectué en double, il sera toujours utile dans le second essai, d'allier le globule résiduel avec quelques grains de plomb et de le scorifier sur PPD (voir essais du minerai contenant des métaux précieux, page 107). Cette opération permettra de reconnaître la présence du cuivre par la couleur de la scorie, de l'or de l'argent par le bouton résiduel et de l'étain par formation d'oxyde infusible.

Recherche du fer, nickel, cobalt. — Les oxydes de ces **trois** métaux étant difficilement réductibles si l'on a employé du borax avec la soude comme fondant, ces métaux vont passer dans la scorie.

Il sera préférable dans tous les cas, de les rechercher par un essai particulier, c'est-à-dire d'utiliser la méthode par réduction de leur perle de borax sur le charbon, méthode indiquée page .

Les modes opératoires des essais de grillage et réduction étant connus, je résume ci-dessous la série des opérations que nécessite la recherche par ces essais des éléments suivants :
S, As, Se, Te, Sb, Hg, Cd, Zn, Pb, Bi, Sn, Cu, Ag, Au, Ni. Co, Fe. dans les minéraux non oxydés et oxydés.

MINERAIS NON OXYDÉS

Si le minerai décrépite, porphyriser finement.

A) Recherche de S, Hg, As, Sb, Te, par un grillage sous verres, lequel pourra être contrôlé, si nécessaire, par un *grillage à feu nu.*

Le résidu de cette opération renferme les métaux à l'état d'oxyde, il doit être assez volumineux environ 150 mgr. Le diviser en 6 parties : P_1, P_2, P_3, P_4, P_5, P_6.

B) Recherche de Cd, Zn, Pb, Sn, Cu, Ag, Au, Fe, par réduction.

Prendre successivement les parties des résidus du grillage et les traiter comme suit :

P_1. — Traiter à FPR sur TC.

Un résidu magnétique indique le *fer.*

P₂. — Traiter à FPR sur MS, après mélange avec 1 vol. de soude et 1 vol..1/2 de charbon.

Un petit enduit brun-rouge ou jaune *à froid*, voisin de l'essai ou des irisations, indique le *cadmium*.

P₃. — Mélanger avec 2 vol. de soude et 1/2 vol. de charbon. Traiter à forte FPR sur TC, humecter au préalable TC avec la solution cobaltique.

Si la masse est infusible, augmenter la soude et ajouter du borax.

Zinc, plomb, bismuth, quelquefois *étain,* seront reconnus :
a) Par l'enduit sur TC.

b) Par transformation en sulfure et iodure de l'enduit sur MC.

c) Par les caractères physiques et chimiques des globules.

Cette dernière opération permettra de constater, en outre, la présence de l'*étain,* du *cuivre* et des *métaux précieux,* si l'on se trouve en présence de minerais d'argent et d'or.

C) *Recherche de Ni, Fe, Co.* — Dissoudre P₄ dans une perle de borax que l'on réduira sur TC, afin de rechercher *fer, nickel* et *cobalt,* comme il est indiqué page 127.

P₅ et P₆ seront réservées pour contrôler au besoin certains essais.

Minerais oxydés

A) Calciner le minerai sur le support C, ce qui permettra de constater si le minéral est hydraté, contient des hydrocarbures, du soufre libre ou combiné, etc., etc.

B) Recherche de *Hg, As, Se, Te, Sb,* par réduction à basse température, en traitant à FPR sur MS, le minerai mélangé avec son volume de charbon et faisant suivre cette opération d'un traitement alternatif à FPO et FPR, pour vaporiser plus complètement les dernières traces de métalloïdes et l'excès de charbon.

C) Le résidu contenant les métaux à l'état d'oxydes sera traité par réduction comme dans le cas des minerais non oxydés.

(4) ESSAIS AVEC LE BORAX ET LE SEL DE PHOSPHORE

Principe de l'opération

La plupart des oxydes métalliques se dissolvent dans le borax et le sel de phosphore en fusion en communiquant à ces flux des colorations particulières. Cette propriété est utilisée pour reconnaître ou caractériser la présence d'un oxyde.

Mode opératoire

Généralement on réalise cette opération sur le fil de platine, mais on peut aussi utiliser les petites capsules Le Baillif ou nos petits scorificatoires.

On utilisera pour cette opération les flammes des lampes à alcool térébentiné ou benziné ou celle de la lampe à paraffine.

Avant de procéder à l'essai, il est nécessaire de ramener le minéral à l'état d'oxyde, en conséquence, de faire subir un grillage préalable aux sulfures, arséniures, sulfosels, etc..., de façon à chasser As, Sb, qui peuvent former avec le platine des alliages fusibles.

Le minerai étant grillé et bien porphyrisé, pratiquer comme suit :

Prendre un fil de platine bien propre, le fixer dans le porte-fil, puis enrouler son extrémité, de façon à former une boucle de 2 m/m de diamètre environ (1).

Plonger la boucle du fil, légèrement humectée, dans du borax fritté, réduit en poudre. Traiter à FPO fil et borax adhérent, ce dernier boursoufle, fond, et finalement s'agglomère en une petite perle vitreuse. Répéter l'opération, si nécessaire, jusqu'à ce que la perle de borax fondu remplisse bien la boucle.

Pour la perle de sel de phosphore, il y a lieu de prendre quelques précautions, car ce réactif boursouflant vivement et long-temps avant de perdre son eau d'hydratation et son ammoniaque, les perles ont des tendances à se détacher du fil. On évitera cet inconvénient en prenant peu de flux à la fois et en chauffant faiblement au début ; la perle et le flux adhérant étant maintenus tout d'abord au voisinage et légèrement en dehors de FPO, puis plongés dans la flamme seulement quand le boursouflement aura sensiblement diminué.

La perle formée, l'appliquer chaude sur l'oxyde réduit en poudre fine et déposé sur la plaque de porcelaine, de façon à y faire adhérer quelques parcelles de matière.

Traiter ensuite la perle et l'oxyde adhérent à FPO et noter soigneusement les phénomènes qui peuvent se produire, la matière pouvant se dissoudre facilement, difficilement ou partiellement, donner lieu à une effervescence, rester incolore ou

---

(1) J'ai constaté qu'en général on a des tendances à faire les perles trop grosses, ce qui est irrationnel. En effet, trop volumineuses, il est difficile, sinon impossible de les envelopper complètement dans FPR, et de ce fait, elles peuvent n'être qu'incomplètemnt réduites.

prendre une coloration spéciale à chaud, souvent différente à froid.

Après traitement à FPO, soumettre la perle à l'action de FPR, et noter également ses colorations à chaud et à froid.

Du Flambage

Certains corps, comme les alcalino-terreux ; les terres rares : Th, Ce, Zr, etc. ; les oxydes de tantale, niobium, titane ; donnent avec le borax des perles transparentes, qui peuvent devenir opaques et prendre l'aspect d'un émail blanc ou coloré quand on les *chauffe au flamber*, c'est-à-dire par une flamme intermittente ou qu'on les soustrait, par intervalles, à l'action de la flamme du chalumeau, encore faut-il, pour que ce phénomène se produise avec netteté, que la perle soit presque saturée par l'oxyde.

Cette réaction paraît due à ce que les oxydes combinés avec le flux, à haute température, ont des tendances à cristalliser à des températures plus basses.

Noter que la silice, l'alumine, les oxydes des métaux proprement dits ne produisent pas d'émail et que les terres ou oxydes susceptibles d'en donner perdent cette propriété quand ils sont associés à la silice.

Observations importantes

1° Les oxydes métalliques ayant des pouvoirs colorants très différents, il sera préférable de dissoudre d'abord une très petite quantité de matière, on aura toujours possibilité d'en ajouter ensuite, si la coloration de la perle n'est pas assez intense. En effet, les perles de certains oxydes, tels que ceux de Co, Mn, Cu, etc..., qui prennent des colorations intenses à FAO, pour des quantités moyennes d'oxyde, paraissent noires, dès que l'oxyde est en excès.

Si ce cas se produisait, on pourra néanmoins reconnaître souvent la couleur en aplatissant la perle chaude avec le marteau sur le tas en acier, et en le regardant par transparence.

2° La perle de réduction est quelquefois difficile à obtenir, surtout quand on a dissous beaucoup d'oxyde.

Dans ce cas, traiter la perle pendant quelques instants à FPR, après addition de protoxyde d'étain, ce qui se réalise facilement en faisant adhérer à la perle chaude un peu de protoxyde répandu au préalable sur la plaque en porcelaine.

Ce réactif avide d'oxygène, facilitera et amènera la réduction presque immédiate des oxydes dissous. Il sera d'ailleurs toujours utile dans tous les cas, après avoir traité une perle quelconque à FPR, de confirmer le résultat obtenu en recommençant une nouvelle réduction avec addition de SnO.

3° De même, on aura quelquefois avantage à accentuer l'oxydation en maintenant la perle quelques instants dans le cône superoxydant invisible, qui prolonge la flamme ou en ajoutant une parcelle de nitre à la perle chaude et traitant ensuite à FPO.

4° Il y a lieu de tenir compte en examinant la couleur d'une perle que si une coloration est caractéristique d'un oxyde déterminé, un mélange d'oxydes donnera à la perle une coloration spéciale résultant du mélange des colorations propres à chacun d'eux ou que la couleur d'un oxyde prédominant pourra masquer celle des autres oxydes associés.

Exemples. — Un bog-manganèse de Saint-Prix (Nièvre) contenant 27 % de fer et 25 % de manganèse m'a donné à FPO, une perle incolore à froid (le violet du manganèse étant éteint par le jaune du fer) et à FPR, la perle vert-bouteille du fer. Ce n'est qu'en ajoutant une parcelle de nitre et en traitant dans le cône superoxydant que la coloration violette du manganèse s'est révélée.

Un oxyde de cobalt légèrement cuprifère du Katanga (Congo Belge), m'a donné dans les deux flammes, uniquement la perle bleue du cobalt. La présence du cuivre ne s'est révélée que par traitement à FPR, après addition du protoxyde d'étain.

5° Noter que la silice ne se dissout pour ainsi dire pas dans le sel de phosphore, elle reste sous forme d'un squelette blanc ayant la forme des parcelles du minéral et nageant dans la perle. ZrO^2 et SnO^2 sont difficilement solubles.

UTILISATION DES PERLES

Il résulte de ces remarques que les perles, sauf dans quelques cas spéciaux que nous indiquerons, ne présentent qu'un intérêt secondaire, au point de vue détermination des éléments dans un minéral complexe.

Elles seront surtout utilisées :

1° Pour confirmer la détermination d'un élément préalablement isolé, ou d'un minéral de composition simple.

2° Pour rechercher certains éléments accessoires dans un minerai dont l'élément ne colore pas les flux.

COLORATION DES PERLES DE BORAX

FLAMME D'OXYDATION		OXYDE DE :	QUANTITÉ	FLAMME DE RÉDUCTION	
à chaud	à froid			à chaud	à froid
Incolore.	Incolore.	Si. Al. Sn.	B. P.	Incolore.	Incolore.
do	Incolore ou blanc opaque dépendant du degré de saturation.	Ba. Sr. Ca. Mg. Cl. Zr. Th. La. Nb. Ta.	B. P.	do	Incolore ou blanc opaque par refroidissement ou flambage.
do	Incolore.	Di.	B.	Rose pâle à rose	
Incolore à jaune.	Incolore, émail par refroidissement ou flambage.	Ti.	M.	Jaune à brun.	Jaune à brun violacé, émail bleu par flambage.
do	do	W.	M.	Jaune.	Brun jaune.
Jaune pâle.	Incolore à blanc.	Zn. Cd. Sb. Pb. Bi.	B.	Grise, devient incolore en prolongeant le soufflage	
do	Incolore à opalescent.	Mo.	B.	Brune.	Brune opaque.
do	Incolore.	Fe. Ur.	P.	Vert pâle.	Incolore.
Jaune pâle à jaune rougeâtre.	Incolore à jaune.	Fe.	M. B.	Vert sale.	Vert bouteille.
do	Incolore à jaune verdâtre.	U.	M. P.	Jaune à brun jaune.	Verte.
do	Vert de chôme.	Cr.	M. P.	Vert sale.	Vert de chrôme.
do	Jaune verdâtre.	V.	P.	Brunâtre.	Vert émeraude.
do	Incolore à jaune ; émail par flambage.	Ce.	M. B.	Incolore.	Incolore émail par flambage.
Verte.	Bleu à bleu verdâtre.	Cu.	P. M.	Incolore à vert sale.	Rouge opaque ou le devient par addition de SnO.
Bleu.	Bleu.	Co.	P. M.	Bleue.	Bleue.
Violet rougeâtre à rouge acajou.	Brun rougeâtre.	Ni.	P. M.	Gris jaunâtre.	Grise devient incolore par réduction prolongée (1).
Violette.	Violet améthyste foncé.	Mn.	P.	Incolore.	Incolore.

SnO^2 se dissout difficilement.

Les perles des oxydes de cuivre, de nickel, traitées à forte FPR dans une cavité de TC se décolorent — le métal se séparant à l'état métallique. (Voir : Recherche du nickel dans les pyrrhotines, page 204).

COLORATION DES PERLES DE SEL DE PHOSPHORE

FLAMME D'OXYDATION		OXYDE DE :	QUANTITÉ	FLAMME DE RÉDUCTION	
à chaud	à froid			à chaud	à froid
Insoluble reste sous forme de squelette		Si.		Insoluble reste sous forme de squelette	
Incolore.	Incolore ou blanc opaque suivant le degré de saturation.	Zn. Sn. Al. Ca. Br. Ba. Mg. Zr. Th. Yt.	B. P.	Incolore.	Incolore ou blanc opaque suivant le degré de saturation.
Jaune très pâle.	Incolore.	Ta. Cd.	B.	Jaune très pâle.	Incolore.
do	do	Pb. Sb. Si.		Grise.	Grise.
do	do	Nb.	B.	Brune.	Brune.
Jaune pâle.	do	W.	M.	Gris bleu (1).	Vert bleuâtre.
do	do	Ti.	B. P.	Jaune (1).	Violette.
do	do	Fe.	P.	Vert jaunâtre pâle.	Incolore.
Jaune.	do	Ce.	M.	Incolore.	Idem
do	Vert jaunâtre.	U.	M.	Vert sale.	Vert émeraude.
Jaune à ambre foncé.	Jaune moins foncé.	V.	M. P.	Vert sale.	Vert pur.
Jaune à rouge brunâtre.	Jaune à incolore.	Fe.	B. M.	Rouge jaune à vert jaunâtre.	Incolore à violet pâle si beaucoup de fer.
Rouge à rouge brunâtre.	Jaune à jaune rougeâtre.	Ni.	P. M.	Rougeâtre.	Jaune à jaune rougeâtre.
Rougeâtre à vert sale.	Vert de chrôme.	Cr.	P. M.	Vert sale.	Vert de chrôme.
Violet rouge à violet.	Violet.	Mn.	M.	Incolore.	Incolore.
Bleu.	Bleu.	Co.	P. M.	Bleu.	Bleu.
Vert jaunâtre.	Incolore.	Mo.	M.	Vert sale.	Vert émeraude.
Vert.	Bleu clair.	Cu.	P. M. B.	Vert foncé à vert pâle.	Rouge rubis $\pm$ clair à rouge opaque (2).
Rose pâle.	Rose pâle.	Di.	B.	Rose pâle.	Rose pâle.

(1) Les perles contenant Ti et Fe ou W et Fe ont à froid des colorations rouge sang à rouge jaunâtre (caramelle). L'addition de SnO détruit la coloration due au fer, la coloration violette de Ti seule subsiste. Pour les associations W.Fe, la coloration passe au vert sale ou bleu verdâtre.

(2) Devient rouge opaque après addition de SnO.

Cu, Fe, Mn, dans certains minerais de zinc. *Fe, Co, Cu*, dans les minerais de manganèse cet élément donnant une perle incolore à FPR., etc.

3° Pour rechercher le *nickel* dans les pyrrhotines (voir page 127) et séparer nickel et cuivre d'autres éléments par réduction sur TC à FPR, d'une perle contenant ces oxydes.

4° Dans la détermination des minéraux des terres rares, etc.

Les tableaux (pages 98 et 99) indiquent les colorations que les oxydes communiquent aux perles de borax et de sel de phosphore à FPO et FPR, quand les perles sont chaudes et froides.

Les colorations pouvant varier quand la perle contient des quantités différentes d'oxyde, les quantités correspondantes à la couleur indiquée sont précisées par les signes « B », « M », « P », qui ont les significations suivantes :

« B » : beaucoup ; « M » : quantité moyenne ; « P » : peu.

(5) ESSAIS PAR LA COLORATION DES FLAMMES

Principe. — Plusieurs éléments ou composés volatils dans les flammes communiquent à ces dernières les colorations caractéristiques de l'élément ou de composé volatilisé. Ces colorations sont utilisées pour déceler la présence de ces corps dans les minéraux.

Parmi ces derniers, ceux qui renferment des éléments volatilisables colorent immédiatement la flamme. D'autres, au contraire, dans lesquels les éléments colorants existent dans des combinaisons fixes à des températures élevées, introduits dans la flamme, ne produisent aucune coloration. Il devient alors nécessaire pour détruire ces combinaisons et faciliter la formation de composés volatils, d'humecter ces minéraux avec des acides ou de les mélanger avec certains flux.

Mode opératoire. — Prendre un fil de platine, maintenu dans le porte-fil, aplatir son extrêmité. Ce fil doit être très propre, et plongé dans la flamme, ne donner aucune coloration. L'humecter avec de l'eau distillée et le plonger dans le minéral porphyrisé. Porter dans la flamme du chalumeau en faisant toucher à la matière, le bord de la flamme près du chalumeau, afin de faire adhérer la matière et de volatiliser les corps très volatils, les porter ensuite à l'extrémité du cône bleu (zone de fusion), afin de volatiliser les corps moins volatils. Noter les colorations de la flamme. La matière ayant été engagée seule, l'humecter avec de l'acide chlorydrique dont on a versé quelques gouttes dans un

VM, ou à défaut, avec une solution de sel ammoniac. Recommencer un nouvel essai en humectant avec de l'acide sulfurique ou à défaut, avec du bisulfate d'ammoniaque.

Les colorations sont souvent plus distinctes en utilisant la flamme du brûleur. Dans ce cas, opérer comme suit :

Régler la flamme de façon à ce que sa longueur soit de 12 à 15 cm., le barillet étant à fond de course.

Approcher la matière à essayer de la flamme, de manière à lui faire toucher à peine cette dernière à 1 cm. au-dessus du bec, afin de volatiliser d'abord les corps très volatils, puis le faire pénétrer légèrement dans la flamme ; finalement, porter la matière à l'extrêmité du cône bleu, pour volatiliser les derniers corps volatilisables.

De cette façon, si plusieurs corps volatilisables sont en présence, il se produira par suite de leurs inégales volatilités, une succession de colorations qui permettront à un œil *très exercé* de caractériser successivement les éléments volatilisés.

La coloration jaune intense donnée par la soude masque souvent les flammes rouges du calcium, strontium et lithium, ainsi que la flamme violette de la potasse.

Ces mélanges de flamme seront étudiés en se servant de l'écran de Merwin (Merwin's screen), qui rend invisible la flamme de la soude.

Cet appareil consiste en deux bandes transparentes et jointives de celluloïde, l'une bleue, l'autre violette, lesquelles étant partiellement superposés par un de leurs bords formant ainsi trois bandes transparentes de couleur différente : La bande N° 1, bleu clair ; l'intermédiaire N° 2, bleu violet foncé ; la bande N° 3, violet.

La flamme est regardée à travers les différentes bandes de cet écran, ce dernier étant tenu très près des yeux. Le tableau ci-dessous indique comment cet écran modifie les flammes de Na, K, Ca, Li, Sr, Ba.

ÉLÉMENTS	COLORATION DE LA FLAMME	COLORATION DE LA FLAMME OBSERVÉE A TRAVERS L'ÉCRAN DE MERWIN		
		1	2	3
Sodium.	Jaune Intense.	Invisible.	Invisible.	Invisible.
Potassium.	Violet pâle.	Bleu violet.	Violet rouge faible.	Violet rougeâtre.
Calcium.	Rouge jaunâtre à rouge orange.	Jaune verdâtre.	Invisible.	Cramoisi pâle.
Lithium. Strontium.	Rouge cramoisi.	Invisible.	Invisible.	Cramoisi.
Baryum.	Vert jaunâtre.	Vert.	vert pâle	

Observations importantes. — 1° Ces essais doivent être exécutés de préférence dans un endroit sombre, les colorations sont plus visibles, si derrière la flamme on place un carton noir, par exemple ;

2° Le fil de platine doit être très propre, ne pas le toucher avec les doigts, les acides employés ne doivent pas colorer la flamme ;

3° Si le minéral est susceptible de donner un alliage fusible avec le platine, se servir d'une simple fibre d'amiante comme support ;

4° Contrôler, autant que possible, les déterminations par un nouvel essai en se servant du spectroscope (page 103).

Les colorations données par les divers corps volatilisables sont indiquées dans le tableau ci-dessous :

COULEUR	SUBSTANCES	OBSERVATIONS	
Jaune	Sels de Na.	Coloration intense et persistante. Invisible à travers l'écran de Merwin.	
Rouges			
Rouge jaunâtre.	Sels de Ca.	Flammes modifiées par l'écran de Merwin.	Les composés contenant ces éléments doivent être au préalable fortement chauffés puis humectés avec HCl. Vérifier les flammes de Sr et Li au spectroscope.
Rouge carmin.	» Sr.		
Rouge cramoisi intense.	» Li.		
Vertes			
Vert jaunâtre.	Sels de Ba.	Prendre peu de matière, chauffer à la pointe du cône, humecter avec HCl chauffer à nouveau. La coloration de Ba apparaît après celles de Cu et Sr.	
Vert bleuâtre.	P^2O^5.	Pour les phosphates, humecter avec SO^4H^2, faire un très petit dard et toucher à peine la flamme en dessous.	
Vert et vert jaunâtre.	BoO^3	Humecter le minerai (borates) avec SO^4H^2, introduire dans la flamme sans souffler. Pour rechercher Bo dans les silicates inattaquables, mélanger la matière avec 3 volumes de Flux de Turner.	
Vert émeraude.	CuO et Cu^2I^2.		
Vert pré.	Tl.	Minerai contenant du Thallium.	
Vert jaunâtre pâle.	Mo.	Oxyde et sulfure.	
Bleus			
Bleu bordé de pourpre.	$CuCl^2$.	Très belle flamme caractéristique.	
Bleu d'azur.	Se.	Séléniures. Odeur de raifort pourri.	
Bleu verdâtre.	Te.	Tellure et composés.	
Bleu livide pâle.	As. Sb.	Arsenic et composés. Antimoine et composés.	
Bleu pâle.	Pb.	Quelques composés renfermant cet élément surtout à l'état de chlorure.	
Violet			
Violet pâle.	Sels de K.	Flamme légèrement modifiée par l'écran de Merwin.	
Violet pâle.	Sels de Cae.Ru		

(6) ESSAIS AU SPECTROSCOPE

1° Spectres des éléments volatilisés dans les flammes
du brûleur

Utiliser pour ces essais, le petit spectroscope à vision directe
représenté (fig. 36).

Cet appareil se compose d'un tube, dont une des extrêmités
est obturée par deux petites pièces mobiles qu'une vis ou une
virole permet d'écarter ou de rapprocher de façon à produire
entre elles une fente plus ou moins étroite. Dans ce tube coulisse
à frottement doux, un second tube qui enchasse le prisme et
porte vissée à son extrêmité la lentille collimatrice. L'autre
extrêmité obturée par un verre, constitue l'oculaire.

Le réglage de cet appareil s'effectue comme suit :

Diriger le spectroscope vers le ciel. Mettre le spectre bien au
point au moyen de l'oculaire. Agir ensuite sur la fente avec la
vis, de façon à ce que les raies de Frauenofer soient nettement
visibles. Ceci fait, opérer comme suit :

1° Régler le spectroscope ;

2° Régler la flamme du brûleur Sievert en soulevant légèrement le barillet et agissant sur le pointeau de façon à obtenir
un flamme régulière conique peu éclairante. Viser la flamme
avec le spectroscope un peu au-dessus de la pointe du cône intérieur de façon à ne pas être gêné par le spectre du carbone (lignes
vertes) ; la ligne jaune de la soude devant être seule visible.
Elle servira de repère pour estimer les positions relatives des
raies produites par les éléments ;

3° Prendre un fil de platine légèrement aplati ou recourbé
à son extrêmité. Ce fil doit être très propre et introduit dans la
flamme, ne produire aucune coloration ;

4° Dans un VM, placer la substance à essayer bien porphyrisée ;
dans un second, quelques gouttes d'acide chlorhydrique. Ceci
fait, procéder à l'essai :

Humecter avec l'acide, l'extrêmité du fil, puis plonger dans la
matière. Le spectroscope étant braqué au-dessus de la pointe du
cône bleu, introduire petit à petit le fil supportant la matière
comme il a été dit pour les essais de coloration de la flamme, et
noter rigoureusement l'apparition successive des raies.

Dans le cas particulier des silicates, humecter la matière à plusieurs reprises, avec du *fluorure d'ammonium*, afin de volatiliser le silice, puis avec HCl, avant d'examiner au spectroscope.

Dans un mélange, les raies apparaîtront dans l'ordre de volatilité des éléments.

Les éléments que l'on pourra confirmer par les raies spectrales sont les suivants :

ÉLÉMENTS	RAIES SPECTRALES
Sodium.	Raie unique jaune brillante.
Potassium	Raie rouge brillante dans l'extrême rouge, une raie violette difficile à observer et un spectre continu faible.
Caesium.	Une double raie dans l'orangé et deux raies bleues brillantes très caractéristiques.
Rubidium.	Deux raies rouges dans l'extrême rouge et deux raies violettes caractéristiques.
Lithium.	Une raie rouge carmin caractéristique plus éloignée de celle de la soude que celle de la chaux et une raie jaune faible.
Calcium.	Raie verte et raie orange à égale distance de celle de la soude.
Strontium.	Une raie bleue caractéristique et une série de raies brillantes dans le rouge et l'orange.
Baryum.	Spectre très riche en bandes dans le vert et une raie verte brillante. (Prendre peu de matière chauffer longtemps).
Thallium.	Une raie verte unique plus éloignée de celle de la soude que la raie verte de la chaux.
Indium.	Une raie bleue caractéristique un peu plus éloignée de la raie de la soude que celle de la strontiane et une violette faible.

2° SPECTRE D'ABSORPTION

Beaucoup de minéraux contenant du didyme, regardés simplement en lumière transmise avec le spectroscope, présentent dans le rouge, le jaune et le vert de larges bandes noires (bandes d'absorption) qui sont caractéristiques de cet élément. Ex. : *monazite, bastnaésite, parisite.*

Si le minéral est suffisamment transparent, on peut apercevoir ces bandes en laissant tomber la lumière solaire sur le minerai et regardant simplement ce dernier au spectroscope. La lumière réfractée ayant suffisamment pénétré dans le minéral, peut donner le spectre d'absorption.

Cet essai sera très utile pour étudier les concentrés des sables à monazite.

Deux autres minéraux communs, le zircon et le grenat almandin donnent des spectres d'absorption caractéristiques.

(7) ESSAI AVEC LE BISULFATE DE POTASSE
(Recherche de quelques acides volatils.)

Principe. — Le bisulfate de potasse agit par un de ses équivalents d'acide sulfurique, lequel en se combinant avec la base du minéral, déplace l'acide à l'état gazeux et permet de le distinguer.

Mode opératoire. — Le minéral pulvérisé est mélangé avec du bisulfate, dans le mortier d'agate. Certains sulfures, par ce simple mélange, donnent un dégagement d'H^2S.

Exemples : Galène (PbS), Blende (ZnS), Alabandine (MnS), Pyrites magnétiques, etc.

Introduire une petite quantité du mélange dans un petit tube fermé d'un bout, chauffer doucement à la lampe à alcool, puis plus fortement. De temps à autre, approcher le tube des narines, pour reconnaître l'odeur des vapeurs dégagées. En fin d'expérience, constater l'état des parois du tube.

On pourra faire les constatations suivantes :

1° *Il se dégage un gaz coloré.*

    a) *vapeurs rutilantes à odeur nitreuse (Azotates).*

        Vérification. Une bande de papier-filtre humectée d'une solution de sulfate ferreux et introduite dans le tube devient brune.

    b) *vapeurs violettes (Iodures).*

        Vérification. Ces vapeurs colorent en bleu le papier amidonné.

    c) *vapeurs brun rouge (Bromures).*

        Vérification. Colorent en jaune le papier amidonné.

2° *Il se dégage un gaz incolore et odorant.*

    a) *Odeur d'H^2S (Sulfures).*

        Vérification : le gaz noircit le papier à l'acétate de plomb.

    b) *Vapeurs d'HCl (Chlorures).*

        Vérification : Donne des vapeurs blanches en présence d'une goutte d'Am. suspendue au compte-gouttes en fil de platine.

    c) *Vapeur d'HFl (Fluorures).*

        Vapeurs piquantes dépolissant le verre, ce que l'on constatera en cassant le tube, à l'endroit où se trouvait la matière, lavant, puis séchant les débris du verre.

§ 2. ESSAIS SPECIAUX
(8) ESSAIS AVEC L'AZOTATE DE COBALT

Principe. — L'azotate de cobalt en solution au 1/10 est employée spécialement pour caractériser les minéraux infusibles d'alumine, de zinc, de magnésie, de couleur blanche ou très légèrement colorés.

Ces minéraux, humectés d'azotate de cobalt, et fortement chauffés à FPO prenant des colorations caractéristiques.

Par conséquent, tout minerai infusible de couleur *blanche* devra être essayé avec ce réactif.

Mode opératoire. — Si la substance est suffisamment poreuse pour absorber la solution, l'humecter directement avec une goutte de cette dernière. Si elle ne l'est pas, la pulvériser d'abord, puis la placer dans une cavité du charbon et l'humecter. Traiter ensuite la matière à une forte FPO. L'azotate de cobalt se décompose en oxyde, lequel s'unit avec le minéral donnant des composés colorés de composition inconnue.

Cet essai sera très utile pour caractériser les enduits d'oxyde de zinc et d'étain obtenus sur le charbon, surtout si ces enduits ont une certaine épaisseur. Dans ce cas ; avec un compte-gouttes déposer par places sur l'enduit quelques gouttes de solution cobaltique, puis chauffer à FPO. Si les enduits sont peu épais, ou si l'on se trouve en présence d'enduits composés (recherche du zinc en présence du plomb, par exemple), il sera préférable d'humecter au préalable le charbon avec la solution à l'endroit où doit se déposer l'enduit. Les colorations sont surtout nettes après entier refroidissement.

Tableau des colorations produites par l'azotate de cobalt

COULEUR	CORPS	REMARQUE
(Vert de Rinmann)	Oxyde de zinc et ses composés.	Essai sur des fragments de minéraux tenus à la pince ou sur l'enduit sur PC.
Vert bleuâtre.	Oxyde d'étain.	Sur l'enduit sur PC.
Bleu d'outremer.	Alumine et ses composés.	Sur des fragments de minéraux tenus à la pince.
Rose pâle.	Magnésie et ses sels.	Cet essai réussit si le minerai est très pur (peu concluant).
Bleu quelquefois mélangé de vert.	Silicates de zinc.	Coloration bleue est due à la formation d'un silicate de cobalt fusible.
Vert sale.	Oxyde d'antimoine.	Couleurs peu nettes non caractéristiques.
Vert jaunâtre.	— de titane.	
Lavande.	— glucine.	
Violet.	— silice.	

(9) NOUVELLE METHODE DE RECHERCHE ET D'ESSAI
DES MINERAIS CONTENANT DES METAUX PRECIEUX
AU MOYEN DU CHALUMEAU

Historique et principe de la méthode

Historique et principe de la méthode. — La méthode, généralement employée, résultat des travaux de Berzélius, Harkort, Plattner, Atwood, nécessite en général, les opérations suivantes :

1° Concentration des métaux précieux dans un régule de plomb par fusion dans un petit creuset de charbon d'un décigramme de minerai mélangé avec excès de plomb et de borax ;

2° Scorification sur une coupelle en cendre d'os du régule de plomb obtenu ;

3° Coupellation d'affinage du régule de plomb résiduel, jusqu'à obtention du bouton de métaux précieux.

Cette méthode est longue, délicate, impose l'emploi de coupelles en cendre d'os, lesquelles sont fragiles et difficiles d'emploi.

Ayant constaté les difficultés opératoires que présente cette méthode, j'ai été amené, après de nombreux essais, à créer une méthode nouvelle, plus pratique, basée uniquement sur le principe de la scorification, par laquelle, la charge étant préparée, un essai ne nécessite plus que les deux opérations successives suivantes, toutes deux facilement et rapidement réalisables.

1° Scorification dans les conditions ordinaires du minerai mélangé avec un excès de plomb et de borax, afin de concentrer les métaux précieux dans un régule de plomb ;

2° Scorification dans des conditions spéciales de ce régule de plomb, jusqu'à obtention du bouton de métaux précieux.

Avant d'indiquer la composition des charges à employer pour les différents minerais et le mode opératoire des opérations de scorification, je rappellerai brièvement quel est le but de la scorification, et comment on la réalise dans les laboratoires.

Le but de cette opération est de scorifier métalloïdes, métaux et gangues des minerais aurifères et argentifères en présence d'un peu de borax et d'un excès de plomb, de façon à libérer les métaux précieux qui forment avec ce dernier un alliage, duquel il est facile de les séparer.

Cette opération est réalisée dans le laboratoire, dans les conditions suivantes :

On grille simplement sous moufle, dans un scorificatoire, un mélange de minerai avec un excès de plomb pauvre et un peu de borax.

Dans cette opération, la litharge produite par l'oxydation du plomb, facilite l'oxydation des éléments S, As, Sb, Se, Te, contenus dans le minerai, lesquels se volatilisent en totalité ou en partie, et la scorification des gangues en formant des scories particulièrement fusibles.

Les métaux précieux, non scorifiables, ainsi qu'une partie du cuivre et du nickel, si le minerai en contient une forte proportion, se concentrent au cours de l'opération, dans l'excès de plomb restant inoxydé.

Dans le laboratoire, on opère, en général, sur 2 à 5 grammes de minerai.

La proportion de plomb et de borax, nécessaire pour scorifier un minerai, doit varier suivant la nature de ce dernier et être d'autant plus grande que les oxydes produits et les gangues sont moins fusibles.

En général, on emploie 12 à 15 parties de plomb et une de borax pour une partie de minerai.

La proportion du plomb pourra être diminuée si le minerai est fusible et particulièrement plombeux, elle devra être augmentée surtout pour les minerais de cuivre, nickel, antimoine, zinc et étain, de même que celle de borax dans le cas de minerais de zinc, et surtout d'étain. Il en sera de même pour tous les minerais contenant une forte proportion de gangues calcaires ou barytiques.

Pour scorifier plus facilement certains minerais, tels que ceux d'étain, de zinc et de fer, on emploiera, en outre, une certaine proportion de silice, concurremment avec le borax.

Ces considérations générales établies, les conditions dans lesquelles on réalise au chalumeau, ces deux essais sont les suivants :

MODE OPÉRATOIRE

Utiliser uniquement les flammes des lampes à paraffine ou à alcool térébenthiné ou benziné ;

1° Composition de la charge

Du borax et du plomb pauvre sont nécessaires. J'emploie du borax fondu, pulvérisé, et du plomb pauvre, laminé, en feuilles de 1/10 de millimètre d'épaisseur (une feuille carrée de 3 cm. de côté, pesant environ 1 gr.).

La teneur en argent de ce plomb est déterminée par un essai spécial. (Voir page 116.)

Les essais sont effectués, en général, sur 1 décigramme de minerai porphyrisé, sauf pour les minerais riches, les tellurures, les minerais à forte teneur en cuivre, nickel, étain, zinc, antimoine, où j'emploie seulement 5 centigrammes.

Par contre, pour les galènes et autres minerais riches en plomb, on peut employer 2 décigrammes.

Etant donné que les quantités de matières essayées sont très faibles, on aura toujours avantage si on est en présence d'un minerai pauvre, pouvant se concentrer facilement à la battée sans pertes en métaux précieux, de faire cette opération sur 50 à 100 grammes, et d'essayer les concentrés.

En cours de prospection, la balance de voyage que nous avons indiquée page 24, sensible au 1/4 de milligramme, est suffisante pour peser minerai et flux.

Quant aux charges à employer pour les différentes espèces de minerais, elles sont indiquées dans le tableau ci-dessous :

Charges à employer

	MINERAI	PLOMB	BORAX	LITHARGE
Or et Argents natifs minerais riches	0 gr. 05	1 gr.	0 gr. 05	
Tellurures	0 gr. 05	1 —	0 gr. 05	0,05
Minerais de cuivre riches, cuivre gris, etc.	0 gr. 05	1 —	0 gr. 05	
— nickel	0 gr. 05	1 —	0 gr. 05	*Silice*
— antimonieux ou arsénieux ..	0 gr. 05	1 —	0 gr. 10	—
— d'étain	0 gr. 05	1 —	0 gr. 15	0,05
Pyrite et concentrés	0 gr. 10	1 —	0 gr. 15	0,025
Blende	0 gr. 05	1 —	0 gr. 10	
Oxydes de fer	0 gr. 10	1 —	0 gr. 10	0,025
Oxyde de manganèse	0 gr. 10	1 —	0 gr. 10	
Galène et carbonate de plomb	0 gr. 20	1 —	0 gr. 10	
Chlorures	0 gr. 10	1 —	0 gr. 10	

On constatera que dans ce tableau j'indique, pour chacune de ces charges, un gramme de plomb correspondant, au maximum, à 20 fois le poids de minerai, ce qui semblerait insuffisant pour les minerais à forte teneur en cuivre et, le cas échéant, les speiss, mattes, etc... On verra ci-après que, malgré ce, une bonne scorification peut toujours être réalisée, étant donné qu'au cours des opérations, on peut facilement :

1° Ajouter à nouveau plomb et borax pendant l'opération de scorification du minerai ;

2° Scorifier à nouveau le régule de plomb obtenu s'il est dur ou fragile, au lieu d'être mou et malléable, ce qui indiquerait des impuretés, telles que Cu, Sb, As, Zn, en assez forte proportion, ou bien, que le minerai étant très riche, le régule obtenu est un plomb très riche en or et argent ;

3° Ajouter, en une ou plusieurs fois, des lamelles de plomb au régule en cours de scorification pour or et argent, et cela, jusqu'à élimination complète des dernières traces de cuivre.

La charge sera préparée comme suit :

Découper une feuille de plomb pauvre de 3 cm. sur 3 cm. (1 gramme environ) ; la placer à côté de la balance. Peser le minerai et le flux ; les verser au centre de la feuille de plomb, et les mélanger intimement. Replier ensuite la feuille plusieurs fois sur elle-même, de façon à ce que la prise soit bien enveloppée de toutes parts dans la feuille de plomb, et que la surface de cette dernière, une fois repliée, soit inférieure à 1 cm².

2° SCORIFICATION DU MINERAI, JUSQU'A L'OBTENTION D'UN RÉGULE DE PLOMB CONTENANT DES MÉTAUX PRÉCIEUX

Cette opération est réalisée dans un scorificatoire.

J'utilisais, dans mes premiers essais, comme scorificatoires, les petits têts à phosphore que l'on trouve dans le commerce (1).

La pratique m'a démontré que la terre de ces scorificatoires est souvent très-grossière ; qu'ils sont, en général, trop profonds et leur cuisson effectuée à trop haute température. Pour ces raisons, la scorification y est quelquefois laborieuse.

Les blocs en terre dégourdie, décrits page 26, que j'emploie actuellement, ne présentent pas ces inconvénients et donnent toute satisfaction. Ils sont, d'autre part, plus économiques : un bloc permettant de réaliser six opérations (une sur chacune des faces).

Préparation du scorificatoire. — La préparation du scorificatoire est très simple. Il suffit, sur une des grandes faces du scorificatoire, de creuser, avec la fraise à scorificatoire, une

---

(1) Nouvelle méthode de recherche de l'or et de l'argent dans les minerais au moyen du chalumeau. Note de M. Ad. Braly. Comptes rendus de l'Académie des Sciences 16-4-1922.

cavité ayant environ 12 m/m de diamètre et 4 à 5 m/m de profondeur.

Scorification (Fig. 58). — Déposer la charge dans la cavité ainsi préparée. Saisir le bloc avec la pince à scorificatoire, tenir avec la main gauche, et apporter la charge dans la flamme du chalumeau, de manière à bien l'envelopper d'une bonne flamme réductrice maintenue en soufflant très modérément pour éviter les pertes. Sous l'action de la flamme, la feuille de plomb s'ouvre légèrement, se fendille, puis fond petit à petit ; les grains de minerai restent empâtés dans une masse de borax partiellement fondue.

Finalement, il reste dans la cavité du scorificatoire, de gros

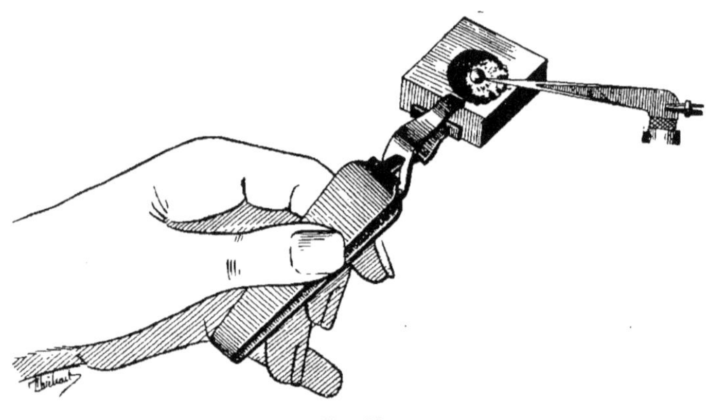

Fig. 58

globules de plomb, entourés ou couverts, en partie, de verre de borax, englobant la totalité du minerai.

Ce résultat obtenu, incliner légèrement le scorificatoire du côté de la flamme, et commencer la scorification proprement dite, en remplaçant la flamme réductrice par une forte flamme oxydante.

Diriger d'abord, de préférence, celle-ci au contact du bouton de plomb et du borax fondu afin que la litharge produite par oxydation du régule amène rapidement la scorification des gangues et des métaux scorifiables englobés dans le borax et la réunion des globules de plomb en un seul régule.

Continuer l'oxydation du régule et, tout en maintenant le scorificatoire incliné, le faire tourner de façon à rouler le régule dans les scories, pour lui faire capter les dernières traces de métaux pécieux.

La proportion des scories augmentant, incliner plus fortement le scorificatoire du côté de la flamme, en écoulant progressivement les scories au dehors, découvrant ainsi la surface du régule et permettant ainsi une scorification rapide.

Quand le régule est réduit à la grosseur d'un gros grain de millet (2 à 3 m/m de diamètre environ), on incline fortement le scorificatoire en faisant tomber le régule sur le tas en acier, et l'on constate s'il est dur au lieu d'être mou et malléable, ce qui indiquerait qu'il contient des impuretés. Dans ce cas, il est nécessaire de scorifier à nouveau dans une cavité creusée à la fraise, sur une petite face du bloc, après l'avoir enveloppé dans une feuille de plomb d'un centimètre carré. Comme règle, on devra toujours scorifier les régules provenant de minerais donnant à la scorification des scories *vert foncé* ; cette coloration indiquant que les minerais essayés contiennent une forte proportion de cuivre, et que partie de ce métal existe dans le régule.

Couleur des scories. — Les scories produites au cours de l'opération de scorification sont, en général, colorées, et leur coloration varie suivant la nature du métal prédominant dans le minerai : vertes pour les minerais de cuivre, elles sont violettes pour ceux de manganèse, bleues pour le cobalt, etc...

Cette coloration n'est donc pas négligeable. Elle permet souvent dans la scorification des minerais de plomb et d'argent, de déceler la présence d'un élément accessoire.

Les colorations les plus caractéristiques sont les suivantes :

Cuivre. — Scorie vitreuse, vert variant du vert jaunâtre au vert clair et au vert foncé ou noir, suivant la proportion du métal scorifié. La teinte est plus nette à froid.

Fer. — Vitreuse, brun-jaunâtre à rouge-brun et acajou, suivant la teneur.

Manganèse. — Vitreuse, violet pâle à violet améthyste, brun violacé plus ou moins foncé.

Cobalt. — Vitreuse, bleu à bleu-noir.

Plomb-Bismuth. — Vitreuse, jaune clair.

Chrome. — Rouge sang à orangé-rouge.

Urane. — Grenadine à carmin-orangé plus ou moins foncé.

Nickel. — Scorie vert sale (peu caractéristique).

Antimoine. — Scorie généralement opaque, terre de sienne brûlée à ocre-jaune.

Tellure. — Jaunâtre avec quelques taches rouges (peu caractéristique).

Considération importante. — L'essai par scorification à l'inverse de l'ancien essai par fusion, est très facilement réalisable. On n'est plus dans l'obligation, comme dans l'ancienne méthode, de maintenir une flamme régulière pendant plusieurs minutes consécutives. En effet, au cours de l'opération de scorification dont la durée est inférieure à dix minutes pour les minerais les plus difficiles à scorifier, on peut, après avoir soufflé quelques minutes, arrêter l'opération pour la reprendre, en un mot, souffler d'une manière intermittente.

3° SCORIFICATION DU RÉGULE DE PLOMB (FIG. 59)

Le régule R, débarrassé de la scorie adhérente si nécessaire, est placé sur la plaque PPD, au voisinage de l'angle A. La plaque étant saisie avec la pince à scorificatoire au milieu d'un

FIG. 59

grand côté, est maintenue horizontale. Ceci fait fondre le régule à la flamme réductrice. Pendant cette fusion, il se forme un peu de litharge, qui fixe le régule sur la plaque.

Changer la flamme réductrice en flamme oxydante et *inclinant* la plaque PPD du côté de la flamme, continuer l'action de celle-ci en la faisant agir tangentiellement au régule de façon à le forcer à se déplacer sur la gauche et à abandonner derrière lui, sous forme de traînées, la scorie formée par la combinaison de la litharge produite et de la terre de la plaque en contact avec le régule. Cette opération se réalise facilement si on déplace lentement en même temps la plaque PPD vers la gauche, jusqu'à ce que le régule soit au voisinage de l'angle gauche de la plaque B.

A ce moment, faire tourner la pince et la plaque de 90° sur la gauche, et continuer l'opération de façon à amener le régule de B en C.

Ceci fait, arrêter l'opération et saisir la plaque avec la pince, par le côté opposé, faire agir à nouveau la flamme, de façon à faire circuler le régule de C en D et de D en E.

Déplacer à nouveau la pince, et ainsi de suite.

Au fur et à mesure que l'opération se poursuit, le régule diminue de volume, se déplace de plus en plus rapidement sous l'action de la flamme, puis finalement se fixe au moment où les dernières traces de plomb sont transformées en litharge, produisant généralement le phénomène de *l'éclair*. Il reste donc sur la plaque, une traînée de scories et un bouton *b* de métaux précieux, lequel est toujours net, rond et brillant.

Pour les minerais à faible teneur, le bouton de métaux précieux, très petit, quelquefois visible seulement à la loupe, a toujours tendance, entouré des dernières traces de litharge, à s'incruster dans la plaque PPD.

Dans ce cas (minerais pauvres), il sera préférable, quand le régule sera très-réduit (un millimètre de diamètre par exemple), de le détacher de la plaque avec le tranchant du tourne-vis et de le déposer sur la *plaque de finissage*, dont la terre plus réfractaire, est moins scorifiable, et de terminer l'opération sur cette dernière plaque.

Remarques importantes. — 1° En scorifiant un régule de plomb argentifère contenant une forte proportion de cuivre, on constate que le bouton d'argent s'étale généralement au moment où se produit l'éclair, et quoiqu'il semble blanc, il contient encore une proportion de cuivre appréciable. Un tel bouton devra être scorifié à nouveau avec une nouvelle quantité de plomb, pour enlever les dernières traces de cuivre. Pour ce, il suffira de l'allier *sur place*, avec un décigramme de plomb pauvre (feuille de 3 m/m sur 3 m/m), puis de reprendre sa scorification. Généralement, cette addition de plomb est suffisante, surtout si on a pris la précaution comme je l'ai indiqué page 112, de rescorifier dans un petit scorificatoire, tout régule provenant de minerais donnant des *scories vert foncé*, avant de le scorifier sur PPD ;

2° Dans la scorification d'un régule très riche en argent, si on arrête la flamme quand le régule est très réduit, on constatera que le bouton se solidifie sous forme d'une masse grisâtre, friable, qui champignonne. Ce phénomène paraît être analogue à celui du *rochage*. Dans ce cas, reprendre l'opération en soufflant doucement ;

3° Si le régule donne des projections, c'est l'indication que la flamme est trop chaude et que l'on souffle trop fort ;

4° Si le bouton se noie dans la scorie, pour le dégager, ajouter un granule de plomb, et reprendre la scorification ;

5° La flamme la plus convenable pour scorification des régules est obtenue en introduisant très peu le bec du chalumeau dans la flamme, et en soufflant modérément, le bouton étant placé légèrement en dehors de la pointe du cône bleu. Quand le bouton commence à se déplacer rapidement, employer une flamme plus oxydante ;

6° Ne jamais oublier d'enlever avec la pointe d'un canif, les boutons résiduels d'or et d'argent, avant de passer les plaques PPD et de finissage au carborundum.

*Simplification de la méthode applicable aux galènes pures
sans gangues*

Dans ce cas particulier, je réduis d'abord la galène en plomb en la traitant comme on le fait en métallurgie par la « *Méthode de grillage et réaction* », puis je scorifie le régule sur la plaque PPD.

Procéder comme suit :

Un petit scorificatoire étant creusé avec la fraise à scorificatoire sur un des petits côtés du bloc, déposer dans la cavité 200 mmgr. de la galène à essayer bien porphyrisée. Bien tasser le minerai dans le scorificatoire. Porter la *matière* dans la flamme oxydante et faire agir celle-ci sur toute la surface du minerai en faisant mouvoir circulairement le scorificatoire devant la flamme.

Au cours de cette opération, la galène est partiellement oxydée avec production de litharge et de sulfate de plomb, lesquels réagissent sur la galène inaltérée avec production de plomb et dégagement abondant d'acide sulfureux dont l'odeur se fait nettement sentir.

Continuer l'action de la flamme sur le régule, jusqu'à réduction à la dimension voulue pour le traiter pour argent sur la plaque PPD. Cette opération peut être réalisée en cinq minutes, elle est donc très rapide et présente l'avantage de faire connaître immédiatement si on est en présence d'une galène riche et pure ; les galènes impures ne pouvant se réduire qu'après addition de borax.

La couleur des scories, d'autre part, est indicatrice des éléments accessoires qu'elle peut contenir, une scorie vert jaunâtre à vert clair indiquant le cuivre, plus ou moins brune le fer, etc., etc.

Détermination de la teneur en argent des feuilles de Plomb utilisées dans les essais par scorification

Préparer un scorificatoire. Découper un morceau de feuille de plomb pesant un gramme. Déposer au centre environ 5 cg. de borax. Replier la feuille sur elle-même, et la placer dans le scorificatoire.

Fondre à la flamme réductrice puis soumettre à l'action de la flamme oxydante et scorifier jusqu'à réduction du régule à la grosseur d'un grain de millet. Terminer la scorification sur la plaque PDD, puis sur la plaque de finissage jusqu'à obtention du bouton d'argent, lequel n'est en général visible qu'à la loupe.

Faire trois opérations. Prendre la moyenne des poids des trois boutons d'argent obtenus.

Généralement, les feuilles de plomb du commerce désignées sous le nom de plomb pauvre contiennent encore un demi-gramme à 2 grammes d'argent. Nous en avons trouvé qui contenaient 5, 10 et 20 grammes.

4° Détermination des poids des boutons par scorification

En général, les essais étant exécutés sur 50 à 100 mmg. de minerai, les boutons de métaux précieux sont excessivement petits et ne peuvent être pesés avec la balance de prospection décrite page 24, laquelle est sensible au quart de milligramme seulement.

En effet, un bouton d'argent résultant de la scorification de

100 mmg. de minerai pèse *un centième de milligramme* si le minerai contient 100 grammes d'argent à la tonne, et 2/10 de milligramme si sa teneur est de deux kilogrammes.

L'échelle de Plattner, souvent mal construite, d'une application délicate, établie pour estimation de boutons résultant d'une coupellation sur coupelle en cendre dos, ne peut être utilisée.

J'ai donc été amené à chercher un moyen permettant de faire ces estimations de poids sans recourir à la balance ou aux échelles.

Les boutons obtenus sur plaque PPD sont toujours ronds, nets, brillants, tout en ayant des formes assez différentes. Il résulte, en effet, de mes expériences, que les boutons d'or ont, en général, la forme d'une sphère de laquelle on aurait détaché une petite calotte sphérique (fig. 60). Qu'il en est de même

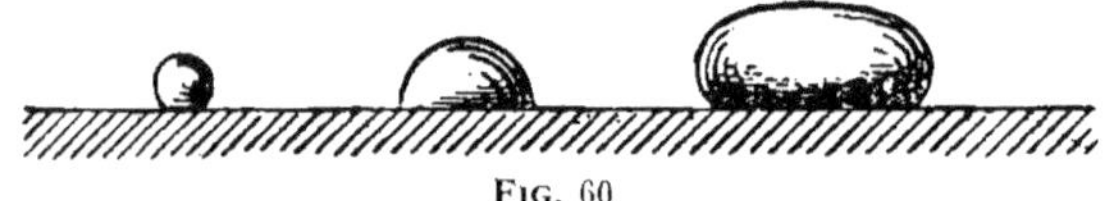

FIG. 60

pour les boutons d'argent dont le poids est inférieur à 0 mmgr. 40 (correspondant à un diamètre de 56/100 de millimètre), mais que ceux pesant entre 0 mmgr. 40 et 2 mmgr., dont les diamètres sont compris entre 56/100 et 90/100 de millimètre, ont une forme sensiblement hémisphérique, et qu'enfin les boutons de diamètre et de poids supérieur ont la forme d'une sphère très aplatie.

Il résulte de ces constatations que les boutons ayant des formes très différentes, l'on doit recourir à la méthode expérimentale si l'on veut connaître le poids d'un bouton d'après son diamètre. J'ai fait ces expériences, mesurant sur la plaque PPD les diamètres d'un grand nombre de boutons de poids connus obtenus par scorification sur cette plaque. Ces expériences m'ont permis de dresser le tableau page 118, où l'on trouvera en regard diamètre et poids d'une série de boutons d'or et d'argent, pesant entre quelques millièmes de milligrammes et 5 mmgr. Le diamètre d'un bouton étant mesuré, si on se rapporte à ce tableau, on en connaîtra donc immédiatement le poids. J'indiquerai maintenant comment, en se servant du microscope muni de son oculaire micrométrique quadrillé, cette mesure du diamètre d'un bouton est facilement réalisable.

Avant d'y procéder, toutefois, et pour pouvoir l'effectuer, il est nécessaire de connaître les caractéristiques du microscope

Tableau indiquant les relations entre les diamètres, volumes et poids des boutons d'or et d'argent obtenus par scorification au chalumeau

Diamètres en mm	BOUTONS D'ARGENT		BOUTONS D'OR	
	Volumes en mm³	Poids en mmg	Volumes en mm³	Poids en mmg
0,01875	0,0000028	0,00003	0,000003	0,00006
0,0375	0,000028	0,0003	0,000028	0,00055
0,0562	0,000047	0,0005	0,00005	0,001
0,075	0,00019	0,002	0,0002	0,004
0,0937	0,00038	0,004	0,00044	0,008
0,112	0,00066	0,007	0,00067	0,015
0,131	0,00095	0,01	0,001	0,02
0,150	0,0014	0,016	0,0014	0,028
0,1687	0,0019	0,02	0,0019	0,038
0,1875	0,0024	0,026	0,0025	0,05
0,206	0,00304	0,032	0,0032	0,062
0,225	0,0038	0,04	0,004	0,078
0,2437	0,0044	0,047	0,0048	0,094
0,2625	0,0057	0,06	0,0055	0,11
0,281	0,0071	0,075	0,0071	0,14
0,300	0,0085	0,09	0,0089	0,172
0,3187	0,01	0,105	0,011	0,214
0,337	0,0119	0,125	0,0137	0,264
0,356	0,0138	0,145	0,017	0,342
0,375	0,016	0,167	0,02	0,400
0,393	0,018	0,19	0,025	0,500
0,412	0,02	0,22	0,031	0,600
0,431	0,023	0,245	0,036	0,700
0,450	0,026	0,275	0,041	0,800
0,525	0,04	0,420	0,067	1,300
0,600	0,054	0,575	0,098	1,900
0,675	0,076	0,800	0,147	2,850
0,750	0,105	1,100	0,202	3,900
0,825	0,142	1,500	0,266	5,250
0,900	0,185	1,95		
0,975	0,25	2,05		
1,050	0,33	3,50		
1,125	0,44	4,65		
1,200	0,56	5,95		

dont on se sert et de déterminer une fois pour toutes quelles sont les valeurs des divisions du micromètre quadrillé, suivant que le microscope est utilisé avec le tube oculaire court ou long·

Pour faire cette détermination, on se servira d'un objectif étalon au 1/10 de millimètre que l'on placera sur le porte-objet.

Supposons que l'on veuille déterminer la valeur des divisions du quadrillé micrométrique avec le tube court.

Procéder de la façon suivante : l'oculaire étant en place, le verre d'œil au point sur le quadrillé, agir successivement sur la crémaillère et les vis micrométriques et mettre à son tour au point le micromètre objectif étalon. Ceci fait, faire tourner l'oculaire jusqu'à ce que les traits du quadrillé soient parallèles à ceux du micromètre objectif.

On observera alors qu'un nombre N de divisions du quadrillé recouvre exactement un nombre N' de divisions du micromètre. La valeur d'une division du quadrillé sera donc en millimètre égale à $\frac{N'}{10\,N}$. Pour notre microscope, par exemple, 37 quarts de division du micromètre quadrillé avec le tube court, ou 9 divisions 25, correspondent à 10 divisions du micromètre étalon, une division correspond donc à $\frac{10}{9,25} = 0$ mm. 1080 et 1/4 de division à 0,027.

En pratiquant de la même façon avec le tube long, nous avons trouvé que, pour notre microscope, la valeur d'une division est réduite à 0 mm. 075.

La valeur des divisions du micromètre quadrillé fonctionnant avec les tubes court et long étant connus, il devient facile de mesurer le diamètre du bouton.

La plaque PPD étant déposée sur la platine, le bouton étant mis au point, on comptera le nombre de quarts de divisions du micromètre quadrillé recouvert par le bouton, en faisant l'opération sur 2 diamètres perpendiculaires et en prenant la moyenne des résultats. En multipliant ce nombre par la valeur d'un quart division, on aura son diamètre.

Le diamètre connu, il suffira de se rapporter à notre tableau pour calculer rapidement le poids du bouton d'or ou d'argent correspondant à ce diamètre.

Exemple. — Supposons que la valeur d'une division du micromètre du microscope dont on se sert en utilisant le tube long soit de 0 mm. 0725, et que l'on ait à déterminer le poids des deux boutons représentés sur l'oculaire micrométrique (fig. 28). Le gros bouton étant un bouton d'argent, le petit un bouton d'or.

Le bouton d'argent englobant 5 divisions, son diamètre sera de $5 \times 0,0725 = 0$ mm. 3625.

Le diamètre du bouton d'or de : $\frac{3}{4} \times 0,0725 = 0,0544$.

En nous reportant au tableau page 118, nous voyons que le diamètre du bouton d'argent est compris entre les deux diamètres 0,356 et 0,375, correspondant à des boutons d'argent dont les poids sont de : 0 mmgr. 145 et 0,167, différant de 0 mmgr. 022.

Le poids du bouton sera donc de :

$$0,145 + \frac{0,362 - 0,356}{0,375 - 0,356} \times 0,022 = 0,145 + \frac{6}{19} \times 0,022 = 0 \text{ mmgr. } 152.$$

Quant au poids du bouton d'or, dont le diamètre de 0,0544 est compris entre les boutons de diamètre 0,0375 et 0,0562, son poids sera :

$$0,00055 + \frac{0,0544 - 0,0375}{0,562 - 0,0375} \times (0,001 - 0,00055) = 0,00095,$$

ce qui correspondrait, si ces deux boutons résultent d'essais faits sur un décigramme de minerai à des teneurs à la tonne de :

1 kgr. 500 d'argent environ pour le minerai d'argent et de 9 grammes d'or environ pour le minerai d'or.

5° Boutons Auro-Argentifères

Le bouton, contenant la totalité des métaux précieux contenus dans le minerai essayé, sera un alliage d'or et d'argent s'il provient de l'essai d'un minerai auro-argentifère.

Pour connaître la teneur en or et argent du minerai, il restera donc à déterminer dans quelles proportions sont alliés ces métaux dans le bouton, et, pour ce, de séparer l'or et l'argent.

Cette opération se fait avec l'acide azotique (D=1.26) dans lequel l'argent est soluble et l'or insoluble ; cette séparation n'étant complète que si, dans l'alliage or et argent, le poids d'argent est au moins de deux fois et demie supérieur à celui de l'or.

Par conséquent, si, dans le bouton, le rapport du poids d'argent et d'or est plus faible que $\frac{2,5}{1}$, il y aura lieu, avant de procéder à l'attaque par l'acide azotique, de faire ce que l'on appelle *l'inquartation*, c'est-à-dire d'allier au bouton un poids d'argent tel que finalement le poids de l'argent soit à celui de l'or, dans le rapport de $\frac{2\ 1/2}{1}$ ou mieux, pour toute sécurité, que ce rapport soit de $\frac{3}{1}$, c'est-à-dire que le poids de l'or représente le quart du poids total du bouton, d'où le nom *d'inquartation* donné à l'opération.

Inquartation. — Une première indication sur les proportions relatives des deux métaux précieux est donnée par la couleur du bouton.

Si la couleur du bouton varie du jaune d'or pur au jaune bronze clair, le bouton contient plus de 700 mmgr. d'or. Si le bouton a une couleur jaune verdâtre plus ou moins claire, l'or existe dans le bouton dans les proportions de 600 à 700 millièmes.

Enfin, un bouton paraissant blanc peut renfermer encore jusqu'à 600 millièmes d'or.

La détermination du poids d'argent à ajouter se fera dans les conditions suivantes :

Si le bouton est blanc, on déterminera, d'après le tableau, son poids, en supposant que l'on se trouve en présence d'un bouton d'argent pur et pour inquarter, on ajoutera un poids d'argent égal à deux fois son poids.

Si le bouton est plus ou moins jaune, on déterminera son poids d'après le tableau, en supposant qu'on est en présence d'un bou-ton d'or pur et on ajoutera au bouton un poids d'argent égal à *trois fois* ce poids.

Il est facile d'ajouter cet argent additionnel en utilisant comme argent d'inquartation du fil d'argent vierge de 1/10 de mm. de diamètre, dont le poids du mm. est de 0 mmgr. 082. Il suffira de couper une longueur de ce fil représentant le double ou le triple du poids du bouton, suivant que l'on a à faire à un bouton blanc ou jaune.

Le bouton et le fil additionnel seront enveloppés dans une feuille de plomb pauvre de 1 cm² que l'on repliera sur elle-même. Cette feuille sera fondue et scorifiée sur la plaque PPD jusqu'à obtention du bouton de métaux précieux, lequel sera ainsi prêt pour l'opération du *départ*, c'est-à-dire pour l'attaque à l'acide azotique.

Départ. — Ce bouton détaché de la plaque PPD avec le tournevis est écrasé sur le tas en acier, débarrassé des scories qui pourraient être adhérentes, puis déposé dans un petit godet en porcelaine peu épais, de 3 centimètres de diamètre environ. Ce godet est placé sur une rondelle d'amiante de 7 centimètres de diamètre et de 2 millimètres d'épaisseur reposant sur l'anneau qui termine le bras de la lampe de Berzélius.

J'ai renoncé à effectuer le départ dans les matras d'essayeur à cause de leur fragilité et dans les petites capsules en porcelaine, étant donné leur profondeur et les difficultés qu'on éprouve quand on veut recueillir la totalité de l'or, si ce dernier tombe en poudre, ou si des points d'or restent attachés au fond.

Le bouton déposé dans le godet reposant sur son support en amiante, le remplir aux trois quarts avec de l'acide azotique (D = 1.26). Verser l'acide goutte à goutte. A cet effet, conserver d'acide dans le godet, éloigner la flamme et, au moyen d'un mer la lampe. L'amiante étant peu conductrice, le godet s'échauffe lentement et l'on n'a jamais à craindre de pertes résultant d'une ébullition très active. L'attaque se fait rapidement et l'or apparaît sous forme de masse spongieuse, de points ou de poudre de couleur brun foncé. Quand il reste seulement quelques gouttes d'acide dans le godet, éloigner la flamme et, au moyen d'un second flacon compte-gouttes, remplir le godet d'eau distillée, de façon à dissoudre l'azotate d'argent formé. Ceci fait, au moyen de petits tampons de papier filtre ou de papier buvard, aspirer peu à peu la solution d'azotate d'argent en faisant attention de n'enlever aucun des petits points d'or qui reposent sur le fond du godet. Recommencer encore trois fois la même opération, faisant suivre chaque attaque d'une dissolution de l'azotate d'argent formé et de l'enlèvement de la solution au moyen de papier filtre. On peut considérer qu'après avoir pratiqué ainsi, l'or restant sur le godet est exempt d'argent. Finalement, sécher le godet. En séchant un peu plus fortement, on constate que l'or prend une couleur légèrement plus claire.

Que l'or soit sous forme de petites lamelles spongieuses, de points isolés ou en poudre, on procèdera de la façon suivante pour l'enlever :

Déposer le godet refroidi sur une feuille de papier blanc étalée sur la table. A côté du godet, placer une petite feuille de plomb pauvre ayant la forme d'un carré de 1 cm. 1/2 de côté. Cette petite feuille servira à recueillir l'or contenu dans le godet. Découper alors dans une autre feuille de plomb pauvre une très petite lamelle ayant environ un millimètre de large et un centimètre de longueur ; avec cette lamelle, maintenue à l'extrémité d'une pince à bouton ou de la *brucelle*, ramasser l'or se trouvant sur le godet. Pour faciliter cette opération et pour que l'or reste adhérent au plomb pendant son transport du godet sur la feuille de plomb, mouiller légèrement l'extrémité de la lamelle avec la salive avant de procéder à la récolte de l'or. Si ce dernier, au lieu d'être en une seule masse, constituait plusieurs points ou était en poudre, pour le recueillir totalement, on pourrait se trouver obligé d'employer successivement plusieurs petites lamelles au lieu d'une seule. Quoi qu'il en soit, déposer avec précaution chaque lamelle ayant recueilli de l'or sur la feuille de plomb, la partie à laquelle adhère l'or étant placée au centre de la feuille ; puis, tout l'or du godet étant recueilli et déposé sur la feuille de plomb, ajouter un peu de borax, et replier la feuille plusieurs fois sur elle-même avec précaution, de façon à envelopper et maintenir dans son intérieur le borax et la totalité des points d'or et les lamelles les supportant.

Scorifier dans une *petite* cavité creusée dans un scorificatoire avec la fraise jusqu'à réduction du régule à la grosseur d'un grain de millet. Terminer la scorification sur la plaque PPD jusqu'à obtention du bouton d'or.

La mesure de son diamètre au microscope permettra, au moyen du tableau, de connaître son poids, c'est-à-dire le poids d'or contenu dans l'essai.

L'estimation de l'argent peut se faire par un simple calcul pour les minerais auro-argentifères courants.

En effet, nous constatons, d'après notre tableau, que les volumes des boutons d'or et d'argent de même diamètre, mais d'un diamètre inférieur à 0 mm. 30, sont sensiblement identiques ; il s'ensuit que ces petits boutons d'or ou d'argent ont sensiblement la même forme ; il est donc naturel d'en déduire que les formes des boutons d'alliage de ces métaux le sont également.

En conséquence, si on diminue du volume de l'alliage obtenu dans l'essai du minerai le volume du globule d'or obtenu par l'opération du départ, on aura le volume de l'argent, et, en multipliant ce dernier par 10.5, on constatera le poids de l'argent contenu dans l'essai.

Exemple. — En essayant 1 décigramme d'une pyrite arsénicale auro-argentifère de la mine Centralni (Sibérie), j'ai obtenu par scorification un bouton blanc d'un diamètre de 0 mm. 225, dont le volume, d'après le tableau, était de 0,0038. Le départ m'ayant donné un bouton d'or d'un diamètre de 0,112 correspondant à un volume de 0,00067 et à un poids d'or de 0,013, il en résulte que le poids d'argent contenu dans le bouton primitif est de :

$$(0,0038 - 0,00067) \times 10.5 = 0,0328,$$

et que la teneur du minerai est de : 130 grammes d'or et de 328 grammes d'argent à la tonne.

Pour des minerais ou concentrés auro-argentifères très riches, donnant des boutons d'un diamètre supérieur à 0 mm. 30, la méthode trouve encore son application.

Pratiquer comme suit :

Mesurer le diamètre du bouton. Comme il est impossible de le peser, on supposera, quelle que soit sa couleur, qu'on est en présence d'un bouton d'or. La table donnera son poids. Supposons que ce poids soit N fois supérieur à celui d'un bouton d'or ayant un diamètre de 0 mm. 30.

Ceci fait, détacher le bouton de la plaque PPD, l'envelopper avec une pointe de borax dans une feuille de plomb pauvre carrée de 1 cm. 1/2 de côté (poids, 250 mmgr.), scorifier dans un petit scorificatoire jusqu'à réduction du régule à un diamètre d'environ 3 millimètres (poids, 150 mmgr.). Faire tomber le régule sur le tas en acier, l'écraser avec le marteau de façon à le réduire en une petite feuille de 2 à 3/10 de millimètres d'épaisseur, peser à la balance, soit P son poids.

Détacher une partie de cette feuille pesant $\dfrac{P}{N}$, la replier, fondre et scorifier sur plaque PPD, ensuite inquarter, opérer le départ, etc..., comme dans la méthode générale.

On connaîtra ainsi les poids d'or et d'argent contenus dans $\dfrac{P}{N}$ du régule. En multipliant ces poids par N, on connaîtra les poids d'or et d'argent contenus dans le minerai essayé.

Contrôler ces résultats en opérant sur un second poids $\dfrac{P}{N}$ du régule.

6° PLATINE. — PALLADIUM-IRIDIUM (voir page 211)

L'opération de la scorification **permettra** également de constater l'existence du platine, du palladium **et** de l'iridium dans les minerais.

Ces métaux, en effet, comme l'or et l'argent, restent comme résidu de l'opération de scorification sur **PPD** sous forme de boutons d'aspects particuliers.

Platine. — Le platine reste généralement à l'état de masse spongieuse gris-noirâtre à l'œil nu, blanc de platine à la loupe ou au microscope.

Alliés avec l'argent, les boutons sont blanc mat ou grisâtres à l'œil nu. Au microscope, ils paraissent comme piqués (grêlés plus ou moins finement). Si la scorification est incomplète, les boutons sont gris d'acier poli.

Alliés avec de l'or, les boutons à 5 % de platine sont jaunes, ceux à 10 % sont jaunes plus ou moins pâles, au-dessus de 10 %, blanc de platine. Leur surface au microscope apparaît comme dépolie ou finement granulaire.

Ces boutons sont, en général, difficiles à détacher de la plaque PPD.

Palladium. — Le bouton résiduel, **qui est un** alliage de plomb et palladium, est noir bleu.

Allié avec l'or, l'argent, le platine, les boutons ont, en général, la couleur de l'acier poli, et leur surface paraît bosselée, martelée ou granulaire, quand on les regarde au microscope.

Iridium et Osmiridium. — Ne s'allient pas avec le plomb, et restent intacts à la fin de l'opération de la scorification du régule de plomb. Souvent, ils paraissent recouverts d'une pellicule noire vernissée. Quelquefois, des petits grains de ces métaux se séparent du plomb au cours de la scorification sur PPD, et restent inclus dans la traînée de scorie résiduelle.

Alliés à l'or, ils donnent des boutons présentant de petites taches noires visibles à la loupe ou au microscope.

Il résulte de ces observations que toutes les fois que l'on obtiendra un bouton ayant une couleur autre que celle des boutons d'or et d'argent, **et présentant au microscope une surface** particulière (dépolie, piquée, grenue, bosselée, martelée, etc...), c'est une indication que le minerai essayé peut contenir un ou plusieurs des métaux du groupe du platine.

Considérations sur la méthode et son application

Cette méthode présente sur l'ancienne les avantages suivants :

1° Elle est beaucoup plus rapide, un essai pouvant être réalisé en dix minutes pour une galène, en une heure pour un minerai d'or ou d'argent quelconque, et en deux heures pour un minerai auro-argentifère ;

2° L'appareillage nécessaire est simple, réduit, robuste ;

3° Le mode opératoire très facile. Les deux opérations de scorification du minerai et du régule sont, en effet, exécutées en *flamme oxydante*, beaucoup plus facile à maintenir que la flamme réductrice, et on peut, sans inconvénient, arrêter le soufflage et le reprendre au cours des opérations, c'est-à-dire souffler d'une manière intermittente. Au point de vue précision, de nombreux essais nous ont démontré qu'elle donne toute satisfaction, malgré que l'on opère sur des quantités de minerai variant entre 50 mmgr. et 200 mmgr. seulement, et que l'on utilise pour les pesées une balance sensible seulement au quart de milligramme. En effet, par cette méthode, les pertes étant réduites au minimum, on obtient des boutons renfermant la totalité des métaux précieux contenus dans le minerai. Or, la pesée de ce dernier étant faite à un quart de milligramme près, l'erreur pouvant en résulter sera de 1/200 dans le cas où l'on opère sur 50 mmgr., et de 1/800 si on opère sur 200 mmgr., c'est-à-dire de moins de un demi-gramme pour l'argent et de 2/10 de grammes pour l'or, dans l'essai d'un mispickel contenant 100 grammes d'argent et 40 grammes d'or à la tonne. Cette erreur pouvant être au maximum de 5 grammes pour un minerai contenant 2 kilogrammes d'or à la tonne.

L'erreur est donc infime si on la compare à celle pouvant résulter d'une prise d'essai mal faite, et c'est sur ce point que l'on doit porter particulièrement toute son attention.

La prise est facile dans le cas d'un minerai massif uniforme d'une composition définie, il suffira d'en prendre quelques grammes, de broyer, porphyriser, et d'essayer deux prises de 50 à 200 milligrammes (suivant la nature du minerai), *les essais devant toujours être faits en double.*

Dans le cas d'association de minerais massifs (sans gangue), pyrite et mispickel, galène blende et pyrite, blende et chalcopyrite, galène chalcopyrite et cuivre gris, etc..., etc..., faire une prise ordinaire, réduire à 20 grammes, broyer finement, *mélanger très intimement* ; faire 4 ou 5 essais, prendre la moyenne.

Si le minerai ou les minerais associés sont répartis irrégulièrement dans la gangue, échantillonner comme à l'ordinaire, concentrer à la battée 200 grammes de la prise d'essai, peser les concentrés, et les essayer après les avoir séchés, porphyrisés finement et intimement mélangés.

Ne jamais négliger, quand on se trouve en présence d'associations minérales, de séparer les minéraux constitutifs, ce qui est généralement possible après un broyage suffisant et en utilisant la loupe et les brucelles, et les essayer séparément. Ces essais permettront de déterminer souvent que les métaux précieux sont subordonnés à la présence d'un minéral de l'association à l'exclusion des autres.

Cette méthode ne réclamant pour chaque essai qu'une très faible quantité de matière, on pourra chercher si, dans un minerai massif, la répartition des métaux précieux est variable, ce qui semble être le cas normal des galènes argentifères, ainsi que je l'ai démontré dans ma note « *Recherche, estimation et répartition de l'argent dans les galènes* », note présentée au 53ᵉ Congrès des Sociétés savantes, tenu à Paris en avril 1925.

(10) RECHERCHE DE PETITES QUANTITES DE NICKEL ET CUIVRE EN PRESENCE DE Fe. Co. Mn.

Les méthodes pyrognostiques proposées par Plattner et d'autres minéralogistes, étant d'une exécution plutôt délicate, j'ai été amené à les modifier de façon à réaliser une méthode plus pratique. Cette méthode est basée sur le principe suivant :

Quand on traite sur PC à forte FPR bien soutenue et suffisamment longtemps, une perle de borax dans laquelle on a dissous des oxydes de nickel ou de cuivre, ces derniers sont réduits complètement à l'état métallique sous forme de grains ou de masse spongieuse plus ou moins agglomérée, et la perle redevient incolore.

Opérer comme suit :

Dissoudre à FPO, dans une perle de borax de 3 millimètres de diamètre, une quantité de minerai grillé représentant la moitié du volume d'une petite alvéole de la mesure en ivoire (environ 12 mmgr.).

Détacher cette perle par une brusque secousse donnée au porte-fil, la faire tomber dans le mortier d'agate.

Préparer une seconde perle dans les mêmes conditions.

Déposer ensuite une de ces perles dans une cavité *bien lisse* creusée avec la fraise à scorification dans une TC.

Echauffer progressivement la perle à FPR afin d'éviter qu'elle n'éclate par une trop brusque application de la chaleur puis la soumettre à l'action d'une FPR pure, en soufflant doucement, de façon à ce que la perle tourne sur elle-même dans la flamme, en restant sphérique autant que possible. Continuer le soufflage pendant deux ou trois minutes, de façon à réduire nickel et cuivre à l'état métallique.

Vers la fin de l'opération, la perle a des tendances à s'attacher et s'étaler sur le charbon ; éviter, autant que possible, qu'elle s'étale trop en dirigeant le dard sur les bords de la masse fondue, pour la refouler au centre. On constatera souvent, à ce moment, la production d'un dégagement abondant de petites bulles d'oxyde de carbone sur le pourtour. L'opération est terminée quand la production de ces bulles cesse.

Laisser refroidir progressivement en maintenant la perle sous l'action d'une FPR, de moins en moins chaude, afin d'éviter la réoxydation partielle du cuivre.

Si le minerai contient une forte proportion de nickel et cuivre, on apercevra dans le flux ou sur le pourtour, une mousse métallique de cuivre et nickel réduits. S'il y a très-peu de nickel et cuivre, ces métaux pourront ne pas être visibles.

Quoi qu'il en soit, détacher avec la pointe d'un canif la masse fondue avec le moins possible de charbon adhérent et déposer le tout dans un scorificatoire creusé avec la fraise dans un bloc PPD.

Traiter la seconde perle dans les mêmes conditions et déposer également dans le scorificatoire la masse fondue extraite du charbon.

Ceci fait, saisir le scorificatoire avec la pince et soumettre la matière à l'action de FPR, en faisant tourner le scorificatoire devant la flamme, de façon à ce que cette dernière agisse sur toute la masse fondue et brûle le charbon en excès. Laisser refroidir.

Si le nickel existe en petite quantité, on apercevra à la loupe, dans le flux fondu, des petits points brillants de métal, en plus ou moins grand nombre, suivant la teneur en nickel du minerai.

S'il est en grande quantité, le métal se présentera sous forme de masse spongieuse plus ou moins agglomérée et visible à l'œil nu.

Les petites parcelles métalliques noyées dans la scorie pourront être recueillies en les alliant avec de l'or. Pour ce, il suffit de placer un grain d'or de 50 mmgr. environ sur le flux en fusion, et de le faire circuler dans toute la masse de ce dernier sous l'action d'une bonne FPR, de façon à lui faire capter toutes les particules métalliques.

En traitant cet alliage dégagé du flux dans un petit scorificatoire avec du S.Ph à forte FPO, le cuivre et le nickel sont scorifiés, et s'ils sont en assez grande quantité, donnent au flux les colorations suivantes :

Nickel : coloration *jaune.*

Cuivre : coloration *bleue.*

Nickel et cuivre : coloration *verte.*

Les métaux irréductibles associés avec le nickel et le cuivre, tels que fer, cobalt, manganèse, restent dissous dans le borax et communiquent à ce flux quand ces éléments sont associés, les colorations particulières indiquées ci-dessous.

FLAMME DE RÉDUCTION		FLAMME D'OXYDATION		ÉLÉMENTS
CHAUD	FROID	CHAUD	FROID	
Jaune.	Vert bouteille	Violet à rouge	Rouge sang	Manganèse et fer.
Verte.	Bleue	Verte.	Bleue.	Fer et cobalt.
Vert bleuâtre.	Bleue.	Prune.	Prune.	Manganèse, fer et cobalt.

Ces colorations ne sont données qu'à titre indicatif, la coloration donnée par un élément prédominant pouvant atténuer ou masquer les colorations des éléments associés.

Nota. — Si le minerai contient Pb, Bi, Zn, métaux facilement réductibles, ces métaux seront réduits et vaporisés au cours de l'opération et pourront donner sur TC et MC leurs enduits caractéristiques.

(11) RECHERCHE DU CHLORE, BROME, IODE PAR COLORATION DE LA FLAMME

Ces éléments seront recherchés en utilisant les colorations caractéristiques qu'ils communiquent à la flamme lorsqu'ils sont combinés au cuivre.

Opérer comme il suit :

Faire dissoudre à FPO de l'oxyde de cuivre dans une perle de sel de phosphore jusqu'à ce qu'elle soit noire, et continuer l'action de la flamme jusqu'à ce qu'elle ne donne plus la coloration de cuivre.

Appliquer la perle chaude sur le minerai de façon à faire adhérer un peu de matière.

Soumettre à nouveau à l'action de la flamme.

Une coloration bleu azur bordé de pourpre indique le chlore, bleu verdâtre (peu caractéristique), le brôme ; enfin vert émeraude, l'iode. Si on se trouve en présence de mélanges, la coloration due au chlorure de cuivre apparaît la première, suivie par celle du bromure ; enfin, on observe la coloration vert émeraude de l'iodure qui persiste assez longtemps.

Plus généralement, les chlorures, bromures iodures, sont reconnus en attaquant le minerai par le bisulfate ; la coloration de la flamme, par sa sensibilité, étant réservée pour rechercher dans les minerais ces trois éléments quand ils existent en faible proportion.

(12) RECHERCHE DES ACIDES PHOSPHORIQUE, BORIQUE FLUORHYDRIQUE PAR COLORATION DE LA FLAMME

Acide phosphorique. — Humecter l'extrémité aplatie ou recourbée d'un fil de platine dans $SO^4 H^2$, puis plonger le fil dans le minerai à essayer réduit en poudre. Porter dans le dard du chalumeau à l'extrémité du cône bleu intérieur, de FFV.

L'acide phosphorique donne une flamme vert bleuâtre pâle, fugitive, que l'on reproduit en humectant chaque fois à nouveau la matière avec $SO^4 H^2$.

Pour que cette réaction soit bien sensible, produire seulement un petit dard, approcher la matière en-dessous de ce dernier, et faire à peine lécher l'essai par la pointe bleue. Se placer dans un endroit sombre.

Acide borique. — L'acide borique colore la flamme en vert jaunâtre. Les borates, seuls ou humectés avec SO^4H^2, soumis à l'action de FFV, donnent cette coloration.

Dans les minerais dans lesquels le bore existe en faible proportion (silicates, etc....), opérer comme suit :

Porphyriser finement ensemble 3 volumes de Flux de Turner et 1 volume de minerai. Plonger dans ce mélange l'extrémité d'un fil de platine recourbé et mouillé de façon à y faire adhérer une certaine quantité de matière. Introduire dans le dard légèrement en dehors de la pointe de FPO. Dès que la matière est soumise à l'action de la flamme, on aperçoit une lueur verte fugitive due au fluorure de bore.

Cet essai se réalise plus facilement à la flamme du brûleur. Il suffit de faire toucher la matière à la flamme sans l'introduire, pour apercevoir distinctement et immédiatement la coloration verte.

Acide fluorhydrique. — Faire un mélange de borax, bisulfate de potasse et matière à essayer finement porphyrisée.

Prendre de ce mélange avec l'extrémité d'un fil de platine humecté, et soumettre à l'action de FV. La présence du fluor sera révélée par une coloration verte fugitive due à la formation de fluorure de bore.

(13) ESSAI DE FUSIBILITE

Les minéraux fondent à des températures différentes. Quelques-uns extrêmement fusibles fondent à la flamme de la lampe à alcool benzinée ou de la bougie, d'autres ne fondent ou ne présentent des traces de fusion que sous l'action du dard du chalumeau, enfin d'autres paraissent infusibles.

La manière dont fondent les minerais étant assez caractéristiques et pouvant faciliter la détermination, *Kobell* a eu l'idée d'établir une *échelle de fusibilité* renfermant six minéraux pouvant être utilisés comme types de degrés de fusibilité. Cette échelle a depuis, été modifiée avec raison par Penfield qui a remplacé par la chalcopyrite le type n° 2 de l'échelle de Kobell, qui était la mésotype.

Ces minéraux, ainsi que la manière dont ils se comportent sous l'action des flammes, sont indiquées ci-dessous :

1° *Stibine.* — Fond facilement en morceaux assez gros à la flamme de la bougie ou de la lampe à alcool benziné.

2° *Chalcopyrite*. — Fond dans les mêmes conditions mais en éclats seulement.

3° *Grenat almandin*. — Fond assez facilement même, en éclats assez gros à la flamme du chalumeau.

4° *Actinote*. — Les bords des petits éclats s'arrondissent facilement. De très minces petites esquilles fondent en un globule.

5° *Orthoclase*. — Les bords des petites esquilles s'arrondissent difficilement.

6° *Bronzite*. — S'arrondissent seulement les bords et pointes d'esquilles·extrèmement minces.

7° *Quartz*. — Infusible, bords et pointes d'éclats extrêmement minces ne présentant aucune trace de fusion.

Pour réaliser cet essai, opérer comme suit :

Briser le minerai de façon à obtenir des éclats et des esquilles plus ou moins grosses.

Saisir avec la pince de platine d'abord, un éclat assez gros, puis des éclats de plus en plus petits et des esquilles de plus en plus minces et porter successivement dans la flamme FPV.

Constater les phénomènes de fusion qui peuvent se produire. Comparer avec les minéraux de l'échelle ci-dessus.

Si l'on est en présence de métaux, sulfures, etc..., pouvant donner des alliages fusibles avec le platine, utiliser la pince en fer.

Si le minerai est infusible, mais est ou devient blanc, l'imbiber avec une goutte de CoAz et chauffer à FO. (recherche de Zn. Al, etc.). Un autre morceau sera utilisé pour essayer l'alcalinité avec le papier de tournesol sensible (alcalins, alcalino-terreux).

En se plaçant au point de vue purement pratique et déterminatif cette échelle ne présente qu'un intérêt secondaire, j'ai constaté, en effet, que les appréciations de degrés de fusibilité 5 et 6 sont assez délicates et que deux opérateurs peuvent estimer différemment.

Il sera donc préférable de constater simplement :

1° Si le minerai est très fusible, c'est-à-dire fond à la flamme de la lampe à alcool benziné (fusibilité < 2) tels sont tellurures, sulfoantimoniures, beaucoup d'arséniures, sulfoarséniures, quelques sulfures.

2° Si le minerai fusible seulement au chalumeau présente des traces nettes de fusion sous l'action de FPV (fusibilité entre 2 et 5).

3° Enfin s'il est infusible ou très difficilement fusible (bronzite et quartz (fusibilité > 5).

Cette séparation des minéraux en fusibles ou infusibles au chalumeau est d'ailleurs utilisée dans la plupart des « Tableaux systématiqes de détermination des minéraux et rendra des services surtout dans la détermination des silicates.

ESSAI DE RADIOACTIVITE

Les minéraux renfermant de l'uranium, du thorium sont radio- actifs, c'est-à-dire émettent des radiations invisibles ayant la propriété de rendre dans leur voisinage immédiat, l'air conduc- teur de l'électricité et celle d'impressionner la plaque photogra- phique.

Cette radioactivité serait due à l'existence, avec ces éléments du radium qui semble être le produit de désintégration constant de l'uranium et du mésothorium.

Deux méthodes basées sur les propriétés indiquées ci-dessus per- mettront de reconnaître si un minéral est radioactif ou non.

1° *Méthode de l'électroscope* : Placer le minéral réduit en poudre sur le plateau d'un électroscope chargé. Si la matière est radioactive, ce dernier sera déchargé plus ou moins rapidement, ce qui permet de vérifier l'existence de la radioactivité.

L'intensité qui correspond à la rapidité de la décharge, c'est- à-dire au nombre de secondes nécessaires pour amener les feuilles en contact sera évalué en comparant ce nombre avec celui obtenu en faisant un essai avec du bioxyde d'urane dont l'intensité radio- active est généralement prise comme base.

2° *Méthode photographique* : Cette méthode, très simple, a été indiquée par Crookes. Elle consiste à constater si le minerai, déposé sur une plaque photographique, a impressionné cette dernière après une pose plus ou moins longue. Elle est la seule applicable en prospection.

Le matériel nécessaire pour application de cette méthode est très simple ; il se réduit à une boîte à couvercle emboîtant, fer- mant hermétiquement ; quelques plaques photographiques (9×12 par exemple), une plaque en plomb de mêmes dimensions, de 2 à 3 $^{m/m}$ d'épaisseur dans laquelle on aura perforé quelques trous ronds de 1 cm. 1/2 de diamètre et deux de plus grand diamètre et collé ensuite sur une des faces une feuille de papier noir ; enfin, les réactifs nécessaires pour le développement des plaques.

Pour étudier un minerai par cette méthode, j'estime que deux essais successifs, se complétant mutuellement, doivent être réalisés.

Un premier essai exécuté dans le but de se rendre compte si le minéral est radioactif ou non. Cet essai étant réalisé avec du minerai réduit en poudre.

Dans l'affirmative, on procédera au deuxième essai, dont le but est de rechercher comment sont réparties dans le minerai les zones actives ou inactives, l'expérience démontrant que cette répartition est généralement assez irrégulière dans la plupart des minéraux.

Ce deuxième essai sera exécuté sur du minerai en morceaux ; un ou plusieurs de ces derniers ayant été au préalable usés par polissage sur une certaine profondeur de façon à créer dans le minerai des sections planes artificielles plus ou moins développées.

Mode opératoire. — Le ou les échantillons à étudier étant concassés, pulvérisés, réduire chaque prise par fractionnement jusqu'à obtention d'une vingtaine de grammes représentant bien la composition moyenne du minerai.

Ces prises d'essai préparées, opérer comme suit :

Remplir chacune des cavités de la plaque de plomb avec les prises d'essai des différents minéraux à étudier, réservant une

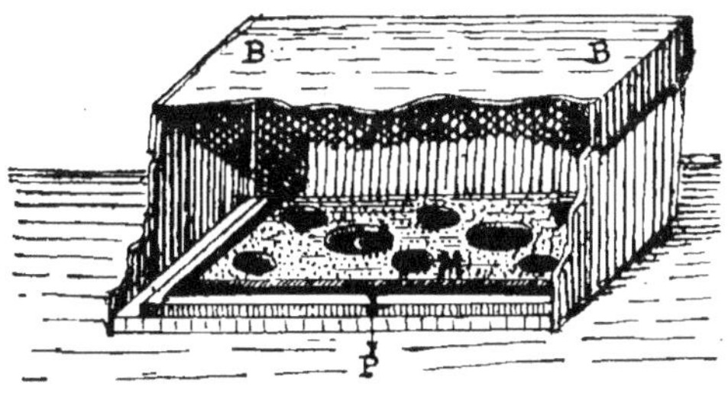

Fig. 61

cavité pour recevoir de l'oxyde d'urane, ou du sulfate double de potasse et d'urane dont l'intensité de l'impression photographique pourra servir de terme de comparaison.

Ceci fait, porter dans la chambre noire et placer comme indiqué (fig. 61) au fond de la boîte B la plaque photographique, pellicule en dessus ; recouvrir avec la plaque de plomb contenant les prises d'essai ,la feuille de papier noir étant appliquée contre la plaque photographique.

Couvrir la boîte et laisser agir le minerai pendant six heures environ si l'on utilise une plaque extra rapide ou douze heures si la plaque est moins sensible.

En général, les minerais radioactifs pouvant présenter un certain intérêt au point de vue commercial impressionnent plus ou moins fortement la plaque photographique pendant ce temps de pose.

L'intensité de la radioactivité est indiquée par la teinte plus ou moins foncée de l'impression négative ; comparée avec celle donnée par l'oxyde ou les sels d'urane employés comme témoin.

L'étude des minerais radioactifs imposera naturellement l'obligation d'augmenter dans de fortes proportions le temps de pose, de la porter à vingt-quatre, quarante-huit heures et plus.

Cet essai démontrant que l'on est en présence d'un minéral radioactif, on procédera au second essai dont le but est de rechercher si le minerai est uniformément radioactif ou si quelques-unes seulement de ses parties le sont, et de déterminer où sont localisées ces dernières.

Comme indiqué précédemment, cet essai sera exécuté sur des morceaux de minerai sur lesquels on aura produit artificiellement une face plane plus ou moins développée en usant sur une certaine épaisseur le minerai avec des abrasifs.

Ces morceaux ainsi préparés seront, en lieu et place, des prises d'essai, déposées dans la cavité de la plaque de plomb, la face créée étant appliquée contre le papier noir et soumis au même temps de pose que dans le premier essai.

La plaque développée, on pourra constater que la radiographie obtenue n'est pas uniforme, que des parties sont très noires, d'autres moins foncées ou claires ; qu'en un mot, le minerai présente des plages d'activité différentes. La comparaison de cette radiographie avec le minerai l'ayant produite permettra de trouver où sont localisées les zones plus ou moins radioactives.

CHAPITRE II

ESSAIS PAR VOIE HUMIDE

Le but de ces essais, ainsi qu'il a été indiqué, est de déceler, dans un minéral, la présence des éléments qu'il est impossible ou difficile de reconnaître par les essais pyrognostiques et de la voie sèche, ou de confirmer l'existence d'éléments reconnus par cette voie, sous forme de sublimés, enduits, globules.

Ces essais ne pouvant être réalisés que si le minerai est en solution, il devient donc nécessaire de le dissoudre au préalable.

Opérer comme suit, en utilisant pour ces attaques, les **verres** de montre reposant sur la petite calotte en amiante, un **TE**, ou une capsule en porcelaine :

§ 1. SOLUBILISATION DANS L'EAU

On s'assurera d'abord si le minerai est soluble ou insoluble dans l'eau.

Sont solubles les chlorures, carbonates, nitrates, sulfates, borates alcalins, les sulfates de magnésie, de fer, cuivre, etc... , partiellement, certains sulfates doubles hydratés d'alcalins et alcalino-terreux, etc...

§ 2. — SOLUBILISATION DANS LES ACIDES

(Solubilisation dans HCl, NO^3H, SO^4H^2, HR.)

Si le minerai est insoluble dans l'eau, essayer l'action d'*HCl* étendue à froid, puis à chaud. Constater s'il se dissout complètement, incomplètement, ou s'il est inattaquable. S'il est inattaquable, essayer successivement l'action de l'acide chlorydrique concentré, puis de l'acide azotique, enfin de l'eau régale.

Beaucoup de minerais sont solubles dans ces acides. **HCL** attaque les carbonates, la plupart des **oxydes**, à l'exception des spinelles, corindons, bauxites, cassitérites. rutiles, illménites, badléyites, les borates alcalins terreux, les silicates métalliques : **calamine**, **willémite**, dioptase, chrysocole, chamosite, thuringite, téphroïte, un assez grand nombre de silicates, hydrates d'alumine et de métaux alcalins ou alcalino-terreux.

NO³H, par contre, est le meilleur solvant des sulfures, arséniures, antimoniures, sulfosels métalliques, arséniates, antimoniates, vanadates, phosphates, etc...

Tungstates, chromates, uranates, se comportent de façon diververses avec les acides ; quant aux titanates, niobates, tantalates, beaucoup sont pratiquement insolubles, ainsi que les fluorures alcalins ou alcalino-terreux et les chlorures, bromures, iodures d'argent.

Au cours de ces attaques, on pourra faire les constatations suivantes :

1° *L'attaque a lieu avec effervescence ;* il se dégage :

CO_2 : Gaz incolore inodore : carbonates.

H_2S : Gaz incolore odeur d'œufs pourris : sulfures.

Cl : Odeur désagréable : minerais de manganèse traités par HCl.

NO^3 : Vapeurs rutilantes : oxydation par NO^3H.

2° *Il reste un résidu insoluble.*

Silice : résidu insoluble après évaporation de la solution et reprise par l'eau. Se présentant soit sous forme de gelée, soit sous forme pulvérulente.

Indication d'un silicate attaquable ou d'un minerai siliceux.

Résidus blancs :

a) Résultant de l'attaque par HCL de minerais contenant Pb et Ag. *Production de chlorure de plomb*, soluble dans l'eau bouillante ; *de chlorure d'argent*, soluble dans l'ammoniaque ;

b) Résultant de l'attaque par NO^3H de minerai contenant Sn. Sb. ou PbS.

Production d'acide stannique, antimonique, de sulfate de plomb.

L'oxyde d'antimoine est soluble dans l'acide tartrique. Le sulfate de plomb dans le tartrate d'ammoniaque.

Résidus jaunes ou bruns :

Poudre jaune de WO^3 soluble dans l'ammoniaque, provenant de l'attaque d'un tungstate.

Globules fondus jaunes ou masse spongieuse de soufre résultant de l'attaque de sulfure ou sulfosels par NO^3H.

Si le minerai n'est pas attaqué par HCL, NO^3,, HR, essayer l'action de l'acide sulfurique.

SO⁴H² attaque les fluorures tels que cryolithe, fluorine, quelques silicates hydratés, argiles, les bauxites, certains minerais des terres rares : monazite, orthite, etc...

Les fluorures sont attaqués avec dégagement de HFl et résidu de sulfate (voir Fluor, page 190), les terres rares avec résidu de silice, acides tantaliques niobiques, etc.

Noter que les tellurures, sublimés ou enduits du tellure, chauffés doucement avec SO⁴H, donnent une solution pourpre se décolorant par addition d'eau, avec formation d'un précipité gris noir de tellure.

§ 3. ACTION DE QUELQUES REACTIFS

En soumettant à l'action de quelques réactifs simples la solution acide diluée séparé par filtration du résidu insoluble, on pourra, par des réactions caractéristiques, reconnaître la plupart des éléments communs en dissolution. Ces réactions seront effectuées sur des portions de la solution et, de préférence, dans des tubes à essais.

On pourra essayer l'action des réactifs suivants :

Acide chlorhydrique. — Dans les solutions azotiques précipite *Ag. Pb. Hg.* à l'état de chlorures, Pb Cl soluble dans l'eau bouillante, Ag Cl soluble dans l'ammoniaque.

Acide sulfurique. — Précipite *Pb, Ba, Sr, Ca*, à l'état de sulfates insolubles, celui de chaux seulement dans les solutions concentrées. Le sulfate de plomb est soluble dans le tartrate d'ammoniaque.

Ammoniaque. — Ce réactif précipite *Bi, Pb, Al, Gl, Fe*, (ferrique) *Cu, Ni*, précipitent également, mais se redissolvent dans un excès en colorant la solution en bleu. *Cr* et les *terres rares* à l'état d'hydroxydes. (Tenir compte qu'en présence de SiO^2, P^2O^5, As^2O^5, *HFl*, BoO^3, d'autres éléments tels que les alcalino-terreux peuvent être précipités).

Carbonate d'ammoniaque. — Précipite de leurs solutions rendues ammoniacales *Ba, Sr, Ca*, à l'état de carbonates.

Sulfure d'ammonium. — Précipite des solutions rendues neutres ou alcalines *Fe, Zn, Mn, Co, Ni*, à l'état de sulfures ; *Al, Cr*, et les *terres rares* à l'état d'hydroxydes.

Chlorure de baryum. — Réactif des sulfates. Produit dans les solutions de ces sels un précipité blanc lourd de sulfate de baryte.

Azotate d'argent. — Donne dans les solutions aqueuses ou nitriques diluées de chlorures, bromures, iodures, des précipités de chlorure, bromure, iodure d'argent.

Molybdate d'ammoniaque. — Donne dans les solutions nitriques froides des phosphates un précipité jaune caractéristique de phosphomolybdate d'ammoniaque.

Phosphate de soude ou sel de phosphore. — Réactif permettant de rechercher le magnésie dans une solution après précipitation, s'il y a lieu, des alcalino-terreux par l'ammoniaque, et le carbonate d'ammoniaque.

L'action de certains métaux sur les solutions chlorhydriques ou sulfuriques peut produire la précipitation de certains éléments à l'état métallique, ou donner lieu à des colorations particulières de la solution, coloration caractéristique indicatrice de certains éléments. On pourra essayer sur la solution l'action des métaux suivants (les employer de préférence sous forme de lames, feuilles ou fils) :

Aluminium. — Dans les solutions chlorhydriques *à froid*, produit une réaction assez vive et précipite : *Sb* (partiel), *Pb*, *Bi, Cu, Sn, Hg, Ag, Au, Pb*, réduit les sels de fer à l'état ferreux.
Dans les solutions sulfuriques *à froid* : rien.
A l'ébullition précipite : Sb (partiel), *Ag, Bi, Cu, Sn, Hg, Au, Pt, Pb*.

Zinc. — Donne des réactions colorées caractéristiques avec *Va, W, Mo, Ti, Nb*, Précipite Sb (partiel), totalement *Ag, Bi, Cu, Sn, Hg, Au, Pb, Pt*.
Avec un couple *zinc-platine :*
Sn. précipite sans adhérer au platine.
Sb. et *Cu.* adhèrent au platine.

Etain. — Un couple étain-platine précipite *Hg* sur le platine (visible au microscope). Au bout d'un certain temps, *Sb, Ag, Cu, Au, Pt, Hg, Pb*.

Fer. — Précipite avec le temps :
Sb (partiellement) *Ag, Bi, Cu, Sn, Hg, Au, Pt, Pb*.

Cuivre. — Réduit les sels ferriques en sels ferreux. Le chlorure stannique en chlorure stanneux Avec les sels d'arsenic, forme des arséniures de cuivre. Précipite *Hg, Au, Pt, Ag*.

Les minerais résistant à l'action des acides devront être désagrégés et, suivant leur nature, la désagrégation sera faite par fusion, soit :

(A) Avec le carbonate de soude seul ;

(B) Avec un mélange de carbonate de soude et de nitre ou avec du bioxyde de sodium ;

(C) Avec le bisulfate de potasse ;

(D) Avec un mélange de carbonate de soude et de soufre.

Les espèces minérales désagrégeables par ces divers moyens et les modes opératoires à suivre pour réaliser chacune de ces fusions sont indiqués ci-dessous :

§ 4. SOLUBILISATION APRES DESAGREGATION

(A) DÉSAGRÉGATION PAR FUSION AVEC LE CARBONATE DE SOUDE SEC

(Recherche des bases dans les silicates inattaquables, etc...)

Ce procédé convient particulièrement pour désagréger les silicates inattaquables aux acides, les sulfates, chlorures, fluorures insolubles.

Par cette opération Cl. Br. Io. SO^4H^2 SiO^2 forment des sels alcalins solubles et sont séparés des bases que l'on peut solubiliser par les acides.

Mode opératoire. — Mélanger le minerai finement porphyrisé, avec 5 fois son poids de carbonate de soude sec, et fondre le mélange à la flamme du brûleur, dans la cuiller ou la capsule de platine.

Cette fusion peut être réalisée au chalumeau en opérant comme suit : Agglomérer le mélange soude et minerai avec quelques gouttes d'eau, le fondre ensuite par parties au chalumeau dans une double boucle de 3 à 4 m/m de diamètre faite à l'extrémité d'un fil de platine assez fort

Préparer 3 de ces perles, lesquelles sont en général opaques.

Dégager successivement ces perles du fil en les broyant sous un papier sur le tas en acier.

Attaquer la totalité de la matière broyée dans un tube à essais, par quelques centimètres cubes de NO^3H étendu de son volume d'eau. Evaporer à sec pour insolubiliser la silice. Laisser refroidir, reprendre par HCl., faire bouillir quelques instants, diluer, faire bouillir à nouveau, filtrer.

a) *Silice*. — La silice sur filtre, qui doit être blanche, pourra être caractérisée par sa solubilité dans une solution de potasse ou après calcination, par la perle au sel de phosphore (squelette de silice résiduel).

b) *Fer et alumine*. — Chauffer le filtrat à l'ébullition, ajouter Am. en excès. L'alumine et le fer précipitent à l'état d'hydroxydes. Le filtrat A peut contenir chaux, magnésie, etc.

Si le précipité est très peu coloré, c'est l'indication que le minéral renferme peu de fer. S'il est brun rougeâtre, le fer est abondant, mais il peut renfermer également de l'alumine.

Filtrer, placer une partie du précipité dans un tube à essais, avec un peu d'eau et une pastille de potasse, faire bouillir. L'alumine rentre en solution.

Filtrer. L'oxyde de fer reste sur le filtre.

Pour caractériser l'alumine dans le filtrat, acidifier par HCl., faire bouillir et ajouter Am. en excès, afin de reprécipiter l'alumine, que l'on pourra caractériser par la réaction à l'azotate de cobalt :

c) *Chaux, baryte, strontiane*. — Dans le filtrat A légèrement chauffé, précipiter Ba. Sr. Ca. par du carbonate d'ammoniaque. Filtrer. Le filtrat B renferme Mg. K., etc...

Dissoudre le précipité des carbonates alcalino-terreux dans *très peu* d'HCl. étendu et étudier la solution en utilisant la coloration de la flamme et le spectroscope.

Pour les recherches par voie humide, évaporer presque à sec la solution, reprendre par l'eau.

Traiter une partie de cette solution diluée par une solution de gypse, un précipité immédiat indique la *baryte*, la strontiane ne précipitant qu'au bout d'un certain temps.

Traiter une seconde partie de la solution par l'acide sulfurique étendu, *baryte, strontiane* et *partie de la chaux* seront précipités. Dans la liqueur filtrée, neutralisée par l'ammoniaque la chaux précipite par l'oxalate d'ammoniaque.

Dans le précipité de sulfate on recherchera la strontiane au spectroscope.

d) *Magnésie*. — Le corps sera reconnu par le précipité de phosphate ammoniaco-magnésien, qui se forme en traitant une partie du filtrat B par du phosphate de soude et en agitant fortement. Ce précipité se forme quelquefois lentement.

e) *Alcalins*. — L'autre partie de la liqueur est évaporée à sec dans une capsule de porcelaine et le résidu utilisé pour rechercher la potasse, la lithine, par la coloration de la flamme, confirmée par le spectroscope.

Recherche de la potasse et de la soude dans les silicates. — Utiliser pour cette recherche, les réactions de la flamme, et opérer comme suit :

Mélanger le silicate finement porphyrisé avec son volume de gypse en poudre. Humecter l'extrêmité d'un fil de platine légèrement aplati, ne donnant par lui-même aucune coloration à la flamme. Le plonger dans le mélange, puis l'introduire dans la région la plus chaude du brûleur, ou le soumettre à l'action de la flamme de volatilisation du chalumeau et observer la coloration de la flamme à l'œil nu, puis à travers l'écran de Merwin, qui permettra de distinguer nettement la coloration violette de la potasse, si elle était masquée par la coloration jaune intense de la soude.

(B) Désagrépation par fusion avec un mélange de carbonate de

soude et de nitre ou par le bioxyde de sodium

(*Recherche et reconnaissance du manganèse, chrôme, vanadium, tungstène, titane, niobium.*)

Cette fusion est utilisée pour désagréger les *composés du carbone : chromites, oxydes de titane* et *titanates, wolframs, molybdénites, osmiures d'iridium, laurite* RuS^2, *sperrylite* $PtAs^2$ et rechercher dans les minerais les éléments suivants *Mn, Cr, Va, Mo, W, Ti, Nb*.

L'opération est, en effet, une fusion oxydante qui transforme en manganates, chromates, vanadates, etc..., alcalins solubles, le manganèse, chrome, vanadium, etc..., contenus dans les minerais et permet ainsi de reconnaître ces éléments, soit par la coloration de leur solution, soit par les colorations diverses qui se produisent quand on réduit ces dernières par l'hydrogène naissant.

Opérer comme suit :

Mélanger une partie du minéral bien porphyrisé avec une partie de carbonate de soude sec et deux de nitre. Introduire le mélange dans la cuiller ou la capsule de platine, chauffer avec précaution à la flamme de la lampe à alcool, la fusion ayant généralement lieu avec production d'un fort bouillonnement.

Après fusion, le manganèse est transformé en manganate de potasse vert soluble, qui colore la masse fondue en vert à chaud vert bleuâtre à froid, le chrôme et vanadium *en assez grande quantité* formant des chromates, vanadates colorant la masse en jaune, et donnant des solutions également jaunes.

Reprendre la masse fondue par l'eau. On pourra faire les constatations suivantes :

Manganèse. — La liqueur est verte et devient rose en diluant ou par addition d'un acide étendu (1).

Chrôme. — La liqueur est jaune, traitée par l'acétate de plomb acidifié par l'acide acétique, il se précipite du chromate de plomb jaune, donnant avec le flux les perles du chrôme.

Vanadium. — La liqueur est jaune, devient rouge par addition de bioxyde, de sodium dissous dans l'acide chlorhydrique (eau oxygénée), ou passe au rouge par addition de sulfhydrate d'ammoniaque.

Manganèse et chrôme. — La solution est verte. En la faisant bouillir avec de l'eau alcoolisée, le manganèse est réduit, et la coloration jaune du chrôme seule subsiste.

La présence des *acides tungstiques, titaniques, niobiques, molybdiques,* etc..., sera recherchée comme suit :

Reprendre la masse fondue par l'acide chlorhydrique étendu, ajouter quelques grenailles de zinc, il pourra se produire par suite de l'action réductive de l'hydrogène naissant, les colorations suivantes, permettant généralement de reconnaître la présence de ces éléments.

---

(1) Le manganate vert possède un pouvoir colorant intense, mais ne peut subsister qu'en présence d'un grand excès d'alcali. Cette coloration en solution (caractéristique du manganèse) ne peut donc subsister en solution étendue que si l'on reprend la mass efondue par une dissolution d'hydrate de potasse.

COLORATION	ACIDE

Bleue passant au rouge, puis au noir brun . . . . Tungstique.

Vérification. La matière traitée par HR
laisse du résidu jaune d'acide tungstique,
soluble dans Am.

Bleue, puis verte et brun noirâtre . . . . *Molybdique.*

Vérification. Placer un peu de la substance porphyrisée sur une lame, ou mieux
dans un couvercle de creuset de platine,
ajouter quelques gouttes de SO^4H^2 Chauffer
jusque dégagement de vapeurs d'acide sul·
furique. Laisser refroidir, ajouter quelques
gouttes d'alcool, souffler avec l'haleine,
une coloration bleue caractérise la présence
du molybdène.

Bleue, verte, puis bleu lavande . . . . *Vanadique.*

Vérification. La solution primitive aci·
difiée par SO^4H se colore en rouge par l'eau
oxygénée.

Violet pâle . . . . *Titanique*

Vérification. La solution primitive aci
difiée par SO^4H se colore en jaune orangé
par l'eau oxygénée.

Bleu indigo devenant brun après un certain temps. *Niobique.*

Nota. — Si l'on n'a pas de cuiller ou de lame de platine à sa
disposition, effectuer la désagrégation en humectant légèrement
le mélange minerai-soude-nitre, et le traiter à FO dans une double
boucle ou une spirale de 3 à 4 m/m de diamètre, faite en enrou-
lant plusieurs fois sur elle-même l'extrémité d'un fil de platine.

Désagrégation par le Bioxyde de Sodium

Ce réactif est un oxydant extrêmement énergique qui peut
remplacer souvent *avantageusement* le mélange soude-nitre. Il
fond facilement au rouge naissant, et ne se décompose qu'à une
température élevée. Il n'est donc pas nécessaire de chauffer

beaucoup, et les désagrégations peuvent être réalisées sur une lame ou dans une capsule d'argent (1).

Employer de 3 à 4 parties de bioxyde et, dans le cas où la réaction serait trop vive, mélanger un égal volume de carbonate de soude sec.

Chauffer graduellement la matière mélangée avec le réactif, après fusion reprendre par l'eau pour désagréger la masse et le faire tomber dans une capsule de porcelaine. Solubiliser et essayer la solution après filtration.

Si on est en présence de titane, en reprenant par un acide, la solution devient jaune, par suite de production d'eau oxygénée.

La tache noire qui reste généralement sur l'argent, à l'endroit où la masse fondue s'est étalée, disparaît par traitement avec un peu d'HCl étendu, puis par Am.

Le Bioxyde de Sodium est préférable au mélange soude-nitre pour attaquer *osmiures d'iridium, molybdénite, laurite, sperry-lite,* les solutions d'osmiures et de laurite renferment les acides osmique, ruthénique à l'état d'osmiate et ruthéniate de sodium solubles.

(C) Désagrégation par le Bisulfate de Potasse

(Recherche du titane, niobium, tantale et étude des minerais des terres rares.)

Le bisulfate de potasse est très-employé dans les analyses par voie humide, pour désagréger certains minerais, tels que : bauxites, spinelles, oxyde de titane et surtout titanates, niobates et tantalates des terres rares.

Chauffé, il se décompose d'abord en pyrosulfate, puis, à plus haute température, en sulfate neutre et anhydride sulfurique, lequel agit très énergiquement sur les oxydes et les transforme en sulfates.

On emploie généralement pour désagréger, un poids de bisulfate égal à 10 ou 12 fois celui de la matière.

Mode opératoire. — Introduire le bisulfate dans une capsule de platine, ou de silice fondue, chauffer progressivement dans la flamme du brûleur, jusqu'à fusion tranquille, puis projeter dans

---

(1) Pour la recherche du manganèse, chrome, dans les minerais de fer j'ai même souvent employé, au lieu de la lame de platine, une simple feuille de M.S. peu épaisse, sur laquelle je déposais le mélange minerai-bioxyde. En chauffant M.S. par-dessous à la pointe de F.A. la réaction se produit nettement, et on peut constater la présence de Mn. par la teinte vert bleuâtre ou celle jaune du chromate. si le chrome est en assez forte proportion.

la capsule la matière bien desséchée et finement porphyrisée, et chauffer en élevant progressivement la température jusque fusion tranquille et dégagement de vapeurs blanches de SO^3.

Eviter que la température ne s'élève trop rapidement, sinon l'anhydride sulfurique se dégagerait sans avoir le temps d'agir sur le minéral à désagréger, et l'attaque pourrait être incomplète.

Reprendre, de préférence, par l'eau froide, ce qui demande un temps assez long.

Dans l'attaque des bauxites, spinelles, oxydes de titane, titanates, le résidu peut contenir une certaine proportion de silice, les sulfates insolubles, la solution renferme le titane et les métaux dont les sulfates sont solubles.

Dans l'attaque des titano-niobo-tantalates des terres rares, le résidu peut contenir niobium, tantale, quelquefois un peu de bioxyde d'étain, la solution renferme le titane, l'urane, la zircone, les terres rares et les sulfates solubles des métaux tels que fer, alumine, etc...

Nota. — Si l'on n'a pas de capsule ou creuset de platine ou de silice, l'attaque peut être réalisée dans un tube à essais, en verre, peu fusible, étant donné que la température nécessaire n'excède pas le rouge sombre, et que le verre n'est pas attaqué.

Pour faciliter la dissolution ultérieure, prendre la précaution quand l'attaque est complète, d'incliner le tube et de le tourner sur lui-même, de façon à ce que la masse fondue se solidifie sous forme de croûte mince sur les parois.

(D) Désagrégation par un mélange de carbonate de soude et de soufre

(Recherche et reconnaissance de l'arsenic, antimoine, étain, tungstène, molybdène, vanadium.)

Les minéraux contenant *As, Sb, W, Mo, Va*, dont les sulfures sont solubles dans les sulfures alcalins, peuvent être désagrégés avec facilité par fusion avec un mélange à poids égaux de soufre et de carbonate de soude sec.

Ces minéraux, finement porphyrisés, étant fondus avec le mélange soude-soufre, métalloïdes et métaux passent à l'état de sulfures. En reprenant par l'eau la masse fondue, les sulfures des métaux des groupes du fer et du cuivre resteront indissous, les sulfures du groupe de l'arsenic rentrant en solution à l'état de sulfosels. On a donc ainsi un moyen facile de séparer les éléments du groupe de l'arsenic de tous les autres.

Cette méthode trouvera son application dans la recherche ou la confirmation par voie humide de l'existence de ces éléments à l'état accessoire dans certains minéraux. Par exemple :

Etain. — Accessoire dans les minerais de cuivre, les minéraux des terres rares, etc...

Arsenic, Antimoine. — Accessoires dans les cassitérites, minerais de fer, de zinc, pyrites, etc...

Molybdène. — Accessoire dans les schéelites et vanadinites, etc.

Cette méthode, d'autre part, rendra des services dans l'étude des minerais d'altération, des minerais complexes, tels que : *rivolites, bléniérites,* dans la recherche de faibles quantités de cassitérites dans des concentrés alluvionnaires, etc...

Mode opératoire. — Mélanger le minerai finement porphyrisé (100 à 200 m.mg.), avec huit à dix fois son poids d'un mélange à parties égales de soufre *pulvérisé,* et de carbonate de soude sec.

Verser ce mélange dans une petite capsule de porcelaine sans bec, à bords rodés ou dans un petit creuset en porcelaine, ce mélange ne devant pas occuper plus de la moitié de la capacité du récipient (fig. 62).

Recouvrir la capsule d'un mica, et déposer au-dessus, un morceau de plomb ou fer assez lourd, afin de maintenir le mica fortement appliqué contre le bord de la capsule, de façon à constituer ainsi une fermeture aussi hermétique que possible.

Placer la capsule dans l'ouverture d'une plaque en carton d'amiante ou d'un mica épais percé, reposant sur le support du brûleur. Soumettre à l'action de la flamme en commençant à

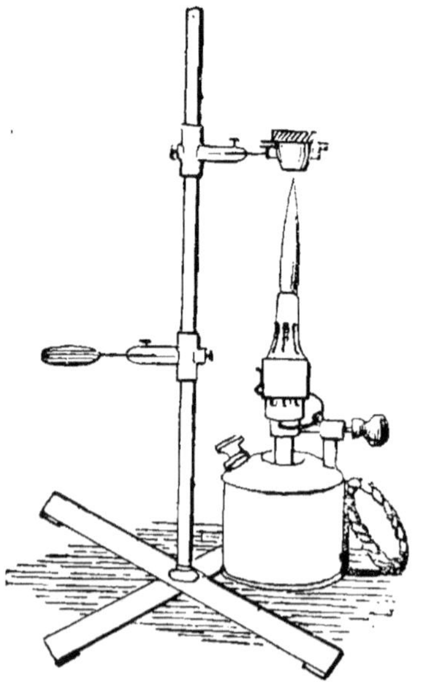

Fig. 62

chauffer à faible température, l'élever ensuite très progressivement pour éviter boursouflement et projection. Chauffer finalement au rouge, maintenir pendant quelques minutes.

La durée de l'opération varie de vingt à trente minutes.

Pendant la fusion, il se dégage généralement quelques vapeurs de soufre entre capsule et mica.

Reprendre la masse fondue par l'eau froid ou chaude. Filtrer.

Le filtrat contient les sulfosels d'As, Sb, Sn, W, Mo, Va. Les sulfures d'Ag, Pb, Cu, Fe, Zn, etc..., restent sur filtre.

En général dans les minerais courants, on aura à rechercher As, Sb, Sn ; dans les minerais plus spéciaux, W, Mo, Va.

Dans l'un ou l'autre cas, précipiter tout d'abord les sulfosels en solution dans le filtrat, en acidifiant ce dernier par HCl (vérifier au tournesol). Porter à l'ébullition, laisser déposer les sulfures, précipiter, décanter, laver et filtrer.

1° *Recherche d'As, Sb, Sn.* — Faire bouillir une partie des sulfures dans une petite capsule de porcelaine avec HCl concentré jusque cessation de dégagement d'H^2S. Filtrer. Le sulfure d'arsenic insoluble mélangé de soufre (résidu A) reste sur filtre. Le filtrat B contient antimoine et étain.

a) *Traitement du résidu A.* (Recherche d'As). — Dissoudre complètement par NO^3H fumant, réduire par évaporation à un petit volume, ajouter Am en excès, puis une solution de sulfate de magnésie, agiter fortement.

Si la proportion d'arsenic est assez grande, le précipité cristallin blanc d'arséniate ammoniaco-magnésien se forme immédiatement. Pour de faibles quantités d'arsenic, ce précipité ne se formera qu'au bout de quelque temps.

b) *Traitement du filtrat B.* (Recherche de Sb et Sn). — Diluer légèrement le filtrat. Verser une certaine quantité du liquide dans une capsule de platine ou dans un couvercle de creuset. Déposer dans la solution un fil ou une petite lame de zinc. L'antimoine sera caractérisé par la formation d'une tache noire d'antimoine, adhérente au platine, tache ne disparaissant pas quand on enlève le zinc. L'étain, au contraire, par un précipité métallique gris, déposé partie sur le platine, partie sur le zinc, précipité disparaissant dès qu'on enlève le zinc.

Continuer à faire agir le zinc jusque cessation de dégagement d'hydrogène, laver le zinc et le contact de ce métal avec le platine. Rassembler le précipité d'étain dans un verre de montre, dissoudre à chaud dans quelques gouttes d'HCl concentré. Diluer, évaporer doucement à siccité, reprendre par quelques gouttes d'eau et essayer la solution par le chlorure mercurique (précipité blanc dvenant gris), ou le chlorure d'or (précipité pourpre de Cassius).

On pourra également, par voie sèche, caractériser ces trois éléments. Déposer une certaine quantité des sulfures mélangés et desséchés sur le MS du support RG. Le soumettre un instant à l'action de la flamme soufflée de FA, afin d'enflammer et faire brûler le soufre en excès. Traiter ensuite à FAO, l'arsenic et l'antimoine seront caractérisés successivement par leurs enduits. L'étain, par production de globules d'étain, en traitant le résidu du grillage dans une cavité de PC, après mélange avec 3 volumes de soude et 1 volume de C.

2° *Recherche de W, Mo, Va.* — En général, la solution de ces sulfosels a une couleur foncée, et les sulfures précipités de cette solution ont une couleur brun-chocolat.

Pour caractériser ces éléments dans le précipité de sulfures, pratiquer comme suit :

Attaquer dans une capsule de porcelaine, une portion de ce précipité par quelques centimètres cubes d'un mélange de deux parties de NO^3H et une partie d'HCl concentré. Si le précipité ne contient que du vanadium et du molybdène, tout se dissout, le tungstène restant, au contraire, à l'état d'acide tungstique, sous forme de poudre jaune insoluble. Faire bouillir. Diluer. Filtrer.

Recherche du vanadium. — Verser une partie de la solution dans un verre de montre, additionner d'eau oxygénée, une coloration rouge caractérise le vanadium.

Recherche du molybdène. — Une deuxième partie de la solution versée dans un second verre de montre, traitée par le zinc et le sulfocyanure de potassium prend une coloration rouge pourpre caractéristique du molybdène.

Recherche du tungstène. — Une petite quantité de résidu jaune insoluble pourra être essayée à FPR, à la perle de sel de phosphore, une coloration vert sale à chaud, bleue à froid, caractérise le tungstène.

Le reste du précipité traité par l'acide chlorhydrique et le zinc prend une coloration bleue caractéristique.

CHAPITRE III

CONSIDERATIONS GENERALES SUR L'APPLICATION DE CES ESSAIS

En exécutant successivement tous les essais qui viennent d'être indiqués (essais pyrognostiques, fondamentaux, spéciaux et essais par voie humide , on pourra rechercher et reconnaître dans un minerai quelconque, la très grande majorité des éléments (métalloïdes et métaux communs et rares).

La *détermination* d'un minerai, sa *spécification*, c'est-à-dire la recherche et la reconnaissance de ses *éléments constitutifs* sont loin d'imposer un si laborieux travail, étant donné que le nombre des éléments existant dans un minerai est en général assez limité et que certains essais permettent très souvent de reconnaître l'existence de plusieurs éléments à la fois, ce que la plupart des exemples donnés dans la dernière partie de cet ouvrage permettent de démontrer.

Le nombre d'essais sera encore plus réduit si on se trouve en présence d'un minerai dont les propriétés cristallographiques et physiques sont nettement caractéristiques d'une espèce minéralogique. Dans ce cas, en effet, les essais à effectuer se limiteront à quelques essais rapides de contrôle permettant de confirmer l'existence des éléments constitutifs caractéristiques de cette espèce.

Par contre, *l'étude* d'un minerai, c'est-à-dire la *recherche de ses éléments constitutifs et accessoires* imposera nécessairement, si l'on ne peut utiliser les caractères physiques (cas de beaucoup de minerais d'affleurement), des essais plus nombreux, mais toujours en nombre restreint ; les minerais complexes pouvant contenir au maximum une douzaine d'éléments différents dont plusieurs peuvent être reconnus simultanément au cours du même essai.

Quoi qu'il en soit, pour effectuer la détermination rapide d'un minerai, le moyen le plus rationnel consiste à rechercher tout d'abord à quelle famille minéralogique il appartient. Le minerai est-il un sulfure, tellurure, arséniure, etc..., un sulfosel (sulfo-arséniure, etc...), un oxysel (sulfate, arséniate, phosphate, silicate, etc...).

Cette recherche impose donc de commencer les essais surtout pour les minerais possédant l'éclat métallique, par ceux permettant de découvrir les éléments électro-négatifs ou acides, et de les faire suivre par ceux ayant pour but de rechercher les métaux constitutifs.

Or, j'ai démontré que *les trois essais fondamentaux de calcination, grillage, réduction*, permettaient de rechercher S, Se, Te, As, Sb, c'est-à-dire les éléments électro-négatifs ou acides des principales familles, on devra donc commencer par ces essais, lesquels permettront, en outre, de reconnaître si le minerai renferme des métaux volatilisables ou facilement réductibles tels que Cd, Zn, Pb, Bi, Sn, Cu, Ag, Au.

Le minerai après grillage, si nécessaire, sera ensuite *essayé par les perles de borax et de sel de phosphore.* Des indications souvent précieuses, peuvent résulter de ces essais : Existence probable : *a)* de Ti ou de W, par la coloration à FR de la perle de sel de phosphore ; *b)* de faibles quantités de cuivre ; *c)* de la silice, etc..., etc...

On procédera ensuite aux *essais par coloration de la flamme* en la faisant agir sur le minerai seul, imbibé de SO^4H^2, d'HCI, dissous dans une perle saturée par l'oxyde de cuivre, mélangé avec du gypse ou avec le flux de Turner : Recherche de P^2O^5, B^2O^3, Cl, Br, Io, métaux alcalino-terreux et alcalins, etc...

Cet essai permettra, en outre, de constater si le minerai est facilement ou difficilement fusible, s'il est infusible, si après calcination, il donne une réaction alcaline ou si infusible, blanc ou faiblement coloré, il prend une coloration particulière après avoir été humecté avec la solution cobaltique et traité à nouveau à FPO.

La recherche ou la confirmation des éléments tels que SiO^2, Al^2O^3, Mn, Cr, Va, Ti, W, Mo, imposera *un essai par désagrégation avec le mélange soude-nitre ou avec le bioxyde de sodium.*

Enfin, on soumettra le minerai finement porphyrisé à l'*action des acides*, essai particulièrement utile pour reconnaître carbonates, silicates attaquables, tungstates, etc...

En résumé, dans la très grande majorité des cas (à l'exception des minerais de terres rares), la recherche et la reconnaissance des éléments constitutifs pourront être réalisées facilement en soumettant le minerai aux essais suivants exécutés dans l'ordre indiqué :

1° Essai de calcination (page 79) ;

2° Essai de grillage sous verre, confirmé par un grillage à feu nu (page 83) ;

3° Essai de réduction (page 88) ;

4° Essai avec les perles de borax et sel de phosphore (page 94) ;

5° Essai de coloration des flammes (page 100) ;

6° Essai de désagrégation par le mélange soude-nitre (page 142) ;

7° Action des acides sur le minerai (page 136).

Les éléments constitutifs trouvés, si le minerai se présente avec des caractères phyiques nets, ce qui est généralement le cas, on pourra immédiatement, en consultant un ouvrage de minéralogie, le spécifier et lui appliquer le nom de l'espèce minéralogique possédant ces éléments et caractères

QUATRIÈME PARTIE

CARACTÈRES DES ÉLÉMENTS

Réaction. Minerais et Minéraux. Reconnaissance et recherche

J'ai estimé nécessaire, afin de faciliter la recherche d'un élément, de les classer par ordre alphabétique au lieu de les réunir par groupes présentant certains caractères pyrognostiques ou chimiques semblables. Exceptionnellement, j'ai réuni :

1° *Chlore, Brôme, Iode* : les réactions applicables à la recherche de ces éléments étant communes ;

2° *Platine* avec les éléments du groupe : *Palladium, Iridium, Osmium.*

3° *Niobium* et *Tantale*, que l'on trouve généralement ensemble : leur recherche utilisant les mêmes réactions.

4° *Les Terres rares*, c'est-à-dire : *Thorium, Terres cériques* et *Yttriques, Scandium.* Ces éléments, souvent associés dans les minéraux présentent d'ailleurs le caractère particulier d'être tous précipitables à l'état d'oxalates insolubles dans l'acide oxalique et les acides minéraux dilués.

Les formules indiquées pour les minéraux sont celles acceptées par M. A. Lacroix, pour les collections du Muséum, d'après la classification de Groth.

La connaissance des poids atomiques étant nécessaire si on désire estimer d'après la formule du minéral le pour cent d'un élément constitutif, on trouvera reproduite à la suite des éléments, une Table périodique dans laquelle ces dernières ainsi que leurs poids atomiques sont indiqués.

ALUMINIUM

RÉACTIONS PYROGNOSTIQUES ET DE LA VOIE SÈCHE

(1) *L'azotate de cobalt.* — L'alumine prend une belle coloration bleue quand, après avoir été humectée avec l'azotate de cobalt, elle est chauffée à une forte FPO. (Voir page 106.)

(2) *Perles de Borax et sel de Phosphore*. — L'alumine se dissout lentement dans ces flux.

(3) *Désagrégation de carbonate de souse*. — L'alumine est atta quée par fusion avec le carbonate de soude et se transforme en aluminate de soude soluble. Corindon et spinelle s'attaquent lentement.

RÉACTIONS DE LA VOIE HUMIDE

Le sulfhydrate d'ammoniaque produit un précipité blanc gélatineux.

(3) *L'ammoniaque* donne un précipité identique, insoluble dans un excès et dans le carbonate d'ammoniaque, soluble dans la potasse et dans les acides étendus.

MINERAIS ET MINÉRAUX

L'alumine est avec la silice et l'oxygène un des éléments les plus importants de la croûte terrestre.

Les minerais de l'alumine sont la *Bauxite* ($Al^2O^2xH^2O$), la *Cryolite* ($3NaF\ AlF_3$).

Le Corindon et ses variétés précieuses, *Rubis, saphir*, sont de l'alumine pure (Al^2O^3). L'*Emeri*, variété impure, un mélange de corindon et de magnétite. A l'état d'aluminate, elle constitue les *Spinelles* ($AlO^2)^2$ (Mg, Fe). On trouve l'alumine à l'état de sulfate : *Alunite* ($SO^4)^4$ [Al 20H]$^6K^2$ etc..., de phosphates : *Turquoise* [$PO^4]^4\ Al^2$ [AlO]^4 Cu. $9H^2O$, *Wawellite* [$PO^4]^2$ [Al $(OHF]^2$ $5H^2O$. Les silicates alumineux sont nombreux. Nous nous bornerons à indiquer : *Béryl* [$SiO^3]^6\ Al^2$ (Gl, Cs^2, Rb^2, Li^2, Na^2, K$^3)^3$ *Topaze* : $SiO^4\ Al^2$ (FOH)^2. *Grenats* : 3RO. Al^2O^3.)SiO^2 (R = Ca, Mg, Fe, Mn). *Disthène* : SiO^3 [AlO]^2 qui souvent sont des gemmes estimées. *Kaolinite* : $Si^2O^9\ Al^2H^4$. *Halloysite* : $Si^2O^9\ Al^2H^4$. xH^2O, etc., etc...

RECONNAISSANCE ET RECHERCHE

Par voie sèche

Par l'azotate de cobalt. La présence de l'aluminium sera décelée dans les minéraux *blancs infusibles*, calcinés au préalable par traitement à FPO, après les avoir humectés avec l'azotate de cobalt : Réaction (1).

Exemple : *Alunite, Wavellite, Kaolinite*, etc...

Par voie humide

Par précipitation par l'ammoniaque :

(1) *Minéraux solubles dans les acides.* — Traiter la solution acide par l'ammoniaque en léger excès, l'alumine précipite ainsi que certains éléments précipitables dans ces conditions. Filtrer, laver le précipité. En prendre une partie et faire digérer dans un tube à essai avec une solution de potasse.

Si on est en présence de l'alumine, le précipité est complètement soluble. Dans ce cas, brûler le filtre contenant le reste du précipité et essayer le résidu avec la solution cobaltique.

Si partie du précipité est seulement dissoute, accidifier la solution potassique par l'acide chlorhydrique et reprécipiter l'alumine par l'ammoniaque en léger excès. Essayer le précipité calciné par l'azotate de cobalt.

(2) *Minéraux insolubles dans les acides* (Recherches dans les silicates). — Suivre la méthode générale indiquée pour la recherche des bases dans les silicates après attaque par le carbonate de soude) (page 140).

AMMONIAQUE

RÉACTIONS DE LA VOIE SÈCHE

Tous les composés ammoniacaux chauffés avec une solution de potasse caustique, ou calcinés avec de la chaux vive dégagent de l'ammoniaque reconnaissable à son odeur, à sa propriété de produire des vapeurs blanches, en présence de l'acide chlorhydrique et de bleuir le papier tournesol.

MINÉRAUX

Les minéraux étant en général solubles dans l'eau sont plutôt rares, les deux principaux sont : *Salmiac* $[AzH^4]Cl$ et la *Struvite*, $PO^4Mg[AzH^4]6H^2O$.

RECHERCHE ET RECONNAISSANCE

Tous les composés contenant de l'ammoniaque, chauffés avec une solution de potasse caustique, ou mélangés avec de la chaux et chauffés dans un tube fermé dégagent de l'ammoniaque, caractéristique par son odeur et ses propriétés.

ANTIMOINE

L'antimoine est un métal blanc d'étain, fusible à 450° Chauffé
à l'air ; il donne des fumées blanches, denses d'oxyde et si
l'on arrête l'action de la flamme, le métal reste quelque temps
en ignition, continuant à répandre des fumées.

RÉACTIONS PYROGNOSTIQUES

(1) L'antimoine, dans les opérations de calcination, grillage,
réduction, donne des sublimés et enduits caractéristiques, décrits
page...

RÉACTIONS DE LA VOIE HUMIDE

Caractères du métal.

L'antimoine même finement pulvérisé n'est pas attaqué par *HCl
concentré et bouillant*, mais se dissout si l'on ajoute quelques
cristaux de chlorate de potasse.

L'acide azotique l'attaque et le transforme en Sb^2O^3 et Sb^2O^5,
poudres blanches, insolubles dans l'eau, solubles dans HCl concentré et bouillant et dans l'acide tartrique.

L'eau régale est le solvant de l'antimoine et le transforme en
chlorure.

Caractères des solutions.

(2) *L'eau* précipite la solution des sels d'antimoine avec formation de sous-sels solubles dans l'acide tartrique.

(3) *L'acide sulfhydrique* produit dans les solutions acides un
précipité orangé, soluble dans Am^2S, HCl concentré et bouillant, insoluble dans Am (différence avec le sulfure d'arsenic).

La solution de sulfure d'antimoine dans Am^2S évaporée doucement dans une petite capsule de porcelaine donne lieu à formation d'un anneau orangé sur la paroi de la capsule, au contact de la surface du liquide.

(4) *Zinc ou étain* précipite sous forme de poudre noire l'antimoine de ses solutions acides, ne renfermant pas NO^3H libre.

Si l'on exécute cette réaction dans une capsule ou un couvercle de platine, l'antimoine forme sur ce métal un dépôt noir
adhérent.

MINERAIS ET MINÉRAUX

L'antimoine a été trouvée exceptionnellement à l'état natif.
On le trouve assez rarement combiné avec l'arsenic. *Allemontite*
(*As, Sb*) et à l'état d'antimoniure *Breithauptite Ni Sb*. Cet élé-

ment est très abondant à l'état de sulfure : *Stibine* Sb^2S^3 et de sulfoantimoniures, parmi lesquels je citerai : *Ullmanite* $NiSbS$, *Berthiérite* SbS^4Fe, *Boulangérite* $Sb^4S^{11}Pb^3$, *Jamésonite* Sb^8S^{19} $(PbFe)^7$, *Bournonite* $Sb^3S^6Pb^2Cu^2$, *Famatinite* SbS^4Cu^3 ; *Panabase* Sb^2S^7 $(Cu^2Ag^2Fe\ Zn...)$; *Frieslébénite* : Sb^4S^{11} $(PbAg^2)^5$ *Psaturose (Stéphanite)* : $Sb^5S^9Ag^{10}$. *Pyrargyrite* : SbS^3Ag^3, etc...
À l'état oxydé on rencontre l'antimoine sous forme d'oxydes *Sénarmontite*, *Valentinite* Sb^2O^3, *Cervantite* SbO^4Sb ; *Stibiconite* $SbO^4Sb.H^2O$, de *Bleiniérites* : altération des sulfoantimoniures de plomb ; de *Rivotites* : altération de panabases.

RECONNAISSANCE ET RECHERCHE

Par voie sèche

1° *Minerais non oxydés (Sulfures et sulfoantimoniures).* — La présence de l'antimoine sera révélée par les caractères des enduits et sublimés obtenus en traitant le minerai sur les supports C. G. et RG Réaction (1). Les sulfoantimoniures contenant du plomb donnent en outre sur MS et MC, les enduits de l'association Plomb-Antimoine (voir page 75).

2° *Minerais oxydés.* — Tous les minerais oxydés porphyrisés, puis mélangés avec leur volume de charbon et traités à FPR sur MC donnent les enduits caractéristiques de l'antimoine.

Par voie humide

Pour rechercher par cette voie ou contrôler les résultats de la voie sèche, opérer comme suit :

1° Solubiliser le minerai de façon à avoir une solution chlorhydrique. Déposer quelques gouttes de cette solution sur une lame de platine avec un morceau de zinc. La production d'une tache noire adhérente au platine caractérise l'antimoine : Réaction (4).

2° Faire digérer à une douce chaleur le minerai finement porphyrisé dans du sulfhydrate d'Am. pendant une dizaine de minutes. Décanter une partie de la liqueur dans une petite capsule en porcelaine. Évaporer doucement.

Il se forme, au fur et à mesure de l'évaporation, des anneaux orangés sur la paroi de la capsule en dessus et au voisinage de la surface du liquide : Réaction (3).

3° Une méthode plus générale consiste à rechercher l'antimoine comme indiqué page 146, après avoir désagrégé le minerai par le mélange Soude-Soufre.

ARGENT

Métal blanc d'argent, brillant, tenace, très ductible, très malléable. Point de fusion 960°.

L'argent s'allie et s'amalgame facilement avec le mercure.

RÉACTIONS PYROGNOSTIQUES

(1) L'argent seul ne donne pas d'enduits ; chauffé très fortement, il se produit quelquefois un petit enduit rouge peu net.

L'argent s'allie en toutes proportions avec le plomb donnant des alliages facilement scorifiables sur la plaque de scorification et abandonnant l'argent sous forme de globule blanc brillant.

(2) Associé à l'antimoine et au plomb dans les sulfoantimoniures, *si l'argent est en assez grande proportion*, il donne un enduit rose ou lilas (page 75) caractéristique de ces associations.

(3) *Le chlorure d'argent* donne un enduit caractéristique (décrit page 73).

RÉACTIONS DE LA VOIE HUMIDE

Métal :

L'argent est insoluble dans HCl et SO^4H dilués.

Il est soluble dans *l'acide sulfurique concentré et bouillant.* Son dissolvant est *l'acide azotique.*

Solutions :

(4) *L'acide chlorhydrique et les chlorures alcalins* donnent dans les solutions acides un précipité blanc caillebotté de chlorure insoluble dans l'acide azotique, très soluble dans l'ammoniaque. Ce précipité noircit à la lumière.

(5) *Le Chromate neutre de potasse* donne un précipité rouge brunâtre de chromate d'argent, très soluble dans l'acide azotique et dans l'ammoniaque, difficilement soluble dans l'acide acétique.

Pour obtenir ce précipité dans une solution acide neutraliser avec du carbonate de chaux, filtrer et essayer le filtrat.

MINERAIS ET MINÉRAUX

L'argent natif se trouve quelquefois abondamment dans la zone d'altération superficielle de certains gisements ainsi que son chlorure : *Cérargyre* $AgCl$.

Les principaux minerais sont : *Argentite* Ag^2S, *Dyscrasite* Ag^3Sb, *Stéphanite* $Sb^2S^3Ag^{10}$, *Pyrargyrite* SbS^3Ag^3, *Proustite*

AsS³Ag³, *Frieslébénite* Sb⁴S¹¹(PbAg²)³. Plus rarement on le trouve combiné avec le cuivre : *Polybasite* SbS⁶(AgCu)⁹, *Stroméyérite* (CuAg)²S ; exceptionnellement à l'état de tellurure : *Hessite* Ag²Te ; plus fréquemment à l'état de tellurures auro-argentifères, *Petzite* (AgAu)²Te, *Sylvanite* (AuAg)Te², etc...

Beaucoup de minerais peuvent être argentifères : *Galènes, blendes, pyrites, sulfoantimoniures de plomb ; minerais de cuivre, plomb, étain ; oxydes de fer, manganèse,* etc., etc... peuvent renfermer entre quelques dizaines de grammes et plusieurs kilogs à la tonne. Les *panabases* sont quelquefois très riches en argent, la teneur pouvant atteindre 15 % et plus.

RECONNAISSANCE ET RECHERCHE

A. **Minerais d'argent proprement dits.**

Par voie sèche

Par grillage. — Dans les minerais ou l'argent est en combinaison seulement avec des éléments volatils tels que : S, Sb, As ; par simple grillage sur MS, on a production de boutons d'argent caractéristiques et, dans le cas où l'argent est associé avec plomb et antimoine, il se forme l'enduit lilas caractéristique de cette association.

Dans les minéraux d'argent contenant Fe, Cu, Pb, l'argent sera reconnu en traitant à FPO le minerai, mélangé avec du borax sur le charbon. Cu, Fe, Pb s'oxydent, se dissolvent dans le borax, laissant l'argent sous forme de globule.

Une méthode plus générale consiste à traiter le minerai *par Scorification*. Pratiquer comme suit : Mélanger une petite quantité de minerai bien porphyrisé avec son volume de borax, déposer ce mélange sur une lame de plomb carrée de 1 cm. de côté. Replier la feuille et scorifier le tout dans un petit scorificatoire jusqu'à obtention du bouton d'argent. La coloration de la scorie donnera des indications sur les éléments associés avec l'argent, une coloration brune indiquant du fer ; verte du cuivre ; violette du manganèse, etc., etc...

Par voie humide

Précipitation à l'état de chlorure (Réaction 4). Dissoudre le minerai à chaud, dans l'acide azotique, diluer, précipiter le plomb, par une goutte d'acide sulfurique, filtrer et dans le filtrat précipiter par HCl. Un précipité blanc caillebotté soluble dans Am, noircissant à la lumière, caractérise l'argent.

B. **Minerais argentifères.**

Tous ces minerais qui peuvent avoir des teneurs très diverses en argent seront essayés par notre *Méthode de Recherche et d'essai des minéraux contenant des métaux précieux* (voir page 107).

Dans les cas particuliers de minerais dans lesquels l'argent est combiné avec Sb et Pb, sulfoantimoniures de plomb, de plomb et cuivre, de plomb et étain : l'argent, s'il existe en proportion assez notable, sera décelé par l'enduit rose ou lilas qui se forme quand on grille ces minerais à forte flamme FPO, sur MS. (Réaction 2.)

ARSENIC

L'arsenic est gris d'acier, cassant, il se volatilise sans fondre à 450°, produisant des fumées blanches et répandant l'odeur d'ail.

Cette odeur caractéristique permet souvent, dans les essais pyrognostiques de déceler sa présence, même quand il existe en faible quantité.

RÉACTIONS PYROGNOSTIQUES

Sublimés et enduits produits dans les opérations de calcination, grillage, réduction, sont décrits page 67.

Coloration de la flamme. — L'arsenic volatilisé en traitant un minéral à FR, colore la flamme en bleu livide et répand une *odeur d'ail prononcée.*

RÉACTIONS DE LA VOIE HUMIDE

Caractères de l'élément :

L'arsenic est insoluble dans HCl, soluble dans AzO^3H et HR. AzO^3H étendu le dissout avec formation d'As^2O^3, l'acide concentré et HR à l'état d'As^2O^5.

Caractères des solutions :

Acide sulfhydrique. — Donne immédiatement dans les solutions acides d'arsénites un précipité *jaune citron*, insoluble dans HCl, même concentré et bouillant, soluble dans les sulfures alcalins, l'ammoniaque et le carbonate d'ammoniaque.

Ce précipité ne se produit pas ou très difficilement dans les solutions d'arséniates, pour l'obtenir il est nécessaire, au préalable, de réduire l'arséniate en faisant bouillir avec une solution de SO^2 ou de sulfite de soude.

Azotate d'argent. — Donne dans les solutions neutres des arsénites, un précipité jaune, dans celles des arséniates un précipité rouge brique. Ces précipités sont solubles dans AzO^3H et Am.

Réactif nitro-molybdique. — Ne donne aucun précipité dans les solutions azotiques *froides* d'arséniate, le précipité jaune d'arsénio-molybdate d'ammoniaque ne se produisant qu'à chaud.

Sulfate de magnésium. — Produit dans les solutations d'arséniates additionnées d'AmCl et Am, un précipité blanc cristallin d'arséniate ammoniaco-magnésien, soluble dans AzO^3H et HCl.

Minerais et Minéraux

L'arsenic est assez rare à l'état natif. On le trouve à l'état *d'Allemontite* : AS Sb, et, de sulfures : *Réalgar* As^2S^2 ; *Orpiment* As^2S^3. On le trouve généralement combiné avec les métaux à l'état d'arséniures : *Nickelite* NiAs, *Chloantite* $NiAs^2$, *Smaltite* $CoAs^2$, *Lollingite* $FeAs^2$, *Domeykite* Cu^3As, *Sperrylite* $PtAs^2$ (rare), etc... ; de sulfoarséniures : *Mispickel* FeAsS, *Gersdorffite* NiAsS, *Cobaltite* CoAsS, *Tennantite* $As^2S^7(Cu^2Fe...)$, *Dufreynoisite* $As^2S^5Pb^2$, *Proustite* AsS^3Ag^3, etc... ; d'arséniates : *Scorodite* AsO^4Fe2H^2O, *Annabergite* $[AsO^4]^2Ni^38H^2O$, *Erythrine* $[AsO^4]^2Co^38H^2O$, *Adamine* AsO^4Zn [ZnOH], *Mimétite* $[AsO^4]^6Cl^2Pb^{10}$, *Olivénite* AsO^4 Cu [Cu OH], etc...

Reconnaissance et Recherche

Par voie sèche

L'arsenic sera recherché par les essais pyrognostiques et reconnu facilement par ses sublimés et enduits qui sont caractéristiques et par l'odeur d'ail qui se manifeste au cours de ces essais.

Pour cette recherche, on devra procéder différemment, suivant que l'on se trouve en présence de minéraux oxydés ou non.

1° *Recherche dans les minerais non oxydés (arsenic, arséniures, sulfosels).*

a) *Grillés sur support G*, si l'opération est bien conduite, ces minerais donnent des sublimés d'As^2O^2 et l'odeur d'ail.

b) *Grillés sur MS* (support RG), ils donnent l'enduit caractéristique d'As et l'odeur d'ail.

c) *Sur support C*, seuls les arséniures contenant un excès d'As donnent un sublimé d'As, exemple : *Löllingite, Smaltite, Chloanthite*. Les autres donnent seulement un léger sublimé d'oxyde, dû à la présence de l'air emprisonné sous VM. Exemple : *Nickelite, Domeykite*, etc...

Quant aux sulfo-arséniures, ils donnent généralement sur ce support, un sublimé jaune de sulfure d'arsenic. Exemple : *Mispickel, Gersdoffite*.

2° *Recherche dans les minéraux oxydés* (arséniates).

Tous les arséniates mélangés avec leur volume de charbon et traités à FPR sur MS donnent l'enduit d'arsenic sur MS et MC et l'odeur d'ail. Quelques-uns facilement réductibles donnent même cet enduit simplement par traitement direct à FR, sans mélange de charbon. Exemple : *Adamine, Mimétite*, etc...

Par voie humide

L'existence de l'arsenic, même en faibles quantités, pourra être confirmée par voie humide de la manière suivante :

Désagréger le minerai finement prophyrisé par le *mélange Soude-Soufre* (voir page 146), et précipiter dans la solution filtrée de la masse fondue reprise par l'eau, le sulfure d'arsenic par HCl dilué. Caractériser le sulfure par sa solubilité dans Am et par l'enduit d'As qu'il donne en en traitant une partie à FO sur MS.

AZOTE

Les seuls minéraux renfermant de l'azote contiennent cet élément à l'état d'acide azotique.

RÉACTIONS PYROGNOSTIQUES ET DE LA VOIE SÈCHE

(1) Au chalumeau les azotates fusent sur le charbon.

(2) Chauffés dans un petit tube à essai, avec du bisulfate de potasse et de la tournure de cuivre, les azotates sont décomposés et dégagent des vapeurs rutilantes.

RÉACTIONS DE LA VOIE HUMIDE

(3) En ajoutant un peu de tournure de cuivre dans la solution d'un azotate additionnée de SO^4H^2, on a production de vapeurs rutilantes.

MINERAIS DE L'AZOTE

Les seuls minerais de l'azote sont les azotates alcalins :

Nitratine ou *salpêtre du Pérou* Na NO^3, qui constitue des gise-

ments importants et *Nitre* KNO³, minerai des terrains déser-
tiques comme le précédent, mais bien moins abondant.

Reconnaissance et Recherche

Nitratine et *Nitre* sont solubles dans l'eau et donnent les
réactions (1), (2), (3).

BARYUM

Réactions pyrognostiques

(1) *Coloration de la flamme.* — Le baryum colore la flamme en
vert jaunâtre. Le Bore et le Phosphore donnent également des
colorations vertes.

Son spectre est constitué par plusieurs raies vertes très serrées.
Ce spectre ne se produit bien qu'en prenant peu de matière sur
le fil et en maintenant longtemps ce dernier dans la flamme.

Réactions de la voie humide

(2) *Les carbonates de potasse, soude et ammoniaque,* donnent
un précipité blanc de CO_2Ba, peu soluble dans les sels ammoniacaux.

(3) *L'acide sulfurique dilué et les sulfates solubles* donnent
un précipité blanc lourd de $BaSO_4$, pratiquement insoluble.

(4) *L'oxalate d'ammoniaque* donne un précipité blanc d'oxalate soluble dans les acides.

(5) *Une solution de gypse* donne un précipité blanc immédiat, en liqueur pas trop étendue.

Minerais et Minéraux

Le baryum se trouve abondamment à l'état de *Barytine* SO_4Ba
plus rarement à l'état de *Withérite* CO_3Ba. Cet élément existe
dans quelques silicates tels que : *Harmotome, Hyalophane.*

Reconnaissance et Recherche

Par la coloration de la flamme (réaction 1).

Prendre très peu de matière, chauffer fortement à FPR, humecter à plusieurs reprises avec HCl, en soumettant chaque fois à
l'action de la flamme. Une coloration vert jaunâtre indiquera le
baryum. Exemple : *Witherite, Barytine,* etc...

Dans les mélanges, la coloration de Ba apparaît après celle
de Sr et Ca.

Par précipitation à l'état de sulfate (réaction 3).

Si le minéral est soluble dans HCl, additionner la solution avec SO^4H^2 dilué, Ba est caractérisé par la formation d'un précipité blanc, lourd, insoluble.

Vérifier par la coloration de la flamme.

Dans les minerais insolubles tels que les silicates, dissoudre dans HCl, après désagrégation avec la soude, séparer la silice, précipiter par SO^4H^2 dilué, recueillir le précipité, l'essayer par la coloration de la flamme.

BISMUTH

Métal blanc rougeâtre cassant, fondant à 268°. Inaltérable à l'air de la température ordinaire, il s'oxyde quand on le chauffe et se recouvre d'une couche d'oxyde.

RÉACTIONS PYROGNOSTIQUES

(1) Le bismuth traité sur TC à FPR donne des enduits caractéristiques décrits page 67.

RÉACTIONS DE LA VOIE HUMIDE

Métal :

Le bismuth se dissout à froid dans NO^3H et HR.

Il est inattaquable par HCl, et se dissout seulement à l'ébullition dans SO^4H^2 concentré.

Solutions :

(2) *L'eau* précipite en blanc les solutions concentrées légèrement acides des sels de bismuth avec formation de sous-sels blancs insolubles dans l'acide tartrique (différence avec l'antimoine), mais solubles dans les acides forts.

(3) *L'ammoniaque* donne un précipité blanc insoluble dans un excès.

Le sulfure d'ammonium donne dans les solutions neutres ou modérément acides, un précipité brun noir de sulfure.

(4) *Le zinc* précipite le bismuth de ses solutions sous forme d'une poudre noire.

MINERAIS ET MINÉRAUX

Le *bismuth* a été trouvé dans quelques mines à l'état natif. Il existe à l'état de sulfure : *Bismuthinite* Bi^2S^3 ; de séléniures *Gua-*

najualite Bi²(Se, S)³, etc... ; de sulfobismuthites : *Galénobismu-thite* Bi²S⁴Pb ; *Alloclasite* Co (AsBi)S.

Dans les zones superficielles d'altération, on le trouve à l'état de carbonate : *Bismuthite* [CO]³[BiO][Bi2OH], etc...

Il existe fréquemment à l'état accessoire, dans les terres rares.

Reconnaissance et Recherche

L'existence du bismuth dans les minéraux sera facilement reconnue.

Par voie sèche

1° *Par l'enduit* : Réaction (1). Opérer comme suit :

Chasser As et Sb par grillage ou réduction sur MS dans le cas de minerais oxydés, et réduire ensuite sur TC après mélange avec soude charbon et borax si nécessaire. Les enduits obtenus sur TC et MC, assez semblable à ceux du plomb seront caractérisés, en les transformant en iodures. L'iodure de bismuth est caractéristique par sa couleur carmin, distincte de celle de l'iodure de plomb qui est jaune. La volatilité de l'iodure de bismuth permet de caractériser le bismuth en présence du plomb, si ces éléments sont associés.

2°) *Par les caractères des globules* qui sont cassants au lieu d'être malléables comme ceux du plomb.

Par voie humide

Par les réactions (2) *et* (3). — Si le minéral est soluble dans HCl, évaporer la solution jusqu'à réduction à un petit volume, diluer ; un précipité blanc, insoluble dans l'acide tartrique confirmera le bismuth.

Si le minéral est insoluble dans HCl, dissoudre dans NO³H, ajouter HCl et pratiquer comme ci-dessus.

Pour les minéraux contenant à la fois plomb et bismuth, ajouter à la solution nitrique quelques gouttes de SO⁴H dilué, pour précipiter le plomb, évaporer pour chasser SO⁴H, diluer, filtrer pour séparer le sulfate de plomb et dans le filtrat, précipiter le bismuth par l'ammoniaque.

BORE

Réactions pyrognostiques

(1) *Coloration de la flamme.* — L'acide borique colore la flamme en vert jaunâtre. Ne pas confondre cette coloration avec celles données par Ba et P²O⁵.

(2) La fluorure de bore colore la flamme en vert pur. Cette coloration est passagère.

RÉACTIONS DE LA VOIE HUMIDE

Papier de curcuma. — Ce papier, plongé dans une solution chlorhydrique faible d'un borate alcalin ou alcalino-terreux, puis séché à 100° prend une coloration rouge caractéristique. Cette coloration passe au noir bleu ou vert quand on mouille le papier avec Am.

(HCl concentré colore également le papier de Curcuma en brun violacé, les solutions chlorhydriques de zircone en rouge plus ou moins brun. Mais ces colorations ne sont pas modifiées par Am).

MINERAIS ET MINÉRAUX

Le bore est un élément peu commun. Ses minerais sont des borates alcalins ou alcalino-terreux. Les plus importants sont : *Colémanite* $B^6O^{11}Ca^25H^2O$; *Ulexite* $B^5O^9CaNa6H^2O$; *Borax* $B^4O^7Na^210H^2O$. Le bore est un élément de quelques silicates tels que *Tourmaline*, *Axinite*, etc...

RECONNAISSANCE ET RECHERCHE

Par voie sèche

Par la coloration de la flamme (Réaction 1). — Les borates seront reconnus par la coloration vert jaunâtre qu'ils communiquent à la flamme du chalumeau, quand ils sont chauffés seuls ou humectés préalablement avec SO^4H^2.

On porra effectuer cette réaction de la manière suivante :

Evaporer un peu de la solution d'un borate dans une capsule de porcelaine, ajouter 1 cc. de SO^4H^2 concentré. Chauffer légèrement sur une plaque d'amiante. Laisser refroidir. Ajouter 2 cc. d'alcool. Agiter le mélange avec un agitateur. Enflammer l'alcool. La flamme prend une coloration vert jaunâtre si BO^3 est en assez grande quantité, sinon, il se produit des éclairs vert-jaunâtres.

Dans les silicates. — Le bore sera recherché par la *réaction 2.* Opérer comme suit :

Porphyriser finement ensemble 3 volumes de Flux de Turner et un volume de minerai. Plonger dans ce mélange l'extrémité d'un fil de platine recourbé et mouillé, de façon à faire adhérer une certaine quantité de matière. Introduire dans le dard légèrement en dehors de la pointe FPO. Dès que la matière est soumise à l'action de la flamme, on perçoit une lueur verte fugitive due au fluorure de bore, suivie immédiatement de la coloration violette de K. Confirmer en recommençant plusieurs fois l'essai. D'une exécution délicate au chalumeau cet essai se réalise beaucoup plus facilement et est plus net à la flamme du brûleur. Il suffit de faire toucher la matière à la flamme sans l'introduire, pour apercevoir distinctement et immédiate ment la coloration verte.

Pour cet essai, opérer de préférence dans l'obscurité.

Par voie humide

Par le papier de curcuma. (Réaction 3). — Préparer une dissolution chlorhydrique du mineral, diluer, plonger dans la solution du papier de curcuma, le sécher à 100° sur un tube à essais contenant de l'eau bouillante. Le papier prend une coloration rouge caractéristique, devenant noire en mouillant avec Am.

Si le minerai est insoluble, le désagréger par fusion avec de la soude, afin de transformer en borate soluble. Dissoudre dans HCI.

CADMIUM

Le cadmium est un métal blanc d'argent ductile. Il fond à 321°. Chauffé à l'air, il brûle avec un vif éclat en produisant de l'oxyde brun rouge.

RÉACTIONS PYROGNOSTIQUES

(1) Les caractères de l'enduit produit par le cadmium et de son oxyde réduit sur TC ou MS (support RG), sont indiqués page 63.

RÉACTION DE LA VOIE HUMIDE

L'acide sulfhydrique produit dans les solutions des sels de cadmium un précipité jaune citron insoluble dans Am^2S.

MINERAIS ET MINÉRAUX

Le seul minéral du cadmium est la *Greenockite* (CdS), minéral rare. Le cadmium se trouve plus fréquemment comme élément accessoire et toujours en faible proportion dans certains minerais de zinc (*blendes* et *smithsonites*).

Reconnaisssance et Recherche

Le cadmium se volatilisant à plus basse température que le zinc, donne son enduit avant celui de ce dernier, c'est-à-dire, au début de l'action de la flamme.

Pour le rechercher dans les minerais de zinc, mélanger le minerai porphyrisé avec 2 volumes de soude + 1/2 vol. de charbon : traiter sur MS (support RG) quelques instants seulement à FPR, de façon à volatiliser seulement le cadmium.

La formation d'un petit enduit brun rouge, blanc-brunâtre par places ou jaune à froid et à chaud au voisinage de l'essai, enduits irisés sur le pourtour ou simplement la production d'une petite auréole irisée, s'il est en très faible quantité, indiquera la présence du cadmium.

L'auréole irisée se distingue plus nettement en regardant le mica par réflexion.

CÆSIUM — RUBIDIUM

Ces deux éléments sont rares.

Réactions de la Voie Seche

Les flammes du caesium et du rubidium donnent des spectres caractéristiques (voir page 104), nettement différents de celui du potassium.

Réactions de la Voie Humide

Les réactions de ces éléments sont analogues à celles du potassium. Ils sont précipités par le chlorure de platine sous forme de chloroplatinates jaunes.

Minéraux

Le caesium est un élément constitutif du *Pollux* [SiO³]⁹Al⁴Cs⁴H² qui renferme de 30 à 36 % de Cs^2O. Il a été trouvé comme élément accessoire de certaines variétés de *lépidolithes* et de *béryls*.

Le rubidium l'accompagne généralement.

Recherche et Reconnaissance

Les spectres des sels de potassium, caesium, rubidium étant différents et caractériques, il suffira, pour reconnaître la présence de ces éléments dans un précipité de chloroplatinates de prendre un peu du précipité à l'extrémité d'un fil de platine, de l'introduire dans la flamme de F.B. et d'examiner cette dernière au spectroscope.

CALCIUM

Réactions Pyrognostiques

(1) *Coloration de la flamme et raies spectrales.* — Le calcium, surtout à l'état de chlorure, colore la flamme du chalumeau ou du brûleur en rouge jaunâtre à orangé. Cette coloration, regardée à travers l'écran de Merwin, paraît jaune-verdâtre à travers la bande 1, invisible à travers 2, cramoisi pâle à travers 3. Le spectre du calcium est caractérisé par une raie rouge-orangé et une verte, presque à égales distances de celle de la soude.

Réactions de la voie humide

(2) *Les carbonates alcalins et d'ammoniaque* produisent un précipité blanc de CO^3Ca, peu soluble dans les sels ammoniacaux.

(3) *L'acide sulfurique dilué et les sulfates alcalins* donnent dans les solutions concentrées un précipité blanc de $SO^4Ca, 2HO$, soluble dans 400 p. d'eau, et dans les acides (différence avec le sulfate de strontium dont la solubilité est de 1/6900 et avec celui de baryum soluble seulement dans 400.000 p. d'eau.

Dans les solutions étendues, ce précipité ne se forme que par addition d'alcool.

(4) *L'oxalate d'ammoniaque* produit dans les solutions neutres, ammoniacales ou légèrement acides, un précipité blanc, cristallin d'oxalate de Ca, soluble dans AzO^3H et HCl. dilués, insoluble dans les acides acétique et oxalique.

(5) *Le chlorure de calcium* est soluble dans l'alcool absolu (différence avec BaCl et CaCl).

Minerais et Minéraux

Le calcium est très abondant dans la nature. Elément constitutif des calcaires, on le trouve dans les minéraux :

A l'état de carbonate : *Calcite* CO^3Ca, *Dolomie* CO^3 (CaMg) ; *Apaite* $[PO^4]^6(Cl^2, F^2, O, CO^3)Ca^{10}$; *Colophanite* $[PO^4]^6Ca^9 CO^3Ca$, H^2O, xH^2O (phosphates sédimentaires) ; de borate : *Colémanite* $B^6O^{11}Ca, {}^25H^2O$, etc. ; de fluorure : *Fluorine* CaFl. Enfin cet élément se trouve dans beaucoup de silicates, tels que : *Anorthite, Diopside, Grossulaire, Epidote,* etc., etc...

Reconnaissance et Recherche

Par voie sèche

Par la coloration de la flamme. Réaction (1). — Quelques minéraux du calcium colorent les flammes surtout après avoir été calcinés et humectés avec HCl. Ex. *Calcite, Gypse, Fluorine, Phosphates,* etc...:

Cette réaction pourra être utilisée pour caractériser la nature d'un précipipité de carbonate ou d'oxalate.

Par voie humide

Par précipitation à l'état de sulfate. Réaction (3). — Ajouter quelques gouttes de SO⁴H. dilué à la solution chlorhydrique du minéral ; un précipité blanc, soluble dans l'eau caractérise Ca. (Cette solubilité du sulfate distingue Ca de Sr et Ba).

Par précipitation à l'état d'oxalate ou de carbonate. Réaction (2) et (4). — Le carbonate ou l'oxalate d'ammoniaque ajoutés à une solution contenant de la chaux, rendue alcaline par Am précipitent la chaux à l'état de carbonate ou d'oxalate.

Si la solution contient P^2O^5, comme c'est le cas pour les solutions *d'apatite* ou de *phosphorites*, pratiquer comme suit :

Dissoudre le contenu d'une cavité de la mesure en ivoire de minerai porphyrisé dans 1 à 2 cc. d'HCl, ajouter Am. goutte à goutte jusqu'à formation d'un précipité. Redissoudre le précipité en faisant tomber goutte à goutte HCl. dans la solution, jusqu'à ce qu'elle redevienne claire. Diluer à 5cc., ajouter de l'oxalate ou du carbonate d'ammoniaque, Ca précipite.

Vérifier la nature du précipité par la coloration de la flamme.

Pour rechercher la présence du Ca dans les silicates, voir Recherche des bases dans les silicates (page 140).

CARBONE

Le carbone se trouve dans la nature sous forme de *diamant, graphite,* (formes cristallisées) *; d'anthracite,* carbone presque pur ; de *houilles, lignites,* carbone plus ou moins mélangé d'hydrocarbures ; d'*asphalte, naphte,* etc. ; enfin le carbone est l'élément constitutif de la grande classe des *carbonates,* tels que : *Calcite* CO^3Ca ; *Giobertite* CO^3Mg ; *Withérite* CO^3Ba ; *Sidérite* CO^3Fe ; *Malachite* $CO^3 (Cu.OH)^2$, etc., etc...

Reconnaissance et Recherche

a) **Anthracites, houilles, lignites, etc...**

1° *Chauffés avec du nitre sur une lame de mica* fusent et détonent, se transformant en carbonates alcalins faisant effervescence aux acides.

2° *Traités sur support C à condenseur à FA et FB* dégagent en général des vapeurs colorées, odorantes ou empyreumatiques et donnent des sublimés liquides ou solides de couleur plus ou moins foncée à réaction alcaline ou acide, à l'exclusion de l'anthracite et du graphite qui ne donnent pas de sublimé, mais un peu d'eau quelquefois.

b) **Carbonates**

1° *Par voie humide. (Effervescence aux acides)*

Les carbonates naturels sont, en général, décelés par l'effervescence qu'ils produisent quand finement porphyrisés on les attaque par HCl, NO_3H ou SO_4H_2 dilués.

Cette effervescence a lieu à froid pour certains, à chaud pour les autres :

Ex. *A froid : Calcite* $CaCO_3$, *Smithsonite* $ZnCO_3$, etc...

A chaud : Dolomie $CaMgCO_3$, *Sidérite* $FeCO_3$, etc...

Opérer de préférence l'attaque dans un tube à essais et employer des acides peu concentrés, de façon à éviter la formation de sels insolubles, tels que $PbCO_3$, $BaCO_3$. Le dégagement de CO_2 peut être vérifié, la réaction terminée, en introduisant dans le tube le compte-gouttes en fil de platine, décrit page 12, plongé au préalable dans de l'eau de baryte et cela de façon à ce que la goutte de réactif maintenue à quelques millimètres au-dessus du liquide soit ainsi plongée dans la couche de CO_2 que surmonte la solution. On constatera la formation d'un précipité blanc de $Ba\ CO_3$.

2° *Par voie sèche. (Décomposition par la chaleur)*

Les carbonates, sauf les carbonates alcalins, chauffés au rouge sont, en général, décomposés avec libération de CO_2 et transformés en oxydes dont la couleur est souvent différente de celle du carbonate. En effectuant cette opération dans un tube peu fusible, on pourra consater, comme ci-dessus, la production de CO_2 par l'eau de baryte.

En calcinant à FB. dans un petit creuset, une capsule de porcelaine ou de platine un poids connu de minerai en déterminera la perte à la calcination.

Emploi de l'acide citrique. — En cours de prospection où le transport des liquides n'est pas sans présenter des inconvénients, on trouvera quelquefois avantage à employer, comme l'a préconisé le Dr Carrington Bolton, en 1877, l'acide citrique pour déceler les carbonates.

Une solution saturée de cet acide donne :

A froid : Une effervescence rapide avec *Calcite.*
Une effervescence plus lente avec *Dolomie, Ankérite,* etc...

A chaud : Seulement avec *Magnésite, Cérusite, Sidérite,* etc...

CERIUM

(Voir Terres rares, page 230)

CHLORE, BROME, IODE

Ces éléments se trouvent dans les minéraux uniquement à l'état de chlorures, bromures, iodures.

Les alcalins sont solubles, ceux d'Ag.Cu.Pb.Hg. insolubles ou légèrement solubles.

RÉACTIONS PYROGNOSTIQUES ET DE LA VOIE SÈCHE

(1) *Enduits et sublimés.* — Les *chlorures d'Ag, Cu, Pb, Hg,* traités sur les différents supports donnent les enduits et sublimés décrits pages 72-73.

(2) *Dégagement de ces éléments de leurs combinaison.* — Les chlorures, bromures, iodures, anhydres ou déshydratés chauffés dans un T.E. avec un mélange de bisulfate de potasse et de bioxyde de manganèe ou avec SO^4H^2 et MnO^2 sont décomposés avec dégagement de :

Cl : gaz vert jaunâtre décolorant le papier de tournesol.
Br : vapeurs jaune-orangé, reconnaissables à leur odeur, colorant en jaune le papier amidonné.
Io : vapeurs violettes bleuissant le papier amidonné.

(3) *Coloration de la flamme.* — Le chlorure de cuivre colore la flamme en bleu d'azur, l'iodure de cuivre en vert émeraude. (Voir page 102.)

Réactions de la voie humide

Caractères des solutions acidulées par NO³H :

(4) L'*Azotate d'argent* donne dans ces solutions les réactions suivantes :

a) *Chlorures,* un précipité blanc caillebotté d'AgCl soluble dans Am., insoluble dans NO³H, noircissant à la lumière.

b) *Bromures,* un précipité blanc jaunâtre peu soluble dans Am., insoluble dans No³H noircissant à la lumière.

c) *Iodures,* un précipité jaune clair insoluble dans Am. et NO³H.

Minerais et Minéraux

Les chlorures alcalins naturels forment des gisements puissants, les minerais les plus abondants sont : *Halite* NaCl, *Sylvite* KCl, *Carnallite* MgCl²KCl6H²O, etc.

Parmi les chlorures des métaux lourds : *Cérargyrite* AgCl, *Atacamite* CuCl² + 3Cu(OH)² sont les plus importants et se trouvent quelquefois abondamment dans la zone oxydée des gisements d'argent et de cuivre. *Cotunnite* PbCl², *Calomel* Hg²Cl² sont rares. Le chlorure de plomb existe souvent, mais toujours en faible proportion, dans quelques minerais oxydés de plomb.

Reconnaissance et Recherche

Par voie humide

Dans les minerais solubles Cl, Br, Io seront facilement reconnus par la Réaction (4).

Pour les minerais insolubles, porhyriser finement la matière, mettre en suspension dans un peu d'eau sulfurique, ajouter un morceau de zinc. On a ainsi production de chlorure iodure, bromure de zinc solubles, servant à caractériser Cl. Br. I. par voie humide.

Par voie sèche

Faire dissoudre à FO de l'oxyde de cuivre dans une perle de sel de phosphore jusqu'à ce qu'elle soit noire et continuer l'action de la flamme jusqu'à ce qu'elle ne donne plus la coloration du cuivre.

Appliquer la perle chaude sur le minerai réduit en poudre de façon à faire adhérer un peu de matière.

Soumettre à nouveau à l'action de la flamme.

Une coloration bleu azur bordé de pourpre caractérise la présence du chlore ; une flamme vert émeraude, celle de l'iode. Le brôme donne une flamme intermédiaire peu caractéristique.

CHROME

RÉACTIONS PYROGNOSTIQUES ET DE LA VOIE SÈCHE

L'oxyde de chrôme mélangé avec la soude ne se réduit pas à l'état métallique sur TC. Il donne une masse verte et, par réduction prolongée, de l'oxyde vert.

(1) *Perle de Borax*. — A FO à chaud, perles rougeâtres ou jaunes suivant la proportion d'oxyde ; à froid, vert jaunâtre, A FR. perle vert émeraude caractéristique.

Perle de sel de Phosphore. — A FO et FR perles vert sale à chaud, vert chrôme à froid.

Ces perles sont semblables à celles que donne le vanadium sauf la perle de sel de phosphore qui à FO est jaune pour le vanadium

(2) *Transformation en chromate alcalin*. — Les composés du chrôme se transforment en chromates alcalins brun jaunes à jaunes plus ou moins pâles, donnant des solutions jaunes quand on les désagrège par le mélange soude-nitre. (Voir page 143.)

RÉACTIONS DE LA VOIE HUMIDE

Les solutions des sels de chrôme sont vertes ou violettes, quelquefois bleues. Celles des chromates jaunes ou rouges.

Solutions des sels chromiques :

Le *sulfure ammonique* donne un précipité d'hydrate vert, soluble dans les acides étendus.

L'ammoniaque, un précipité gris bleuâtre, la liqueur surnageante est rouge.

La potasse, un précipité vert d'hydrate soluble, dans un excès de réactif en donnant une liqueur verte qui reprécipite de l'hydrate à ébullition (différence avec l'alumine).

Solution de chromate alcalin :

L'acétate de plomb donne un précipité jaune de chromate de plomb, insoluble dans l'acide acétique.

(3) *L'Azotate d'argent*. — Un précipité rouge brun de chromate d'argent soluble dans l'acide azotique et l'ammoniaque, insoluble dans l'acide acétique.

Les réducteurs. — Zinc et acide sulfurique, alcool acidulé d'acide sulfurique, réduisent les chromates en sels de chrome verts.

Minerais et Minéraux

Le seul minerai est la *chromite* $(FeO.Cr^2O^3)$.

Les quelques autres minéraux chromifères tels que : *Crocoïse* $(PbOCr^2O^3)$, *Ouwarowite* (grenat chromocalcareux), *Chromo-Picotite*, spinelle chromifère, etc., sont plutôt rares.

Des minerais de fer, constituant des gisements importants, renferment quelques centièmes de chrôme.

Reconnaissance et Recherche

1° *Par la coloration des perles.* Réaction (1). — Dans les minerais chromifères : *chromite, crocoïse,* etc., la présence du chrôme sera reconnue facilement par la coloration des perles :

Si le fer est en forte proportion, employer de préférence la perle au sel de phosphore.

On contrôlera par la réaction (2).

2° *Par transformation en chromate.* Réaction (2). — Cette réaction sera utilisée pour rechercher la présence de petites quantités de chrôme dans les silicates, spinelles, minerais de fer chromifères, etc...

Si le minerai est un silicate, désagréger par le mélange soude-nitre, dissoudre, filtrer. Si le chrôme est présent, on aura une solution jaune plus ou moins claire.

Dans tous les cas, acidifier par l'acide acétique, filtrer, si nécessaire, précipiter par l'azotate d'argent.

Un précipité rouge brun indiquera la pésence du chrôme. Réaction (3). (Voir page 143 : Recherches de Mn, Cr, Va, etc...)

Pour les minerais difficilement attaquables, tels que *spinelles, minerais de fer chromifères,* dissoudre au préalable dans une perle de borax, porphyriser cette dernière, désagréger le résultat de la porphyrisation par le mélange soude-nitre et procéder comme ci-dessus.

COBALT

Le cobalt est un métal blanc, dur, tenace, magnétique, fondant à 1500°.

Réactions pyrognostiques

(1) *Réduction de l'oxyde à l'état métallique sur T.C.* — Mélangé avec 3 volumes de soude et traité sur TC. à forte FPR

l'oxyde se réduit sous forme de poudre ou paillettes magnétiques, que l'on peut séparer de la masse fondue et du charbon par porphyrisation, lessivage et concentration sur la coquille. (Voir page 9.)

Ces paillettes sont solubles en rose dans l'acide azotique.

L'oxyde de cobalt réduit sur TC ne devient pas magnétique.

(2) *Perle de borax et de sel de phosphore.* — L'oxyde de cobalt se dissout facilement dans ces flux, en produisant dans les deux flammes une belle coloration bleu pur. (Réaction caractéristique.)

RÉACTIONS PAR VOIE HUMIDE

Métal :

Le cobalt se dissout lentement dans les *acides chlorhydrique et sulfurique dilués* avec dégagement d'hydrogène. *L'acide azotique* le dissout facilement

Solutions :

Les solutions des sels de cobalt sont rouges ou roses avec un excès d'acide ; elles sont bleues ou vertes et deviennent rouges par addition d'eau.

(3) *L'ammoniaque* donne un précipité bleu soluble dans un excès en donnant une liqueur brun rougeâtre ; par addition de potasse la liqueur devient bleue.

Le sulfhydrate d'ammoniaque donne un précipité noir presque insoluble dans l'acide chlorhydrique.

(4) *L'acide tartrique* additionné d'un excès d'ammoniaque pure, de quelques gouttes de ferrocyanure de potassium colore une solution étendue de sel de cobalt en *rose,* une solution concentrée en *rouge jaunâtre foncé.*

MINERAIS ET MINÉRAUX

Les minerais les plus importants sont : *Smaltite* $CoAs^2$, *Cobaltite* $CoAsS$ souvent altérés en surface en *Erythrine* $[AsO^4]Co^38H^2O$, *Asbolite,* variété de wad cobaltifère. Moins communs sont : *Linnéite* CoS^4, *Glaucodot* $CoFeAsS$. Généralement le cobalt est associé dans ses minerais avec fer et nickel, plus rarement avec le bismuth. Au Katanga, on le trouve associé avec le cuivre. De faibles quantités de cobalt existent dans le manganèse de Ciudad Réal (Espagne).

Reconnaissance et Recherche

Par voie sèche

La couleur bleue produite par le cobalt dans les perles est le plus simple et le plus délicat des moyens permettant de découvrir cet élément.

Quand le cobalt, en faible quantité, est associé avec le nickel et le cuivre qui produisent des colorations pouvant masquer celle du cobalt, réduire cuivre et nickel en traitant la perle à FR. sur P.C. en présence de l'étain, auquel s'allient Ni et Cu réduits, la coloration bleue du cobalt sera ainsi rendue visible.

Par voie humide

Utiliser la réaction (4) par l'acide tartrique et le ferricyanure.

Opérer comme suit :

Verser dans un tube à essai 10 cc. de solution, ajouter 2 cc. d'une solution d'acide tartrique puis un excès d'ammoniaque.

Agiter. Faire tomber goutte à goutte une solution étendue de prussiate rouge. Si la proportion de cobalt n'est pas trop faible, chaque goutte produit une coloration rose qui se communique à tout le liquide en retournant le tube fermé avec le pouce. S'il y a peu de cobalt, les gouttes successives de prussiate produisent seulement une coloration jaune, retourner alors le tube après chaque goutte de prussiate, en opérant avec précaution, on ne tarde pas à voir la coloration rose produite par le cobalt visible surtout si l'on regarde dans l'axe du tube.

Les sels de fer, au minimum, troublent la réaction, les faire passer au maximum, ajouter l'ammoniaque avant l'acide tartrique et filtrer.

Le cuivre masquant la coloration, le précipiter par le zinc en liqueur légèrement chlorhydrique.

CUIVRE

Le cuivre possède une couleur rouge caractéristique. Il est très malléable, tenace et fond à 1084°.

Réactions pyrognostiques

Le cuivre métal et ses composés ne donnent pas d'enduits, à l'exception du chlorure dont les enduits et sublimés ont été décrits page ...

(1) *Réduction* sur TC. — Les oxydes de cuivre mélangés avec soude et charbon se réduisent à FR. sur TC avec production d'une masse agglomérée rouge, se recouvrant d'une pellicule d'oxyde, dès qu'on arrête la flamme. En chauffant très fortement on peut agglomérer cette masse et la transformer en un globule de cuivre.

(2) *Coloration de la flamme.* (Voir page 100.). — L'oxyde de cuivre très-divisé colore la flamme en vert. Le chlorure de cuivre en bleu d'azur bordé de pourpre (réaction caractéristique), l'iodure en vert émeraude.

(3) *Perles de borax et de sel de phosphore.*

Les colorations que l'oxyde donne avec ces flux sont les suivantes :

A *FO*, perles *vertes* à chaud, *bleues* à *froid*.

Une grande quantité d'oxyde produit des perles *vert foncé, noires* à chaud ; *bleu-verdâtre, foncé* à froid.

De petites quantités d'oxydes donnant des perles *incolores*.

A *FPR*, les perles renfermant une certaine proportion d'oxyde deviennent *rouges ou brun rouge et opaques* à froid par suite de la formation d'oxyde cuivreux. (Réaction caractéristique).

De telles perles, traitées à forte FPR. sur le charbon, se décolorent, l'oxyde se réduisant à l'état métal, nageant dans la perle.

Pour de petites quantités d'oxyde les perles froides sont transparentes, rougeâtres ou incolores. Dans ce cas, pour rendre la réaction plus sensible, opérer comme suit :

Chauffer la perles quelques secondes à FR., la retirer rapidement de la flamme et l'appliquer, encore chaude, sur un peu de protoxyde d'étain déposé sur la plaque en porcelaine.

Par ce seul moyen, souvent, une partie de l'oxyde est réduite à l'état d'oxyde cuivreux et la surface de la perle devient opaque, rouge ou rouge brun. Sinon, reporter la perle avec son enduit d'oxyde d'étain dans la flamme et traiter, un instant, à FR., la réaction se produit et la perle, suivant la proportion d'oxyde, devient rouge, brun rouge et opaque, rose ou rouge par réflexion et rose violacé par transparence ou montrera seulement des traînées rougeâtres.

(4) *Caractères des alliages de plomb et de cuivre.* — Les alliages de plomb et de cuivre traités à FPO. se scorifient facilement sur la plaque de scorification (plaque PPD) et laissent tous une traînée de scorie colorée en vert plus ou moins foncé, suivant

la proportion de cuivre contenue dans l'alliage. (Réaction caractéristique).

Les *alliages à 1 % de cuivre et au-dessus* abandonnent une scorie noir verdâtre, vert noirâtre à vert plus ou moins foncé.

Les *alliages de 1 % à 1/2 % de cuivre* scorie vert foncé à vert clair

Au-dessous de 1/2 %, scorie vert clair à jaune verdâtre.

Réactions de la voie humide

Métal :

Le cuivre est insoluble dans l'acide *chlorhydrique*, dans l'*acide sulfurique dilué*. Il est soluble, à chaud, dans l'*acide sulfurique concentré*, à froid, dans l'*acide azotique* et l'*eau régale* avec dégagement de vapeurs rutilantes.

Solutions :

Les solutions de sels cuivriques sont bleues ou vertes.

(5) *L'ammoniaque* produit un précipité bleuâtre soluble dans un excès en donnant une liqueur bleue. (Bleu céleste.)

(6) *Le ferrocyanure de potassium* donne, dans les solutions diluées, un précipité brun rougeâtre, insoluble dans les acides dilués et soluble dans l'ammoniaque.

(7) *Fer.* — Une lame de fer bien décapée, plongée dans une solution contenant du cuivre, se recouvre d'un dépôt *rouge cuivre.*

(8) Le *zinc* précipite le cuivre sous forme de dépôt brun foncé.

Minerais et Minéraux

Les principaux minerais du cuivre sont : *Cuivre natif :* Cu, *Chalcopyrite :* FeS^2Cu, *Bornite :* FeS^3Cu^3, *Chalcosine :* Cu^2S, *Enargite :* AsS^4Cu^3, *Cuprite :* Cu^2O, *Malachite :* $CO^3[CuOH]^2$, *Brochantite :* $SO^4[Cu.OH]^2.2Cu[OH]^2$.

En dehors de ces minerais proprement dits, les *pyrites de fer* contiennent souvent une telle proportion de chalcopyrite associée qu'elles deviennent de véritables minerais de cuivre. De moindre importance sont : *Ténorite :* CuO, *Covellite :* CuS, les *Panabases :* Sb^2S^7 ($Cu^2,Ag^2,FeZn...$) souvent très argentifères. *Chrysocole :* $SiO^4CuH^2.xH^2O$, *Atacamite :* $Cu[OH]Cl.Cu[OH]^2$. Les séléniures, tels que *Berzélianite :* Cu^2Se, *Zorgite :* $(PbCu^2)Se$ sont plutôt exceptionnels.

Le cuivre se trouve associé avec le plomb, le bismuth, l'étain, l'argent, dans les minéraux tels que : *Bournonite* : $Sb^2S^6Pb^2Cu^2$, *Stannine* : SnS^4Cu^2Fe, *Stromeyérite* : $(Cu,Ag)^2S$, etc., etc...

Souvent, le cuivre existe à l'état accessoire dans les *galènes argentifères, smithsonites, blendes.*

Le cuivre peut se trouver allié avec l'or natif, etc...

Recherche et Reconnaissance

Par voie sèche

1° *Par la coloration de la flamme.* — Dans les minéraux directement attaquables par l'acide chlorhydrique ou après grillage, c'est-à-dire dans presque tous les minéraux renfermant du cuivre, cet élément peut être reconnu par la coloration caractéristique de la flamme du chlorure de cuivre.

Pratiquer comme suit :

Griller le minerai si nécessaire. Porphyriser finement. Prendre de la matière porphyrisée, en remplir le contenu d'une grande alvéole de la mesure en ivoire, la déposer sur un mica support au voisinage d'une des extrêmités.

Imbiber de quelques gouttes d'acide chlorhydrique, chauffer doucement le mica à FA, pour faciliter l'attaque, en se gardant d'évaporer à sec.

La matière, ainsi préparée, est soumise à l'action de FAO. La présence du cuivre est caractérisée par la coloration bleue intense caractéristique du chlorure de cuivre.

Sans recourir à la flamme du chalumeau, on peut faire agir directement la pointe de FA sur le minerai, en inclinant légèrement le mica de manière à faire lécher la matière par la flamme. Cette réaction est extrêmement sensible.

2° *Par concentration du cuivre dans un régule de plomb et scorification de l'alliage sur PPD.* — Cette méthode est basée sur la coloration verte caractéristique que possèdent les scories produites par scorification d'un alliage plomb-cuivre. Pratiquer comme suit :

Mélanger le contenu d'une demi-alvéole de la mesure en ivoire de minerai porphyrisé avec son volume de borax. Déposer le mélange sur une feuille de plomb carré de 1 cm. de côté. Replier la feuille et scorifier le tout dans un petit scorificatoire creusé avec la fraise sur le petit côté d'un bloc à scorificatoire.

Si le cuivre est présent, la scorie sera verte plus ou moins foncée, et la traînée de scorie résultant de la scorification du régule résiduel sur PPD le sera également et d'autant plus que la proportion de cuivre sera plus grande.

Cet essai, comme le précédent, trouvera son application dans la recherche du cuivre, comme élément accessoire des minerais de zinc, plomb, fer, etc...

3° *Par réduction sur le charbon à l'état de cuivre métal.* — Les oxydes et minerais contenant le cuivre à cet état sont facilement réductibles, les sulfures et sulfosels doivent être au préalable grillés *complètement*. Employer comme flux un mélange à parties égales de soude et de borax (3 volumes de ce mélange pour un de minerai, en réajouter si nécessaire au cours de l'opération. On obtient, généralement, une masse agglomérée rouge, irrégulière, couverte d'une couche d'oxyde noir, laquelle martelée, prend la couleur du cuivre.

Cette méthode sera surtout applicable aux minerais de cuivre proprement dits (minerais riches et purs). Les minerais oxydés contiennent souvent du chlorure de cuivre, dont la présence sera révélée par l'enduit obtenu en traitant directement le minerai à FPO ou FPR sur MS ou PC.

4° *Par les perles de borax et de sel de phosphore.* — Les colorations produites par l'oxyde de cuivre ont été indiquées (réaction 3).

L'obtention d'une perle rouge, rouge brun et opaque en traitant à FR en présence de l'étain, permettra souvent de reconnaître de faibles quantités de cuivre dans les minerais, même en présence d'éléments colorant les flux, tels que Fe, Co, etc...

Utiliser, si ces éléments sont présents, la perle du sel de phosphore de préférence.

Par voie humide

Réaction de l'ammoniaque dans les solutions. — Si, à une solution chlorhydrique ou azotique diluée du minerai, on ajoute de l'ammoniaque en excès, il se produit une coloration bleue caractéristique (bleu céleste). Cette coloration ne doit pas être confondue avec celle produite également par l'ammoniaque dans les solutions de nickel, laquelle est bleue violacée.

Précipitation par le fer. — Une aiguille ou un clou trempé dans la solution légèrement chlorhydrique d'un minéral contenant du cuivre, se recouvre d'un dépôt de cuivre métallique.

Ce dépôt peut être difficilement visible si la liqueur contient très peu de cuivre, il peut être masqué par d'autres éléments (Pb, Sb, Sn, As, Bi), précipités également par le fer, mais son existence sera toujours révélée par la coloration bleue de la flamme de la lampe à alcool, obtenue en introduisant l'aiguille dans cette dernière (flamme du chlorure de cuivre).

ETAIN

L'étain est un métal blanc, très brillant, mou, malléable, fusible à 232°.

Réactions pyrognostiques

(1) *Les globules d'étain* obtenus dans l'opération de la réduction sur TC, au chalumeau, s'oxydent très facilement sous l'action de FPO, et se recouvrent d'une couche d'oxyde blanc infusible (distinction d'avec les boutons d'argent).

Les caractères de l'enduit produit par l'étain sur TC et MC sont indiqués page 68.

(2) *Les alliages d'étain et de plomb* présentent les propriétés caractéristiques suivantes : Ils fondent à température relativement basse, s'oxydent avec une facilité extrême en augmentant de volume, certains avec dégagement de chaleur. Ces phénomènes étant plus ou moins accusés suivant la plus ou moins grande proportion d'étain, les processus de l'oxydation pour les alliages à différents titres varient dans les conditions indiquées ci-dessous :

1° Un alliage à 50 % d'étain, déposé sur la plaque de scorification (plaque PPD), que l'on utilise pour scorifier les régules de plomb auro-argentifères (page 26), étant fondu à FPR, puis soumis un instant à l'action de FPO, s'oxyde immédiatement, bourgeonne fortement et augmente notablement de volume. Il continue même à bourgeonner et brûler seul dès qu'on arrête l'action de la flamme. Finalement, il se transforme complètement en une masse poudreuse, friable, blanc-jaunâtre (*potée d'étain*), dont le volume est très supérieur à celui de l'alliage originel ;

2° Les alliages entre 50 % à 12 % environ d'étain, traités dans les mêmes conditions, se transforment également en oxydes, brûlant, bourgeonnant, mais d'autant moins que la proportion d'étain est plus faible. Le résultat de l'oxydation est également la transformation de l'alliage en oxyde, celui-ci étant d'autant moins abondant, moins poudreux et moins friable, que la teneur en étain est plus faible ;

3° Les alliages entre 12 % environ et 2 % d'étain ne brûlent plus, dès qu'ils sont soustraits à l'action de la flamme oxydante; mais, si on les soumet quelques instants à l'action de cette dernière, ils augmentent de volume et se transforment en une masse d'oxyde boursouflée, jaune verdâtre, sale, infusible, recouvrant le plomb en excès et empêchant ce dernier de se découvrir;

4° Les alliages à environ 2 % d'étain et au-dessous fondent en un globule, constitué par un bouton de plomb, dont la surface est recouverte totalement ou partiellement, par une petite couche ou pellicule d'oxydes fondus, translucide de couleur jaune. En prolongeant l'action de la flamme, cette couche d'oxydes se concentre du côté opposé à cette dernière, le plomb se découvre, se déplace en abandonnant derrière lui la petite quantité d'oxyde formé.

RÉACTIONS DE LA VOIE HUMIDE

Caractères du métal :

L'étain se dissout dans *l'acide chlorhydrique concentré* à chaud, avec dégagement d'hydrogène et formation de chlorure stanneux.

L'eau régale, suivant les conditions de l'opération, le dissout avec formation d'un mélange de chlorures stanneux et stanniques ou seulement de chlorure stannique.

(3) *L'acide azotique* l'attaque avec production d'acide métastannique (poudre blanche) insoluble.

Caractères des solutions :

(4) *L'acide sulfhydrique* produit dans les solutions des sels stanneux, un précipité brun, dans celles des sels stanniques, un précipité jaune.

Ces sulfures sont solubles dans le sulfhydrate d'ammoniaque jaune et dans l'acide chlorhydrique concentré et bouillant. Traités par l'acide azotique, ils se transforment en acide métastannique.

Les solutions de ces sulfures dans le sulfhydrate d'ammoniaque, évaporées dans une petite capsule de porcelaine, donnent sur la paroi de la capsule, un anneau jaune de sulfure stannique.

(5) *Le chlorure d'or* produit dans les solutions de sels stanneux, un précipité brun, brun rouge ou pourpre violacé, et dans les solutions étendues, une coloration seulement.

(6) *Le chlorure mercurique* donne, dans les solutions de sels stanneux, un précipité blanc de chlorure mercureux, quelquefois gris, par suite d'une réduction partielle.

(7) *Le zinc* précipite l'étain sous forme de poudre grise des solutions d'acide stanneux ou stannique acidifiées par l'acide chlorhydrique.

Minerais et Minéraux

Le principal minerai d'étain est la *Cassitérite* (SnO^2). Les combinaisons sulfurées de l'étain sont plutôt rares. Le minerai le plus abondant est la *Stannine* : SnS^4Cu^2Fe. La *Canfieldite* : $(Sn,Ge)S^6Ag^2$ est excessivement rare. Quant aux sulfoantimoniures: *Cylindrite*: $Sn^4Sb^2S^{14}Pb^3Fe$, *Franckeite*: $Sn^3Sb^2S^{14}Pb^5Fe$, ils ne peuvent être considérés jusqu'ici que comme des échantillons minéralogiques.

Des *minerais d'urane*, *de titane*, les *tantaloniobates* contiennent souvent de l'étain en très petite quantité. Des minerais de cuivre *chalcopyrites* et *cuivres gris* peuvent en renfermer quelques centièmes.

Reconnaissance et Recherche

Par voie sèche

(1) *Réduction sur le charbon.* (Réac. 1.)

Dans la *cassitérite*, par la production de globules d'étain, quand on réduit sur TC le minerai finement porphyrisé, mélangé avec 2 volumes de soude et 1 volume de charbon.

Il se produit, en outre, un petit enduit d'oxyde blanc ou voisinage de l'essai, devenant vert bleuâtre par CoAz.

Si la cassitérite est impure, ferreuse ou tantalifère, la réduction ne se fait aisément qu'après avoir ajouté du borax pour scorifier les impuretés.

Pour découvrir l'étain dans les *minéraux d'urane*, *tantalates et niobates des terres rares*, ajouter également du borax. L'étain étant en très faible quantité, les boutons ne seront visibles qu'à la loupe ou au microscope, après avoir porphyrisé, lessivé et concentré avec précaution sur la coquille, la masse fondue, détachée du charbon avec la fraise.

Dans la *stannine*, l'étain est décelé par la formation d'une croûte d'oxyde blanc sur la matière et la production de l'enduit, quand on grille ou réduit le minerai, sur le charbon. Dans ce dernier cas, on a également production d'un bouton magnétique terne et aigre.

Dans les *sulfo-antimoniures*, précités, la présence de l'étain peut être *soupçonnée* quand en grillant, on constate que le minerai à des tendances à boursoufler, puis devient infusible et que les globules obtenus par réduction sont noirs ou ternes, et boursouflent dès qu'on arrête l'action de la flamme, en se recouvrant d'une couche d'oxyde infusible. Ce boursouflement étant en effet caractéristique de l'alliage de plomb et d'étain.

2° *Par alliage avec le plomb et oxydation de l'alliage.* (Réaction 2.) — D'une manière générale, l'étain sera plus aisément reconnu dans les minerais complexes renfermant des métaux facilement réductibles, tels que Pb, Bi, Cu, Ag, en utilisant les propriétés caractéristiques des alliages de plomb et d'étain.

Opérer comme suit :

1° Dans les minerais sulfurés, expulser l'arsenic et l'antimoine par un grillage « à mort », commencé sur support G, prolongé sur support RG, et dans les minerais oxydés, réaliser ce départ en traitant à FPR le minerai mélangé avec son volume de charbon. Les caractères des enduits permettront de reconnaître l'arsenic et l'antimoine ;

2° Mélanger le minerai ainsi traité avec 3 volumes de soude et un de borax. Traiter ce mélange sur TC à forte FPR. Les présences du plomb, bismuth, zinc, seront indiquées par les enduits.

Si l'étain est en assez grande porportion, on aura généralement un bouton plus ou moins terne, lequel, s'il renferme suffisamment de plomb, bourgeonnera immédiatement ou se recouvrira d'une couche d'oxydes plus ou moins épaisse, dès qu'on arrête l'action de la flamme.

Si le minéral ne contient pas de plomb, ou très peu d'étain, le bouton sera terne ou brillant. Quoiqu'il en soit, on placera à côté du bouton obtenu, un petit grain de plomb, on traitera à FPR, de façon à former un alliage plombifère. Cet alliage, dès qu'on arrête la flamme, pourra bourgeonner, se recouvrir d'une croûte d'oxyde, ou rester brillant (faible proportion d'étain).

On le fondra à FPR, sur la plaque de scorification (plaque PPD), puis on le soumettra à l'action de FPO. La présence de l'étain sera révélée par la formation d'une couche boursouflée d'oxyde ou par une mince pellicule d'oxyde fondu (voir réactions des alliages plomb-étain).

En scorifiant le plomb résiduel, on reconnaîtra la présence du cuivre par la couleur verte de la traînée de scorie, abandonnée par le plomb, et si le minerai, tout en étant stannifère est très-argentifère, la formation, au début de la scorification, d'un petit enduit brun rouge derrière le bouton de plomb révèlera la présence de l'argent, qui sera confirmée par l'obtention d'un petit bouton de ce métal, après scorification complète du plomb.

Pour des minéraux difficilement réductibles, on aura quelquefois avantage à réduire sur TC le minerai mélangé avec 3 volumes de soude, 1 de borax, 1 de charbon et quelques grains de plomb, de façon à concentrer immédiatement l'étain dans un alliage plombifère.

Un essai, dans ces conditions, pourra servir d'essai de contrôle.

Par voie humide

L'acide azotique oxydant l'étain à l'état d'acide métastannique, insoluble, la plupart des éléments se solubilisant peuvent être séparés par filtration. Le résidu insoluble qui peut contenir silice, sulfate de plomb, etc..., pourra être essayé par fusion avec soude, borax et charbon.

Recherche ou confirmation de l'existence de petites quantités d'étain. — Cette recherche sera faite facilement en désagrégeant le minerai par le mélange « Soude-Soufre » (voir page 146).

FER

Le fer est un métal gris blanc, malléable, magnétique, fondant à 1.600° et facilement oxydable à l'air.

Réactions pyrognostiques

Réduction sur TC. — Les oxydes de fer mélangés avec 3 volumes de soude et traités à forte FPR sont réduits. La masse résiduelle détachée du charbon porphyrisé, lessivée et concentrée sur la coquille, laisse une poudre noire attirable au barreau aimanté. Cette poudre est soluble en jaune dans l'eau régale, et la solution précipite en bleue par le prussiate jaune.

Perles de borax et de sel de phosphore. — Les colorations des perles sont différentes, suivant les proportions d'oxyde de fer dissous. Si l'on emploie beaucoup (+) ou peu (—) d'oxyde, on obtient les colorations ci-dessous :

	QUANTITÉS D'OXYDE	F. O.		F. R.		
		CHAUD	FROID	CHAUD	FROID	AVEC SnO
BORAX	+	rouge bru-nâtre	jaune	vert bou-teille	vert bou-teille plus clair	vert coupe-rose
	—	jaune am-bré	incolore	vert pâle	incolore	
SEL de PHOSPHORE	+	rouge bru-nâtre	jaune pâle à incolore	rouge bru-nâtre	incolore à violet pâle si beaucoup de fer	
	—	jaune	incolore	jaune	incolore	

RÉACTIONS PAR VOIE HUMIDE

Le fer pouvant exister dans les minerais à deux degrés d'oxydation, le tableau ci-dessous indique les réactions des sels ferreux, et des sels ferriques :

ELEMENTS	SELS FERREUX	SELS FERRIQUES
Couleur des solutions.......	Vert pâle.	Jaune à jaune rougeâtre.
Sulfure d'ammonium........	Précipité noir soluble dans les acides dilués	
Ammoniaque.	Précipité partiel vert sale devenant rouge brun à l'air.	Précipité rouille complet insoluble dans un ex-cès.
Ferrocyanure de potassium..	Précipité blanc verdâtre bleuissant à l'air.	Précipité bleu de Prusse.
Ferricyanure de potassium...	Précipité bleu.	Rien ou coloration brune dans les solutions con-centrées.
Sulfocyanure de potassium..	Rien.	Coloration rouge sang.

MINERAIS ET MINÉRAUX

Le fer existe à l'état natif. On l'a trouvé finement disséminé dans certains basaltes. Au Groënland, il constitue des masses pesant plusieurs tonnes.

Les principaux minerais sont les oxydes : *Magnétite* : Fe^3O^4, *Hématite* : Fe^2O^3, *Limonite* : $Fe^4O^3[OH]^6$; le carbonate : *Sidérose* : CO^3Fe ; les silicates tels que *Chamosite, Bavalite, Thurin-*

gite, etc... Le fer est combiné avec le soufre dans la *Pyrite* : FeS^2, la *Pyrrhotine* : FeS.

On le trouve à l'état de sulfates : *Mélantérite*, etc., de phosphates : *Vivianite*, etc. ; d'arséniates : *Scorodite*, etc.

Il existe, combiné avec d'autres éléments, dans un grand nombre de sulfures, arséniures, sulfosels, silicates, phosphates, aluminates, etc.

De nombreux minéraux peuvent renfermer accessoirement du fer en proportion plus ou moins grande, tels sont les minerais de manganèse, zinc, plomb, cuivre, les bauxites, etc...

RECONNAISSANCE ET RECHERCHE

Par voie sèche

Par l'aimant, après réduction sur TC. — *Magnétite et pyrrhotine* sont magnétiques par elles-mêmes, par conséquent attirables à l'aimant. Quelques magnétites sont magnétipolaires.

Tous les minerais de fer, oxydes, carbonates, sulfures, silicates soumis à l'action de FPR sur PC, deviennent magnétiques, attirables au barreau aimanté dès qu'ils sont refroidis.

Tous les minéraux contenant du fer à l'état d'oxyde (par conséquent grillés si nécessaire), traités seuls sur TC à forte FPR, deviennent également plus ou moins magnétiques suivant la proportion de fer qu'ils contiennent et refroidis sont attirables, soit par le barreau aimanté, si la proportion de fer est forte ; ou par l'aimant fort, si la proportion est faible.

Par la coloration des perles. — La coloration des perles pourra être utilisée seulement pour caractériser les minerais et minéraux de fer proprement dits, ou pour rechecher le fer dans les minerais des métaux lourds ne colorant pas le flux, tels que les minerais de zinc, de plomb, cassitérite, etc...

Exceptionnellement, dans les minerais de cuivre et nickel, le fer sera révélé par la coloration de la perle de borax, si on réduit cette dernière à FPR sur TC, en présence de l'étain. Dans ces conditions, en effet, nickel et cuivre dont les colorations masquaient celle du fer sont réduits, s'allient à l'étain, et la coloration verte du fer en FR devient ainsi nettement visible.

Dans les minerais de manganèse également, la présence du fer sera révélée à FR par la coloration verte de la perle de borax, la perle du manganèse étant incolore à FR.

Par voie humide

Par l'ammoniaque. — Généralement, la présence du fer dans la solution d'un minéral est caractérisée par le précipité rouille que produit l'ammoniaque dans cette solution.

Opérer comme suit :

Péroxyder à chaud la solution chlorhydrique du minéral par l'acide azotique, diluer, ajouter de l'ammoniaque en excès. Si le fer est présent, il se forme un précipité rouille caractéristique se rassemblant bien à l'ébullition.

Par le ferrocyanure de potassium. — Si la quantité de fer est faible, le fer sera plus visiblement caractérisé par le précipité ou la coloration bleue de Prusse produite, en ajoutant quelques gouttes de solution de prussiate jaune à la solution du sel ferrique.

Par le sulfocyanure de potassium. — De très petites quantités de fer peuvent être révélées par la coloration rose ou rouge que produit ce réactif dans les solutions ferriques. La sensibilité de la réaction est de 1/10.000ᵉ. Le cuivre masquant la réaction doit être éliminé au préalable par le zinc.

Recherche du degré d'oxydation du fer dans les minerais

Utiliser pour cette recherche, les réactions des ferro et ferri-cyanure de potassium, en pratiquant comme suit :

Le minéral étant solubilisé dans l'acide chlorhydrique, verser quelques gouttes de la solution diluée dans deux verres de montre et essayer dans l'un la réaction du ferrocyanure (précipité bleu dans les sels *ferriques*), dans le second, celle du ferricyanure (précipité bleu dans les sels *ferreux*).

Si le minéral est insoluble dans l'acide chlorhydrique (silicates, aluminates par exemple), mélanger le minéral finement porphyrisé avec trois fois son volume de borax fondu et porphyrisé, introduire le mélange dans un tube fermé un peu large, fondre à la flamme du brûleur. Pendant que le verre est encore chaud, plonger son extrémité dans l'eau froide, afin de le craqueler et de pouvoir recueillir verre et matière fondue adhérente.

Dissoudre dans l'acide chlorhydrique, faire bouillir, étendre d'eau, et essayer dans les verres de montre l'action des **deux** réactifs précédents.

FLUOR

Le fluor se trouve dans la nature, à l'état de fluorures.

RÉACTIONS PYROGNOSTIQUES

(1) *Coloration de la flamme.* — Les fluorures mélangés avec bisulfate de potasse *bien sec, ne contenant pas d'acide sulfurique libre* et du borax, colorent la flamme du chalumeau ou du brûleur en vert (fluorure de bore).

RÉACTIONS DE LA VOIE HUMIDE

(2) *L'acide sulfurique concentré* chauffé avec un fluorure, déplace HFl, gaz attaquant le verre et donnant des fumées blanches à l'air humide.

(3) Chauffés avec un excès de SiO^2 et SO^4H^2 concentré, les fluorures dégagent $SiFl^4$, fumées blanches, qui se transforment au contact de l'air en acide hydrofluosilicique et donnent un dépôt de silice.

MINÉRAUX DU FLUOR

Les deux principaux minéraux du fluor sont : *Fluorine* : CaF^2, *Cryolithe* : $AlF^3 3NaF$. Le fluor existe comme élément constitutif, mais toujours en faible proportion, dans quelques silicates et phosphates, tels que : *Topaze* : SiO^4Al^2 $(F.OH)^2$; *Apatite* : $[PO^4]^6$ (Cl^2,F^2,O,CO^3) Ca^{10}, etc...

RECONNAISSANCE ET RECHERCHE

On peut caractériser ou rechercher cet élément par les réactions ci-dessous :

1° *Par dégagement à l'état de HFl.* Réaction (2).

a) *Minéraux attaquables à froid par SO^4H^2.* — Paraffiner une lame porte-objet du microscope, graver, avec la pointe d'un canif ou une aiguille, quelques traits dans la couche de paraffine, en découvrant bien le verre. Saupoudrer la région gravée avec de la poudre de minerai finement pulvérisée. Imbiber avec quelques gouttes de SO^4H^2 concentré. Laisser agir une demi-heure. Laver le verre, sécher, chauffer légèrement pour enlever facilement la paraffine. Si on est en présence d'un fluorure attaquable, le verre sera gravé.

b) *Minéraux attaquables à chaud par SO^4H^2.* — Prendre un verre de montre, le recouvrir intérieurement avec une feuille de plomb de 1/10 de mm. d'épaisseur, repliée sur quelques mm. à l'extérieur. Bien planer le bord de cette feuille en la frottant sur la plaque en porcelaine. Introduire le minerai en poudre, ajouter quelques gouttes de SO^4H^2. Déposer le VM sur la calotte en amiante de la lampe de Berzélius. Le recouvrir par une lame de mica percée au centre d'une ouverture de 10 m/m. de diamètre environ. Obturer cette ouverture par une petite plaque de verre mince. Déposer sur mica et verre une plaque de plomb assez lourde, de façon à maintenir, bien jointifs, verre contre mica et mica contre la garniture en plomb du VM. Chauffer légèrement. Si le fluor existe, la petite plaque de verre mince bien lavée et séchée apparaîtra dépolie.

2° *Par formation* de $SiFl^4$. Réaction (3). — Mélanger le minéral finement porphyrisé avec un égal volume de verre ou de quartz finement porphyrisé et trois volumes de bisulfate de potasse. Chauffer doucement jusque fusion dans un petit tube en verre peu fusible de 5 m/m de diamètre intérieur.

L'acide hydrofluosilicique se décompose en donnant lieu à formation d'un sublimé annulaire blanc de silice.

3° *Par coloration de la flamme.* Réaction (1). — Faire un mélange homogène de minerai porphyrisé, de borax et de bisulfate de potasse. Porter quelques parcelles de ce mélange dans FFV ou dans FB, au moyen d'un fil de platine. Si Fl est présent, il se produit la coloration verte passagère du fluorure de bore.

Cette réaction sera utilisée pour rechercher de petites quantités de fluor dans les silicates.

Confirmer comme suit :

Solubiliser le fluorure par fusion avec la Soude, reprendre la masse fondue par l'eau chaude, filtrer, laver. Acidifier la solution par HCl, faire bouillir pour expulser CO^2, ajouter du chlorure de calcium et précipiter CaFl, par Am. Recueillir le précipité sur filtre, laver, calciner, essayer le précipité en l'attaquant avec SO^4H^2 (réaction 2).

GALLIUM

Cet élément est excessivement rare, et n'a été trouvé jusqu'ici qu'à l'état de traces dans certaines blendes, des minerais de fer, bauxites et kaolins.

Sa recherche excessivement délicate et sa présence, ne peut

être confirmée qu'en faisant un spectre d'étincelle avec le précipité final dans lequel on l'a concentré par voie humide.

INDIUM

Comme le précédent, cet élément n'a été trouvé jusqu'ici qu'à l'état de traces dans certaines blendes, minerais d'étain et de tungstène, pyrites, sidéroses.

Au chalumeau, l'indium se volatilise à haute température, colorant la flamme en violet pourpre clair, laquelle étudiée au spectroscope, donne un spectre caractérisé par une intense raie bleue et une violette moins brillante.

Sa recherche est délicate, et dans le précipité final dans lequel on l'a concentré, la coloration de la flamme et ses raies spectrales permettent de le caractériser.

GERMANIUM

RÉACTIONS PYROGNOSTIQUES

Les composés du germanium ne colorent pas la flamme.

Traités sur TC à forte FPR *sans fondants alcalins*, l'oxyde se réduit avec une certaine difficulté avec formation simultanée d'un enduit blanc.

En traitant dans ces conditions l'*argyrodite* et la *germanite*, dont la teneur en germanium est de 6 à 8 %, j'ai obtenu les enduits décrits page 69, l'enduit sur TC étant particulièrement caractéristique.

RÉACTIONS DE LA VOIE HUMIDE

Bi-oxyde (GeO^2). — Obtenu en traitant le métal ou le sulfure par NO^3H, cet oxyde est blanc, dense, soluble dans les acides, les alcalis, et dans 250 parties d'eau.

Sulfure ($Ge\ S^2$). — L'acide sulfhydrique donne dans les solutions fortement chlorhydriques de bioxyde, un précipité de $Ge\ S^2$ (le plus caractéristique des composés de ce métal) blanc, volumineux, presque insoluble dans HCl concentré, mais soluble dans 222 parties d'eau et dans Am^2S d'où les acides le repricipitent.

MINÉRAUX

Les deux seuls minéraux connus dans lesquels le germanium existe en quantité notable, 6 à 8 %, sont l'*Argyrodite* GeS^6Ag^8, et la *Germanite*.

On le trouve également, en plus petite proportion, dans la *Canfieldite*, minerai analogue à l'argyrodite, mais dans lequel *Sn* remplace partiellement *Ge*, dans certains sulfoantimoniures de *Pb* et *Sn*, tels que *Franckéite*, etc., et à l'état de traces dans des *blendes, euxénites*.

Reconnaissance et Recherche

1° *Par précipitation à l'état de sulfure (Méthode générale)*. — Désagréger le minerai avec le mélange soude-soufre. Reprendre par l'eau, filtrer la solution, et neutraliser exactement le filtrat avec SO_4H_2 dilué. Laisser reposer une nuit. Filtrer le précipité de sulfosels d'As, Sb, Sn. Ajouter au nouveau filtrat son volume d'HCl concentrée, et saturer la solution avec l'acide sulfhydrique.

Un précipité blanc indique la présence du germanium. Ce précipité est soluble dans l'eau.

2° *Par les enduits (Argyrodite et Germanite)*. — Dans ces minerais, qui contiennent de 6 à 8 % de germanium, l'obtention de l'enduit fondu particulier qui se produit en réduisant le minerai sur TC à forte FPR, sans addition de flux alcalins, caractérise la présence du germanium. La confirmation sera fournie par le caractère de l'enduit sur MC.

GLUCINIUM

Réactions de la voie humide

(1) *Le sulfure d'ammonium, l'ammoniaque*, donnent des précipités gélatineux d'hydrate insolubles dans un excès, solubles dans les acides étendus et la potasse.

Ces précipités sont solubles dans le carbonate d'ammonaique (différence avec l'alumine).

(2) La glucine est précipitée à l'ébullition de la solution potassique (différ. avec Al).

Réactions de la voie sèche

Soumise à l'action du chalumeau après avoir été humectée avec CoAz, la glucine donne une masse grise (différence avec l'alumine qui prend une coloration bleue).

Minerais et Minéraux

On a extrait principalement la glucine du *Beryl* $[SiO_3]_6 Al_2 (Gl, Cs_2, Rb_2, Li_2, Na_2, K_2)_3$ et exceptionnellement de la *Gadolinite* $[SiO_4Gl(YO)]_2Fe$.

L'euclase SiO⁴Gl[AlOH], le *chrysobéril* : [AlO²]Gl, qui contiennent plus de glucyne que les minéraux précédents, sont
utilisés comme pierres précieuses.

Le glucinium existe dans quelques phosphates tels que *Béryllo-
nite* · PO⁴GlNa.

RECHERCHE ET RECONNAISSANCE

Les réactions du glucinium sont, dans beaucoup de cas, semblables à celles de l'aluminium. La plus nettement distinctive
entre ces deux éléments réside dans l'action du carbonate d'ammoniaque, lequel dissout les précipités de glucine produits par
l'ammoniaque, les alcalis et carbonates alcalins, et laisse insolu-
lubles les précipités d'alumine.

On a donc ainsi un bon procédé de recherche et de séparation
dans les solutions.

Généralement, les minerais de glucine sont solubilisés après
désagrégation par fusion avec le carbonate de soude.

HYDROGENE - EAU

L'hydrogène est abondant dans la nature, l'eau étant une
combinaison d'hydrogène et d'oxygène, les hydrocarbures
d'hydrogène et de carbone.

L'eau peut se trouver à deux états dans les minéraux :

1° *A l'état d'eau de cristallisation.* — Exemple : *Gypse*
SO⁴Ca.2H²O ; *Borax* B⁴O⁷Na².10H²O, etc.

L'eau de cristallisation est, en général, expulsée en chauffant
le minéral à *faible* température.

2° *A l'état d'eau de combinaison*, comme dans les hydroxydes.
Exemple : *Limonite* Fe⁴O³[OH]⁶ ; *Manganite* MnOOH ; *Silicates
hydratés*, etc... Ces minéraux ne dégagent leur eau combinée
qu'à haute température, quelquefois au rouge blanc.

RECONNAISSANCE ET RECHERCHE

L'eau de cristallisation sera reconnue en chauffant le minéral
réduit en poudre à FA, sur *support G à condenseur*.

Elle se dépose en gouttelettes sur la tige de l'entonnoir ou sur
les parois du compte-gouttes.

En général, cet eau est neutre. Exemple : *Gypse* SO⁴Ca 2H²O,
Natron Na²CO³10 H²O, etc...

L'eau de combinaison, en chauffant la matière sur le même support à la flamme du brûleur. Exemple : *Goethite* FeO OH, *Brucite* $Mg[OH]^2$, etc...

L'eau de ces hydroxydes est également neutre.

Par contre, on obtiendra de l'eau à réaction acide en chauffant à haute température des sels tels que les *sulfates de fer, d'alumine*, etc... (combinaisons d'une base faible avec un acide volatil).

L'acidité de l'eau condensée sera reconnue en déposant sur l'extrémité du compte-gouttes un morceau de papier tournesol.

Les sels ammoniacaux donnent, au contraire, une eau à réaction alcaline.

La proportion d'eau donnée par la calcination de certains minéraux pourra faciliter leur détermination.

Exemple : Dans les minerais de manganèse, la *Pyrolusite* MnO^2, qui n'en donne que très peu, pourra être distinguée des autres oxydes, qui en donnent plus ou moins abondamment.

L'hématite Fe^2O^3 de la *Turgite*, hématite hydratée dont les couleurs rouges des poussières sont identiques. L'hématite ne donnant pas d'eau et la turgite quelques centièmes seulement, etc...

LITHIUM

Réactions pyrognostiques

(1) *Coloration de la flamme et raies spectrales.* — Le lithium colore la flamme en rouge pourpre. Cette coloration est invisible à travers les bandes (1) et (2) de l'écran de Merwin, et visible à travers la bande (3).

Le spectre du lithium est caractérisé par une raie rouge située entre les raies de potassium et de calcium.

La lithine ne donne pas de réaction alcaline après calcination.

Minerais et Minéraux

Le principal minerai est : l'*Amblygonite* $PO^4[Al\ F]Li$. La lithine a été extraite plus rarement du *Spodumène* $[SiO^3]^2\ Al\ Li$, *Lépidolithe* $[SiO^3]]Al(LiK)^2(F\ OH)^2$, *Lithiophyllite* $PO^4(Mn\ Fe)Li$ et *Triphyllite*, $PO^4\ (FeMn)\ Li$.

On trouve également la lithine dans quelques variétés de micas et tourmalines.

RECONNAISSANCE ET RECHERCHE

Par coloration de la flamme. — Plonger l'extrémité mouillée d'un fil de platine dans du minerai porphyrisé, et introduire dans la flamme du brûleur ou du chalumeau. Une coloration rouge pourpre indique la lithine. Confirmer par l'écran de Merwin et le spectroscope.

La lithine étant volatile à plus basse température que le sodium, pourra être reconnue en présence de cet élément en plaçant d'abord la matière au contact de la flamme, avant de l'introduire dans la zone de volatilisation.

Dns le cas de silicates, mélanger, au préalable, le minéral avec son volume de gypse en poudre, avant d'introdüire dans la flamme.

MAGNESIUM

RÉACTIONS PYROGNOSTIQUES ET DE LA VOIE SÈCHE

(1) *Coloration par l'azotate de cobalt.* — Les minéraux de couleur blanche prennent une teinte rose quand, après avoir été calcinés, puis humectés avec CoAz, on les traite à forte FPO

(2) *Réaction alcaline.* — Quelques minéraux magnésiens donnent, après avoir été calcinés, une réaction alcaline au papier de tournesol sensible, légèrement humecté.

Cette réaction est, en général, plus faible que celle donnée par les alcalino-terreux et les alcalis.

RÉACTIONS DE LA VOIE HUMIDE

Le carbonate d'ammoniaque ne précipite les sels de magnésie qu'au bout d'un certain temps. La présence de sels ammoniacaux empêche toute précipitation.

L'Oxalate d'ammoniaque agit comme le carbonate d'ammoniaque.

(3) *Le phosphate de soude,* ajouté à une solution d'un sel de magnésie, contenant *AmCl* et *Am.,* donne un précipité blanc cristallin, de *phosphate ammoniaco-magnésien,* dont la formation est facilitée par l'agitation dans les solutions étendues.

Ce précipité est insoluble dans l'eau, dans les acides forts et dans l'acide acétique.

MINERAIS ET MINÉRAUX

Le magnésium est commun dans la nature. Il est l'élément constitutif de beaucoup de silicates des roches basiques, tels que

Pyroxènes, amphiboles, enstatite, olivine, etc... Le *Talc* $Si^4O^2Mg^3H^2$, la *Magnésite* $Si^3O^{10}Mg^2H^4$ et leurs variétés trouvent emploi dans l'industrie.

Le minéral principal de la magnésie est la *Giobertite* CO^3Mg, qui se présente soit à l'état amorphe, soit à l'état spathique. Sa variété *Breunnérite* CO^3 (Mg Fe), quand elle contient moins de 8 % de fer, est également employée dans la fabrication des briques magnésiennes. On utilise également la *Dolomie* CO^3 (CaMg).

Plus exceptionnels sont *Brucite* Mg $(OH)^2$, *Hydromagnésite* $[CO^3]^3Mg^2$ $[MgOH]^23H^2O$.

A l'état de carbonate, la magnésie est associée à Fe, Ca, dans l'*Ankérite* CO^3(Ca,Mg,Fe,Mn). Elle existe à l'état de phosphate : *Struvite* PO^4Mg $[AzH^4]$ $6H^2O$, etc., etc...

RECHERCHE ET RECONNAISSANCE

1° *Par l'azotate de cobalt et la réaction alcaline* (Réactions 1 et 2). Ces deux réactions, étant applicables seulement à quelques minéraux, ne peuvent être considérées comme décisives, et doivent être confirmées par la réaction suivante.

Par précipitation à l'état de phosphate ammoniaco-magnésien. Réaction (3). — Solubiliser le minéral dans NO^3H ou HCl. Evaporer à sec, filtrer, reprendre par NO^3H dilué. Ajouter du chlorure d'ammonium, et précipiter Fe et Al par Am en excès. Filtrer. Précipiter dans le filtrat la chaux par l'oxalate d'ammoniaque. Filtrer. Additionner le filtrat de la solution de phosphate de soude.

La formation d'un précipité cristallin blanc caractérise la magnésie.

NOTA. — Si le minéral contient de l'acide phosphorique, l'éliminer au préalable.

MANGANESE

RÉACTIONS PYROGNOSTIQUES ET DE LA VOIE SÈCHE

Tous les oxydes de manganèse calcinés se transforment en Mn^3O^4.

(1) *Perle de borax.* — A FO, perle améthyste à rouge violacé A FR incolore.

Trop chargée en manganèse, la perle devient noire, mais la coloration violette devient visible en écrasant la perle chaude sur le tas en acier et en la regardant par transparence.

Si la quantité de manganèse est faible, la coloration violette n'est pas visible. On l'obtiendra en ajoutant une parcelle de nitre à la perle chaude, et en traitant ensuite à FO.

Les perles trop chargées en manganèse, sont quelquefois difficiles à réduire complètement, et restent $\pm$ roses à FR.

Dans ce cas, ajouter SnO, elles deviennent incolores.

Perle du sel de phosphore. — Même coloration, mais plus affaiblie.

(2) *Transformation en manganate alcalin.* — Les composés du manganèse se transforment en manganates alcalins verts à chaud, vert bleuâtre à froid, donnant des solutions vertes quand on les désagrège avec le mélange soude-nitre, ou le bioxyde de sodium (voir page 142). Cette réaction est très sensible, la masse est nettement colorée en vert si le minerai contient $1/1.000^e$ de Mn seulement. Ces solutions vertes acidulées par un acide étendu, deviennent roses.

RÉACTIONS PAR VOIE HUMIDE

Les oxydes de manganèse de degré supérieur à MnO se dissolvent dans l'acide chlorhydrique avec dégagement de chlore.

L'ammoniaque donne dans les solutions acides, un précipité blanc brunissant à l'air. Le chlorure d'ammonium empêche totalement cette précipitation.

Sulfhydrate d'ammoniaque donne dans les solutions ammoniacales, un précipité rouge chair, soluble dans l'acide acétique.

(3) *Bioxyde de plomb* (PbO^2). — Tous les composés de manganèse solides ou liquides, chauffés avec quelques centimètres cubes d'acide azotique et une petite quantité d'oxyde puce (PbO^2) colorent la solution en violet $\pm$ foncé (formation d'acide permanganique).

Si la liqueur contient du chlore libre, la réaction ne se produit pas. Dans ce cas, chasser le chlore préalablement en faisant bouillir quelque temps avec l'acide azotique.

MINERAIS ET MINÉRAUX

Les principaux minerais de manganèse sont : *Pyrolusite* MnO^2 ; *Psilomélane* $xMnO^2y(Mn\,X)O$, zH^2O ; *Braunite* Mn MnO^3 avec quelques centièmes de $MnSiO^3$. Moins importants sont : *Manganite* MnO OH ; *Rhodonite* $[SiO^3]Mn^2$; *Dialogite* CO^3Mn ; *Haus-*

mannite MnO⁴Mn² et *le Bog Manganèse*, variété terreuse et ferrifère de psilomélane.

Le manganèse est rare à l'état de sulfure : *Alabandine* MnS ; *Hauérite* MnS², de phosphate *Huréaulite* [PO²]⁴ (Mn, Fe)³H²4H²O.

Par contre la *Franklinite* [FeO²]²(FeMnZn), spinelle zincifère et manganésifère qui constitue 50 % du gisement de zinc de Franklin (New-Jersey) et dans quelques gisements de manganèse des Indes, le *Spessartine*, grenat calcaro-manganésifère, se trouve abondamment.

Le manganèse est un des éléments le plus répandus dans la nature, et beaucoup de minéraux et roches en contiennent quelques centièmes.

Reconnaissance et Recherche

1° *Par la coloration des perles.* — Le manganèse sera reconnu dans ses minerais, ainsi que dans les minerais contenant cet élément en assez grande proportion en combinaison avec d'autres éléments ne colorant pas le flux par la coloration violette de la perle de borax à FO. Réaction (1).

2° *Par transformation en manganate vert.* — Dans les minerais de fer et tous minéraux en contenant quelques centièmes, par la formation du manganate de soude vert, en désagrégeant par le mélange soude-nitre. Réaction (2).

3° *Par le bioxyde de plomb et l'acide azotique.* Réaction (3). — Cette réaction, très sensible, permettra de découvrir de très faibles quantités de manganèse dans les minéraux.

MERCURE

Le mercure est un métal blanc, brillant comme l'argent, liquide, à la température ordinaire. Il est volatil sous l'action de la chaleur et bout à 350°.

Réactions pyrognostiques

(1) Le cinabre (HgS), traité sur les supports C G et RG donne les sublimés et enduits décrits page 74).

(2) Les chlorures, les séléniures, les tellurures naturels donnent, dans ces conditions, des enduits particuliers.

L'acide chlorhydrique concentré et bouillant, l'acide sulfurique dilué sont sans action. *SO⁴H² concentré et bouillant* le dissout.

Métal :

RÉACTIONS PAR VOIE HUMIDE

L'acide azotique l'attaque avec formation d'azotate mercureux à la température ordinaire et d'azotate mercurique à l'ébullition.

Solutions des sels mercureux :

(3) *L'acide chlorhydrique* donne un précipité blanc, insoluble dans l'eau chaude (différence avec le plomb), insoluble dans Am, mais noircissant par ce réactif (différence avec l'argent).

(4) *Cuivre.* — Si l'on dépose sur une lame de cuivre bien décapée, quelques gouttes d'une solution d'un sel de mercure quelconque, le mercure se précipite sur le cuivre avec lequel il s'amalgame par frottement, la lame prenant une couleur argentée. En la chauffant, le mercure se volatilise.

MINERAIS ET MINÉRAUX

Le seul minerai de mercure est le *cinabre* HgS.

Dans quelques autres minéraux, tous rares, le mercure se trouve combiné avec d'autres métalloïdes, tels sont : *Tienmanite* Hg Se ; *Coloradoïte* Hg Te ; *Livingstonite* Sb⁴S⁷Hg, etc.

Le mercure a été trouvé très rarement à l'*état natif* Hg ou d'*amalgame* (Hg + Ag).

Il existe à l'état accessoire, dans certains *cuivres gris*, *blendes*, etc...

RECONNAISSANCE ET RECHERCHE

Par voie sèche

La formation d'un sublimé ou d'un enduit de mercure obtenu en grillant une petite quantité de minerai à faible température sur les supports G et RG, permettra de reconnaître le mercure quand celui-ci est à l'état de sulfure.

Chlorures, séléniures, tellurures de mercure, traités dans ces conditions donnent les enduits et sublimés particuliers, décrits page 74, lesquels, transformés directement en iodure au moyen de la teinture d'iode, donnent tous l'iodure jaune et rouge caractéristique du mercure.

On pourra confirmer, en traitant à faible FR, sur MS du support RG ou sur support C à FA, ces minéraux mélangés avec 2 parties de soude. Ils donnent, dans ces conditions, l'enduit gris du mercure sur MC ou VM.

Si le mercure est en petite quantité dans le minéral, pour le rechercher par grillage ou réduction avec la soude, comme ci-dessus, utiliser de préférence le *support RG à condenseur*.

Par voie humide

Pour rechercher ou confirmer par voie humide la présence du mercure, utiliser la réaction 4.

Traiter rapidement un mélange de minerai porphyrisé avec de la pyrolusite MnO^2 et HCl, diluer et introduire dans la solution une petite lame de cuivre bien décapée, la partie de la lame plongée dans la solution devient blanche.

MOLYBDENE

Réactions pyrognostiques et de la voie sèche

(1) *Perle de borax* à FO, jaune à chaud, incolore à froid.

Perle de S. Ph à FO, vert jaunâtre à chaud, incolore à froid ; à FR, vert sale à chaud, vert pur à froid,

2) *Enduits.* — La *Molybdénite* MoS^2, traitée à FPO sur MS donne les enduits caractéristiques décrits page 76.

Les composés du Molybdène fondus avec le mélange Soude-Nitre, donnent des molybdates alcalins solubles dans l'eau. Les molybdates métalliques sont décomposés par fusion avec le mélange Soude-Soufre, avec formation de sulfosel de molybdène et de sulfures métalliques.

Réactions de la voie humide

Solutions de Molybdate alcalin :

3) *Les acides forts* donnent un précipité volumineux d'acide (H^2MoO^4), soluble dans un excès d'acide (différence avec WO^3).

4) *Le sulfure d'ammonium* donne, dans les solutions alcalines ou ammoniacales, une coloration jaune à froid, rouge foncé à chaud, de laquelle les acides reprécipitent surtout à chaud, du sulfure brun MoS^3.

5) *Le sulfocyanure d'ammonium* ne donne aucune coloration dans les solutions acidulées légèrement par HCl, mais en ajoutant à la solution un morceau de zinc, on obtient une coloration rouge carmin (réaction très sensible).

6) *Le zinc et l'acide chlorhydrique* donnent des colorations diverses. Si la quantité de molybdène prédomine sur celle d'acide ajoutée, le liquide se colore en bleu foncé. En présence

d'un excès d'acide, la coloration est jaune rougeâtre d'abord, puis bleu verdâtre.

On devra donc employer peu d'acide, en appliquant cet essai W, Nb, Va, Ti, donnent également avec Zn + HCl, des colorations diverses, mais la solution de molybdène réduit donne cependant la coloration rouge avec le sulfocyanure d'Am.

MINERAIS ET MINÉRAUX

Le principal minerai du molybdène est la *Molybdénite* MoS^2, que l'on trouve souvent associée avec de la pyrite et de la chalcopyrite. Elle est quelquefois altérée en surface en *molybdite* (ocre de molybdène). Beaucoup plus rares sont : *Wulfénite* MoO^4Pb, *Powellite* MoO^4Ca, dans laquelle souvent le molybdène est partiellement remplacé par du tungstène.

De petites quantités de molybdène ont été trouvées dans certains minerais de fer et de cuivre.

RECHERCHE ET RECONNAISSANCE

Recherche spéciale. — Placer une pincée du minéral finement pulvérisé et grillé au préalable si nécessaire, dans le couvercle d'un creuset de platine ou une capsule de porcelaine. Humecter la matière avec SO^4H^2 concentré, chauffer en remuant la masse avec un fil de platine, jusque dégagement de vapeurs de SO^4H^2, évitant d'évaporer à sec.

Laisser refroidir. En soufflant l'haleine à plusieurs reprises sur la matière, il se développe une coloration bleu intense, si la matière contient du molybdène. Cette coloration disparaît en chauffant, mais réapparaît par refroidissement.

La réaction est plus nette en ajoutant de l'alcool, la coloration apparaît de suite, ou après avoir fait brûler ce liquide.

La présence des acides titanique, tungstique, ne gêne pas. Avec l'acide vanadique, la coloration est plus ou moins verte, suivant les proportions relatives de molybdène et de vanadium.

Cette réaction permet de déceler 1/100° de mmg. de molybdène.

2° *Par le sulfocyanure d'ammonium et le zinc.* Réaction (5). — Fondre le minerai avec le mélange Soude-Nitre. Dissoudre la masse fondue dans l'eau, chauffer, filtrer. Soumettre le filtrat acidifié par HCl, quelques minutes à l'ébullition, pour chasser CO^2. Ajouter un peu de sulfocyanure et un morceau de zinc.

Si le molybdène est présent, une couleur rouge pourpre se développe rapidement, puis disparaît, le temps pendant lequel elle subsiste étant proportionnel à la quantité de molybdène existante.

Si on ajoute de l'eau oxygénée à la solution dès que la couleur rouge pourpre est développée, celle-ci disparaît, mais réapparaît dès que le péroxyde a été réduit.

Si la fusion est incomplète et que du fer soit entraîné en dissolvant la masse fondue dans l'eau, la couleur rouge se développe immédiatement par addition de sulfocyanure, mais, en ajoutant du zinc, la couleur due au fer disparaît complètement avant que se développe celle due au molybdène.

NICKEL

Le nickel est un métal blanc d'argent, malléable, magnétique. Il fond à 1.450°.

Réactions pyrognostiques

(1) *Réduction de l'oxyde à l'état métallique.* — L'oxyde de nickel mélangé avec de la soude et traité sur TC à forte FPR, se réduit sous forme de poudre ou paillettes magnétiques, qui se séparent de la masse fondue par porphyrisation, lessivage et concentration sur la coquille (voir page 9).

Le nickel réduit est soluble en vert dans l'acide azotique.

(2) *Perle de Borax.* — A FO la perle du nickel est violacée à chaud, brune à froid .

A forte FPR, le nickel est réduit, et la **perle devient grise** ou noire. Détacée du fil et traitée longtemps sur TC à FPR, en contact avec un globule d'étain, ou d'or, le nickel réduit, s'allie au métal et la perle devient incolore.

Réactions de la voie humide

Métal :

Le nickel est difficilement soluble dans les acides chlorhydrique et sulfurique, facilement dans *l'acide azotique et l'eau régale.*

Solutions :

Les solutions des sels de nickel sont vertes.

(3) *L'ammoniaque* produit un précipité vert, soluble dans un excès de réactif, en donnant une liqueur bleue légèrement violacée.

(4) *La potasse en excès*, ajoutée à cette solution, donne un précipité vert pomme.

(5) *Le sulfhydrate d'ammoniaque* donne un précipité noir un peu soluble dans un excès de réactif, la liqueur filtrée est colorée en brun. Ce précipité est presque insoluble dans l'acide chlorhydrique étendu.

(6) *Le diméthylglyoxime* (solution alcoolique au 1/100ᵉ) donne, dans les solutions légèrement alcalinisées par l'ammoniaque, un précipité volumineux rose rougeâtre (réaction très caractéristique). Pour de très petites quantités de nickel, la solution devient jaunâtre, mais laisse déposer par refroidissement des aiguilles jaune rougeâtres (réaction très caractéristique).

Minerais et Minéraux

Les deux principaux minerais du nickel sont :

1° *Les pyrrhotines nickelifères* dans lesquelles le nickel se trouve inclus à l'état de *Pentlandite* (Fe, Ni) S.

2° *Les Garniérites* $H^4Ni^2Mg^2$ $(SiO^4)^3 4H^2O$.

D'autres minerais de moindre importance sont : *Chloanthite* $NiAs^2$, *Gersdorfiite* NiAsS, *Nickéline* NiAs, ainsi que *Zaratite*, *Annabergite*, carbonates et arséniates hydratés résultant de l'altération des minerais précédents.

Le nickel a été trouvé accessoirement en faible proportion dans certains minerais de fer de Grèce et de Cuba.

Reconnaissance et Recherche

Les minéraux proprement dits du nickel, s'ils sont suffisamment purs donnent tous avant ou après grillage la perle du nickel. Réaction (2).

Cette réaction est inapplicable si le minéral contient fer et cobalt, car la coloration du nickel peut être masquée par celle de ces éléments. Le même cas se produit quand on essaie pour nickel, les pyrrhotines qui n'en contiennent, en général, que 1 à 5 %, et certains minerais de cobalt et de fer.

Pour ces cas particuliers, cette recherche pourra être effectuée au moyen du chalumeau ou par voie humide.

Par voie sèche

Employer la méthode indiquée pour recherches de petites quantités de *Nickel* et *Cuivre* en présence de Fe. Co. Mn. (Pag 128.)

Par voie humide

La recherche par voie humide est basée sur la réaction caractéristique du *Diméthylglyoxime*, réaction qui permet de découvrir facilement et rapidement de faibles quantités de nickel dans les minerais.

Pratiquer comme suit :

Evaporer presque à sec dans un V.M. ou une petite capsule de porcelaine la solution azotique ou régale du minerai. Diluer filtrer, alcaliniser très légèrement la solution par l'ammoniaque. Ajouter quelques gouttes de la solution de diméthylglyoxime. Un précipité rose rougeâtre ou une coloration rose caractérise la présence du nickel.

OR

L'or est le plus ductile et le plus malléable des métaux. Il fond à 1063°. Sa couleur est jaune d'or.

RÉACTIONS PYROGNOSTIQUES

(1) *Les alliages de plomb et d'or* sont facilement scorifiables sur la plaque de scorification et à la fin de cette opération l'or entièrement débarrassé du plomb, reste sous forme d'un globule rond, brillant, jaune d'or.

RÉACTIONS DE LA VOIE HUMIDE

Métal :

Les *acides chlorhydrique, sulfurique, azotique,* même concentrés et bouillants sont sans action sur l'or.

(2) *L'eau régale* le dissout facilement à l'ébullition en donnant une solution jaune de chlorure.

(3) L'or s'amalgame facilement avec le mercure.

Solutions de chlorure :

(4) *Le protochlorure* d'étain donne des précipités rouge foncé, rouge violacé, violet, pourpre violacé (*pourpre de Cassius*), suivant la concentration de la solution. Cette réaction est rendue plus sensible et le vrai pourpre de Cassius obtenu en ajoutant à la solution de chlorure d'or une goutte de NO^3H,, ou en additionnant le chlorure stanneux de quelques gouttes de chlorure stannique.

On peut réaliser cette réaction de la manière suivante :

Verser la solution dans une capsule de porcelaine, additionner d'HCl, ajouter une feuille d'étain, chauffer, la coloration violet pourpre se produit rapidement si la solution est suffisamment concentrée, sinon on a une coloration violette.

(5) *L'acide oxalique* réduit le chlorure d'or à une douce chaleur. Cette réaction est rendue plus facile en ajoutant à la dissolution assez de bicarbonate de soude pour qu'elle devienne alcaline.

MINERAIS ET MINÉRAUX AURIFÈRES

Généralement, l'or se trouve à *l'état natif*, disséminé dans certaines roches, dans des filons ou lentilles de quartz, ou il se trouve associé souvent avec des pyrites ; la désagrégation de ces roches ou gisements ayant formé les placers aurifères. L'or peut contenir accessoirement Ag.Cu.Fe., tout à fait execeptionnellement Pd.Ir.Rh.Bi.Hg. Plus rarement l'or se trouve dans les gisements à l'état de tellurures : *Calavérite* $AuTe^2$, *Sylvanite* $(AuAg)Te^2$, *Krennerite* $(Au\ Ag)Te^2$ plus riche en or, *Nagyagite* $Au^2Pb^{10}Sb^2\ Te^6S^{15}$, **etc...**

A l'état accessoire l'or a été trouvé dans des pyrites, pyrites arsénicales, certains minerais de cuivre, argent et plomb, etc.

RECONNAISSANCE ET RECHERCHE

L'or natif. — L'or se reconnaît facilement par sa couleur, sa malléabilité, sa fusibilité, son inattaquabilité par les acides et sa solubilité dans le mercure.

L'or natif est, en général, disséminé très-inégalement dans du quartz, des roches ou alluvions. Pour sa recherche dans ces cas, pratiquer comme suit :

Concentrer à la battée une certaine quantité de ces matières (pour les quartz ou roches 250 à 500 grammes broyés jusque passage au tamis 60). Des paillettes d'or plus ou moins fines, visibles au fond de la battée indiqueront sa présence.

Il sera quelquefois utile de séparer ces paillettes des sables ou matières lourdes qui peuvent l'accompagner et le rendent difficilement perceptible : (fers titanés, magnétites, pyrites, etc...). Dans ce cas :

1° Séparer d'abord au moyen de l'aimant les éléments magnétiques.

2° Verser dans la battée quelques gouttelettes de mercure et concentrer de façon à amalgamer l'or. Recueillir l'amalgame, le sécher, puis le déposer dans une petite cavité de PC. et chauffer avec une très faible flamme, de façon à volatiliser le mercure.

L'or résiduel pourra être fondu en un globule, en ajoutant un peu de borax ou de carbonate de soude et traitant à FPR.

Noter que certains ors, dits *ors rouillés* ne s'amalgament pas, mais recueillis, enveloppés d'une petite feuille de plomb et scorifiés, ils donnent un grain d'or.

L'or natif, en général, contient moins de 15 % **d'argent. Sa** couleur varie du jaune d'or au jaune de laiton.

Pour de plus grandes proportions d'argent, sa couleur devient de plus en plus pâle et passe du jaune de laiton au jaune verdâtre au jaune pâle ou blanc jaunâtre. Les alliages à 50 % étant tout à fait blancs.

On pourra estimer la proportion d'argent en amalgamant puis en traitant l'amalgame par NO^3H. L'or reste seul comme résidu.

Tellurures d'or. — Ces minerais seront reconnus et caractérisés par l'enduit du tellure qu'ils donnent en les grilllant sur MS et par le globule résiduel d'or plus ou moins argentifère, généralement jaune, restant sur MS. après l'opération du grillage.

L'or sera recherché et estimé dans tous ces minerais en utilisant la nouvelle méthode de recherche et d'estimation des métaux précieux, dans les minerais.

OXYGENE

L'Oxygène est l'élément le plus abondant des minéraux et des roches. Il existe dans tous les minéraux à l'exclusion des minéraux natifs, sulfures, arséniures, antimoniures, séléniures, tellurures, sulfosels et haloïdes.

Sa recherche n'est donc, en général, pas nécessaire.

Elle sera utile dans les cas particuliers où l'on aurait à rechercher ou caractériser des bioxydes tels que *Pyrolusite* MnO^2. *Plattnérite* PbO^2. Ces deux minéraux, chauffés au rouge, dégagent leur oxygène en excès, gaz incolore, inodore, qui rallume un morceau de bois ou charbon présentant quelques points en ignition.

Pour réaliser cet essai, pratiquer comme suit :

Placer au fond d'un petit tube fermé, de faible diamètre, en verre peu fusible, quelques fragments de pyrolusite ; au-dessus un petit morceau de charbon de bois bien sec. Porter le tube et son contenu dans la flamme du brûleur ou du chalumeau, en faisant agir cette dernière d'abord sur le charbon, de façon à le porter au rouge au contact avec le minéral, faire ensuite agir la flamme sur ce dernier. On constatera que, dès que l'oxygène commence à se dégager, le charbon brûle avec un vif éclat et continue à brûler jusqu'à cessation du dégagement du gaz.

Noter que MnO^2 ou les minerais de manganèse contenant MnO^2 se dissolvent dans HCl à chaud, avec dégagement de chlore, reconnaissable à son odeur, sa couleur et sa propriété de ·décolorer le tournesol.

PHOSPHORE

Le phosphore n'existe dans les minéraux qu'à l'état d'acide phosphorique (P^2O^5). Les réactions de cet acide sont les suivantes :

RÉACTIONS DE LA VOIE SÈCHE ET PYROGNOSTIQUES

(1) *Coloration de la flamme.* — Quelques phosphates, chauffés dans la flamme intérieure du chalumeau, communiquent à cette dernière une coloration *vert bleuâtre pâle* ; d'autres ne donnent cette réaction qu'après avoir été humectés au préalable avec SO^4H^2. Cette coloration est fugitive.

(2) *Réduction par le magnésium.* — Les phosphates alcalins ou alcalino-terreux, chauffés au rouge avec du magnésium, sont réduits à l'état de phosphures.

En humectant le produit de la fusion, il se dégage de l'hydrogène phosphoré, caractéristique par son odeur alliacée.

RÉACTIONS DE LA VOIE HUMIDE

(3) *Le nitromolybdate d'ammoniaque* donne, dans les solutions de phosphate, acidifiées par HCl ou NO^3H, un précipité abondant, jaune serin, insoluble dans les acides dilués, soluble dans Am.

Si la quantité de phosphate est faible, le réactif produit seulement une coloration jaune.

Les arséniates et les silicates donnant un précipité semblable il y a lieu d'éliminer ces éléments, avant de faire cet essai. L'arsenic peut être volatilisé à FR sur PC, le minéral mélangé avec du charbon. Noter que les arséniates ne précipitent pas à froid, mais seulement à chaud.

(4) *Le sulfate de magnésium* donne dans les solutions de phosphates même très étendues, contenant Am et AmCl, un précipité de *phosphate ammoniaco-magnésien*, blanc, cristallin, se rassemblant facilement surtout par agitation. Ce précipité est insoluble dans Am. et très facilement soluble dans les acides.

(5) *L'azotate de Bismuth* donne un précipité blanc, insoluble dans NO^3H.

Minerais et Minéraux

L'acide phosphorique est employé comme fertilisant. Les seuls minerais utilisés dans ce but, lesquels constituent souvent des gisement, sont l'*Apatite* $[PO^4]^6(Cl^2,F^2,O,CO^3)Ca^{10}$ et les combinaisons de phosphates et de carbonates tels que *Dahlite* $(PO^4)^6$ $Ca^9CO^3CaH^2O$ et *Colophanite* $[PO^4]^6Ca^9$, Co^3Ca, H^2O, xH^2O, *Fluocollophanite*, etc., lesquels sont, ainsi que l'a démontré M. Lacroix, les éléments constituants des *phosphorites et phosphates de chaux sédimentaires*.

Les autres phosphates naturels utilisés dans l'industrie sont : *Monazite* PO^4 (Ce La Di Th) minerai du cérium et du thorium, *Amblygonite* PO^4 [AlF]Li minerai du lithium, *Autunite* $[PO^4]^2$ $[UO^2]^2Ca.8H^2O$, minerai d'urane.

On trouve d'autre part, assez fréquemment, l'acide phosphorique combiné avec des oxydes métalliques, dans la zône superficielle d'altération des gisements métallifères. Les plus fréquents de ces phosphates sont *Pyromorphite* $[PO^4]^6Cl^2Pb^{10}$, *Vivianite* $[PO^4]^2Fe,8H^2O$, *Libéthénite* PO^4Cu [CuOH], *Hopéite* $[PO^4]^2Zn^3$ $4H^2O$, etc., etc...

Recherche et Reconnaissance

Par voie sèche

a) *Par coloration de la flamme.* Réaction (1). — Humecter l'extrémité aplatie d'un fil de platine dans SO^4H^2 ; puis, plonger dans le dard du chalumeau, à l'extrémité du cône bleu intérieur.

Les phosphates donnent une flamme vert bleuâtre pâle fugitive que l'on reproduit en humectant chaque fois à nouveau la matière avec SO^4H^2.

Pour que cette réaction soit bien sensible, produire seulement un petit dard, approcher la matière en dessous de ce dernier et faire à peine lécher l'essai par la pointe bleue. Se placer dans un endroit sombre.

b) *P|ar réduction avec le magnésium*. Réaction (2). — Intro-
duire au fond d'un TF. un peu de minerai déshydraté pulvérisé mélangé avec 3 fois son volume de magnésium en poudre.

Chauffer progressivement jusqu'à ramollissement du verre.
Laisser refroidir, casser l'extémité du tube sur une pièce ou
une lame d'argent et sur la poudre, qui a dû noircir, faire
tomber une goutte d'eau. L'odeur alliacée d'hydrogène phosphoré caractérise la présence du phosphore. Si la matière con
tient du soufre, l'argent est, en outre, noirci. Si l'on est en
présence de phosphates de métaux lourds, de fer, d'alumine,
il est préférable de transformer ces derniers en phosphates
alcalins, par fusion avec 2 parties de soude et d'essayer la
masse fondue.

Par voie humide

a) *Précipitation à l'état de phosphomolybdate d'ammoniaque*. Réaction (2). — Attaquer le minéral porphyrisé par NO^3H,
évaporer à sec, pour insolubiliser la silice, reprendre par NO^3H
diluer, filtrer. Le filtrat contient le phosphate en solution azotique.

Verser dans un tube à essai 5 cc. de la solution nitro-molybdique, puis, peu à peu, la solution de phosphate. Un précipité
jaune ou une coloration jaune caractérise la présence de P^2O^3.

Si le minéral est insoluble, le transformer en phosphate
alcalin, par fusion avec la soude et essayer la masse fondue.

S'il contenait As. à l'état d'arséniate, volatiliser d'abord As.
en traitant la matière mélangée avec son volume de charbon,
sur MS à FPR.

Cette méthode, étant donné sa sensibilité, trouvera son application dans tous les cas, y compris la recherche du phosphore dans les minerais de fer et de manganèse (un précipité
se formant nettement dans une solution contenant seulement
$1/20000$ de P^2O^5).

b) *Précipitation à l'état de phosphate de bismuth*. Réaction (5).
— Les phosphates naturels dans lesquels l'acide phosphorique est combiné avec l'alumine et les alcalino-terreux seront
caractérisés par précipitation à l'état de phosphate de bismuth
en liqueur azotique, faiblement acide et en chauffant légèrement. A chaud, le précipité est grenu et se rassemble bien.
Son volume, comparé à celui obtenu en traitant dans les mêmes
conditions une même quantité de phosphate de teneur connue,
donnera une indication sur la teneur en P^2O^6.

PLATINE ET METAUX DU GROUPE

Le groupe du platine comprend les métaux suivants :

Platine, Iridium, Osmium, Palladium, Rhodium, Ruthénium

Ces métaux existent dans la nature à l'état natif et presque toujours alliés en proportion très diverses.

On les trouve sous forme de grains, de paillettes métalliques, plus rarement de pépites.

Suivant que l'un des métaux du groupe prédomine, les grains appartiennent à l'une ou l'autre des espèces minéralogiques suivantes :

Platine : grains contenant 50 % de platine et plus, allié à des proportions diverses de *Pd. Ru. Rh. Ir. Os. Au. Fe. Cu.*

Platiniridium : grains dans lesquels le pourcentage *Pt + Ir.* est très élevé, les autres éléments ne dépassant pas quelques centièmes.

Iridosmine : mélange d'Iridium et d'Osmium avec quelques centièmes de *Ru. Rh.*

Palladium : Palladium allié presque toujours à de faibles proportions d'*Ag. Pt. Ir.*

Les seuls minéraux connus contenant ces métaux combinés avec des métalloïdes sont : la *Sperrylite* PtAs^2 disséminée dans certaines pyrrhotines nickélifères de Sudbury (Canada), et dans quelques minerais de cuivre américains ; la *Laurite* (RuS^2) trouvée dans certains sables platinifères.

On a signalé exceptionnellement l'existence d'*ors natifs alliés* au *palladium, rhodium.*

La recherche des éléments constitutifs de ces minerais étant très-spéciale, je me bornerai à signaler seulement les quelques réactions pyrognostiques et par voie humide permettant de les différencier sans rechercher tous leurs éléments. La connaissance de leurs propriétés physiques pouvant faciliter leur détermination, ces propriétés seront également indiquées.

Platine

Grains irréguliers, arrondis sur les bords, plus rarement aplatis. Couleur gris d'acier tendant au jaunâtre, gris sombre, même noire. Ductile malléable, souvent magnétique quelquefois magnétipolaire.

Densité 13 à 19. Dureté 4 à 5.

Recherche Pyrognostique

(1) Infusible, inaltérable au chalumeau. S'allie avec le plomb et l'alliage, scorifié sur PPD., abandonne le platine sous forme d'une masse spongieuse grise.

Réactions de la Voie Humide

Métal. — Insoluble dans les acides simples, soluble dans l'eau régale, avec formation d'acide chloroplatinique.

Le platine n'est pas noirci par Am^2S (distinction avec Ag).

(2) *Solutions.* — *Le Chlorure d'ammonium* donne dans les solutions chlorhydriques *concentrées et froides* un précipité cristallin jaune de chlorure double, insoluble dans l'alcool, peu soluble dans les acides étendus. Ce précipité calciné donne de la mousse de platine.

Reconnaissance et Recherche

Un grain de platine enveloppé dans une petite feuille de plomb et traité à FPR. s'allie facilement avec le plomb. Le régule résultant se scorifie facilement en le traitant à FPO. sur PPD., il abandonne à la fin de l'opération le platine sous forme d'un bouton spongieux gris. Réaction (1).

La couleur de la traînée de scorie résiduelle indiquera la présence du fer ou du cuivre, des grains noirs inaltérés celle de l'iridium.

Pour caractériser le bouton : dissoudre dans HR. (la solution est jaune rougeâtre), évaporer presque à sec à une douce chaleur. Reprendre par HCI., évaporer à nouveau. Additionner de quelques gouttes d'eau, filtrer si nécessaire, concentrer la solution autant que possible, ajouter une solution concentrée d'AmCI. Le platine précipite à l'état de chloroplatinate d'ammonium jaune. Réaction (2).

Dans les minerais de cuivre ou pyrrhotines nickélifères, le platine sera recherché en suivant la méthode indiquée pour la recherche des métaux précieux. (Page 107.)

Palladium

Grains métalliques gris d'acier à blanc d'argent, quelquefois composés de fibres divergentes. Ductiles, malléables.
Densité 11,3 à 11,80. Dureté 4,5 à 5.

Réactions pyrognostiques

(1) Infusible. Un grain de palladium aplati, déposé sur PPD et chauffé quelques instants *au rouge sombre* dans le cône invisible de la flamme du chalumeau, est oxydé superficiellement et prend une coloration *bleu indigo*. La face en contact avec la plaque conservant sa couleur naturelle. Cette coloration subsiste à froid, mais disparaît si on chauffe au rouge vif.

Le palladium s'allie avec le plomb. L'alliage scorifié complètement sur PPD. laisse un bouton résiduel *noir bleu*, qui est un alliage (Pb + Pd).

Le palladium s'allie avec Au. Ag. Pt. les boutons résultant de la scorification de ces alliages avec Pb. ont, en général, à froid, la couleur de l'acier poli et leur surface paraît bosselée. Ils sont fragiles.

Réactions de la Voie Humide

Métal :

Insoluble dans HCl., soluble dans HNO^3 nitreux et dans HR. En évaporant cette dernière solution et reprenant par l'eau, on obtient une solution de chlorure palladeux.

Solutions :

(2) *L'iodure de potassium* donne un précipité noir soluble dans un excès de réactif en colorant la solution en rouge vineux.

Le chlorure d'ammonium ne précipite pas la solution de chlorure palladeux (différence avec le platine).

Reconnaissance et Recherche

Le Palladium est caractérisé :

1° Par la teinte bleue indigo qu'il prend quand on le chauffe au rouge sombre sur PPD. Réaction (1).

2° Par le bouton résiduel noir bleu que l'on obtient en scorifiant sur PPD. le régule provenant de la fusion à FPR. d'un grain de palladium enveloppé dans une feuille de plomb. Réaction (2). Ce bouton, soluble dans NO^3H étendu donne une solution jaune pâle ou orange, de laquelle, après séparation du plomb par précipitation à l'état de sulfate on peut précipiter Pa par KI^2. Pa est caractérisé par un précipité brun noir et une solution couleur vin vieux. Réaction (2).

Platiniridium

Grains métalliques angulaires, blanc d'argent, gris de plomb, quelquefois jaunâtres en surface, *difficilement malléables*. Densité 17 à 20. Dureté 5 à 6.

RÉACTIONS PYROGNOSTIQUES

(1) Infusible. *Ne s'allie pas avec le plomb.*

RÉACTIONS DE LA VOIE HUMIDE

(2) Insoluble dans tous les acides, y compris l'eau régale.

(3) Partiellement oxydé par fusion, avec nitre et potasse, la masse fondue, bouillie avec HR. donne une solution rouge foncé à noir rougeâtre.

RECONNAISSANCE

Sa dureté, son peu de malléabilité, son inattaquabilité aux acides le distinguent de Pt et Pd. Enveloppé d'une feuille de plomb chaufé à FR. le platiniridium ne s'allie pas au plomb et restera collé au régule ou apparaîtra intact après l'opération de scorification sur PPD.

Fondu avec un mélange nitre et potasse, ou du bioxyde de sodium, il donne la réaction (3).

Iridosmine

Paillettes métalliques, irrégulières, ayant souvent une forme grossièrement hexagonale, se présente quelquefois en grains arrondis ou en petites pépites irrégulières.

Couleur blanc d'étain à gris d'acier. *A peine malléable presque fragile.* Densité 19,4 à 21,10. Dureté 6 à 7.

CARACTÈRES PYROGNOSTIQUES

Infusible. *Ne s'allie pas avec le plomb.*

Grillé à haute température, il dégage des vapeurs d'acide osmique (OsO^4) dont l'odeur est caractéristique et pénétrante et rappelle celle du brôme.

Ces vapeurs sont dangereuses à respirer.

Une paillette d'iridosmine déposée sur PPD. et traitée à FPO. dégage OsO^4 et il se forme sur la plaque, en dessous et autour de la paillette, un très petit enduit noir.

Caractères de la Voie Humide

Ce minéral est insoluble dans les acides et l'eau régale. Fondu avec de la potasse et du nitre ou, mieux, potasse et chlorate de potasse, il se forme de l'osmiate de potasse dont la solution est jaune.

Reconnaissance

a) Sa dureté (6-7) et son peu de malléabilité sont des caractères premiers de reconnaissance.

b) Enveloppé dans une feuille de plomb, chauffé à FR., ne s'allie pas avec le plomb, reste collé au régule ou reste comme résidu après l'opération de scorification sur PPD.

c) Grillé sur les supports ou sur PPD., il dégage des vapeurs d'acide osmique reconnaissablesà leur odeur et donne sur PPD un petit enduit gris noirâtre.

d) Fondu avec de la potasse et du chlorate, il se produit de l'osmite de potasse jaune, décomposable par HNO^3 avec libération de OsO^4 à l'état gazeux.

Pour réaliser cette réaction, pratiquer comme suit :

Pulvériser environ 1 décigr. de minerai, d'abord par martelage sur le tas en acier (le tas est, en général, rayé) puis, dans le mortier d'agate (cette opération est laborieuse).

Fondre avec la lampe de Berzelius, dans une petite capsule de porcelaine, reposant sur une petite plaque d'amiante, 4 décigrammes de potasse caustique, mélangés avec la même quantité de chlorate de potasse. Projeter le métal, élever la température jusqu'à production d'une effervescence modérée et continuer à chauffer jusqu'à cessation d'effervescence.

La masse fondue prend une coloration brun jaune à brun noir si Os ou Ru sont présents.

Laisser refroidir, dissoudre avec quelques gouttes d'eau, ajouter quelques gouttes de NO^3H concentré. Recouvrir la capsule comme l'indique la fig. 63, avec un mica percé d'un trou de

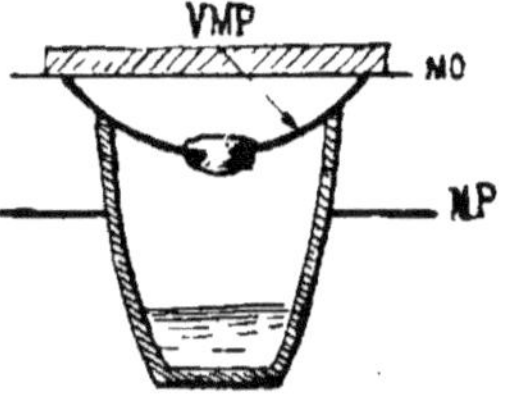

Fig. 63

3 m/m ou un VMP tenant en suspension, à sa face inférieure, une grosse goutte d'une solution concentrée de potasse caustique. Chauffer *doucement* la capsule, l'acide osmique se dégage

et la goutte de potasse se colorera en jaune par suite de formation d'osmiate de potasse. On peut remplacer le mélange potasse caustique et chlorate de potasse par un mélange bioxyde de sodium et soude caustique ou carbonate de soude.

PLOMB

Le plomb est ductible, malléable, facilement oxydable. Sa couleur est gris bleuâtre. Il fond à 322° s'allie avec Au, Ag, Cu, Sn, etc...

RÉACTIONS PYROGNOSTIQUES

(1) *Le plomb* donne les enduits caractéristiques décrits page ..

Associé avec l'antimoine, il donne les enduits particuliers décrits page 75.

Le Chlorure de plomb donne des sublimés et enduits décrits page 72.

RÉACTIONS DE LA VOIE HUMIDE

Métal :

Le plomb est soluble dans l'acide nitrique dilué (1 vol. d'acide pour 2 vol. d'eau). L'azotate de plomb est insoluble dans l'acide concentré.

L'acide chlorhydrique, *l'acide sulfurique* l'attaquent en formant des sels insolubles ,chlorures et sulfate de plomb.

Solution de Nitrate :

(3) *L'acide chlorhydrique*, dans les solutions concentrées, donne un précipité blanc, cristallin de $PbCl^2$ soluble dans l'eau bouillante (différence avec AgCl. HgCl), insoluble dans Am. (différence avec Ag.Cl.).

(4) *L'acide sulfurique* dans les solutions concentrées produit un précipité blanc lourd de $PbSO^4$.

Ce précipité ne se produit dans les solutions très-diluées qu'après addition d'alcool. Il est soluble dans HCl. concentré à chaud et dans les solutions concentrées de tartrate et acétate d'ammoniaque. De ces dernières, le plomb peut-être reprécipité par $KOCrO^4$.

(5) *Le chromate de potasse* donne, dans les solutions diluées, un précipité jaune de chromate de plomb.

MINERAIS ET MINÉRAUX

Le plomb se trouve abondamment dans la nature. Son minerai principal est la *Galène* PbS. dont l'altération donne lieu à formation de *Cérusite* CO^3Pb. qui constitue des gisements importants. *Anglésite* SO^4Pb. *Pyromorphite* $(PO^3)^6Cl^2Pb^{10}$, *Mimétite* $(ASO^4)^6Cl^2Pb^{10}$, étant plutôt des minerais exceptionnels.

Il est associé avec l'antimoine dans les sulfoantimoniures de plomb, simples ou complexes, tels que *Boulangérites* $Sb^4S^{11}Pb^3$, *Jamesonite* Sb^5S^{14} $(Pb\ Fe)^7$, *Bournonite* $Sb^2S^6Pb^2Cu^2$, *Frieslébénite* Sb^4S^{11} $(PbAg)^2$, etc., etc... rarement asocié avec l'arsenic, le sélénium, le tellure.

Le plomb se trouve souvent à l'état accessoire dans les minerais de zinc, les cuivres gris, etc., etc...

On le trouve exceptionnellement à l'état natif.

RECONNAISSANCE ET RECHERCHE

Par voie sèche

1° *Par l'enduit.* Réaction (1). Opérer comme suit :

Chasser As. et Sb. par grillage ou réduction sur MC si on est en présence d'un minerai oxydé. Mélanger avec 3 volumes de soude et un peu de borax si le minerai renferme des éléments difficilement réductibles, tels que Fe, Mn, etc...

Réduire sur TC, à FPR. L'enduit sur TC et MC est caractéristique et ne peut être confondu qu'avec celui du Bismuth, duquel il se distingue par sa transformation en iodure. (L'iodure de plomb est jaune, celui du bismuth carmin).

2° *Par les caractères des globules* qui sont malléables et solubles seulement dans NO^3 dilué.

Dans les sulfo-antimoniures de plomb simples ou complexes, en grillant ces minerais sur MS., l'enduit jaune orangé d'antimoniate de plomb qui se forme au voisinage de l'essai et l'enduit de l'association Pb Sb sur MC révèlent immédiatement la présence simultanée de ces deux éléments. Les globules obtenus par réduction pourront être aigres au lieu d'être malléables, dans tous les cas, la présence du plomb, sera confirmée par voie humide, comme ci-dessous :

Par voie humide

Dans la solution du minéral dans l'acide azotique dilué le plomb sera caractérisé :

1° *Par l'acide chlorhydrique* qui produira un précipité blanc de $PbCl^2$ soluble dans l'eau chaude. Réaction (3).

2° *Par l'acide sulfurique* donnant un précipité blanc lourd de PbSO⁴, soluble dans l'acétate d'ammoniaque. Réaction (4).

POTASSIUM

Réactions Pyrognostiques

(1) *Coloration de la flamme et raies spectrales.* — Les composés volatilisables du potassium colorent la flamme en violet. Cette flamme, regardée avec l'écran de Merwin, reste visible, la nuance étant légèrement modifiée.

Le spectre du potassium est constitué surtout par une raie rouge sombre, très éloignée de celle de la soude et par un spectre complet.

Réactions de la Voie Humide

(2) *Le chlorure de platine* produit dans les solutions neutres légèrement acides, un précipité jaune cristallin de chloroplatinate de potassium, insoluble dans l'alcool. Ce précipité se produit immédiatement dans les solutions concentrées, mais lentement dans les solutions un peu étendues.

Minerais et Minéraux

Le potassium est abondant dans la nature.

On le trouve à l'état de chlorures : *Sylvine* KCl, *Carnallite* MgCl³KCl16H²O, minéraux presque toujours associés avec le sel gemme ; d'azotates : *Nitre* AzO³K ; de sulfate : *Alunite* (SO⁴)⁴[Al.2OH]⁶K² ; *Jarosite* (SO⁴)⁴[Fe.2OH]⁶K². Un certain nombre de silicates renferment de la potasse, le plus répandu est l'*Orthose* Si³O⁶AlK, etc., etc...

Reconnaissance et Recherche

Par la coloration de la flamme :

a) Dans les minéraux volatilisables ou rendus tels, en les humectant avec SO⁴H² ou HCl ; porter un fragment du minéral à la pointe de FPO., la flamme se colore en violet si K. existe.

b) Dans les minéraux non volatilisables, tels que les silicates, pratiquer comme suit :

Mélanger une petite quantité de minerai en poudre avec son volume de gypse en poudre. Tremper l'extrémité recourbée d'un fil de platine dans de l'eau, puis le plonger dans le mélange, de façon à faire adhérer un peu de matière. Porter dans la flamme. Par fusion, il se produit du silicate de chaux et du sulfate de potasse, qui colore la flamme en violet.

Regarder les flammes à travers l'écran de Merwin, qui éteint la coloration jaune de Na, pouvant masquer celle de K.

Précipitation à l'état de chloroplatinate de potassium. Réaction (2). — Pour les minéraux solubles dans les acides, ajouter à leur solution chlorhydrique un peu concentrée, quelques gouttes de la solution de $PtCl^2$, la formation d'un précipité jaune caractérise K. (Les sels amoniacaux donnent la même réaction). Dans les silicates insolubles cette recherche sera faite de la manière suivante : Désagréger le silicate par fusion avec la soude (voir p. 140). Porphyriser la masse fondue, dissoudre dans le moins possible d'HCl, évaporer à sec, ajouter 2 cc. d'eau, faire bouillir, ajouter un égal volume d'alcool, filtrer dans une petite capsule de porcelaine, précipiter par quelques gouttes de la solution de $PtCl^2$.

Si le potassium existe, on aura un précipité jaune.

RUBIDIUM

(Voir *Caesium*, page 168.)

SELENIUM

Le sélénium fondu est noir et possède un éclat sub-métallique. Il fond à 200° et se volatilise rapidement à l'air, se transformant en acide sélénieux, colorant la flamme en bleu d'azur et répandant l'odeur caractéristique de raifort pourri perceptible pour certaines personnes.

Réactions Pyrognostiques

Le Sélénium traité sur les *supports C, G et RG* donne des sublimés et enduits caractéristiques (voir Sélénium p. 59). La coloration *bleu d'azur* qu'il donne à la flamme est très caractéristique.

Traité avec la Soude sur MS à FPR, il donne un hépar comme le Soufre et le Tellure.

Réactions de la Voie Humide

Caractères du métal :

Le Sélénium est soluble dans SO^4H^2 concentré en donnant une solution vert sale. Cette solution étendue d'eau précipite du sélénium rouge. Il est soluble dans NO^3H qui le transforme en acide sélénieux .

Fondu avec le mélange soude-nitre, le sélénium et les séléniures sont transformés en séléniates alcalins solubles dans l'eau, lesquels sont réduits en sélénites par traitement avec HCl à l'ébullition.

Caractères des sélénites :

L'acide sulfureux, les sulfites alcalins, le protochlorure d'étain, le *zinc* précipitent surtout à chaud dans les solutions chlorhydriques des sélénites du sélénium rouge devenant gris, noir en continuant à chauffer. Ce précipité se dissout dans SO^4H^2 concentré donnant une solution verte, de laquelle l'eau reprécipite du sélénium rouge.

MINÉRAUX

Le sélénium a été trouvé exceptionnellement à l'état natif ou combiné avec le tellure. *Selen-Tellure.*

Beaucoup de soufres naturels en contiennent une faible proportion, on les désigne sous le nom de *Soufres séléniés.*

Plus généralement, quoique toujours rarement, on le trouve à l'état de séléniures, en combinaison avec Pb, Cu, Ag, Hg, dans les minerais suivants : *Clausthalite* PbSe ; *Berzelianite* Cu^2 Se ; *Zorgite* $(PbCu^2)Se$; *Naumanite* Ag^2Se ; *Tienmannite* HgSe ; *Crookésite* $(CuTI.Ag)^2$ Se, etc...

On a trouvé cet élément à l'état accessoire, en très faibles proportions, dans certaines *pyrites, chalcopyrites, galènes* provenant principalement de Norvège.

RECONNAISSANCE ET RECHERCHE

Sublimés et enduits obtenus en traitant les minéraux sur les *supports C G et RG* décèlent facilement la présence du sélénium, ainsi que la coloration bleu azur de la flamme.

Pour rechercher le sélénium dans certains minéraux, où il existe en faible proportion. *Galénobismuthite* . $Bi^2S^4Pb.$, par exemple, griller de préférence sur le *Support à condenseur.*

J'ai indiqué (p. 208), comment se comportent exceptionnellement les séléniures de mercure et comment on peut y déceler cet élément.

SILICIUM

En combinaison avec l'oxygène, il forme la silice qui existe
à l'état amorphe ou cristallin (*quartz*).

La silice est blanche, infusible, inattaquable par tous les
acides, sauf HFl.

RÉACTIONS DE LA VOIE SÈCHE ET PYROGNOSTIQUES

(1) La silice libre ou combiné, fondue avec du carbonate de
soude se dissout avec effervescence, se transformant en silicate
alcalin soluble dans l'eau.

Pour réaliser cette opération, voir page 140.

(2) Si on introduit un petit éclat de quartz ou d'un silicate ou
un peu de silice précipitée et calcinée dans une perle de S.Ph.
et qu'on chauffe cette perle au chalumeau, on constate que la
silice tourne dans la perle, reste insoluble et conserve la forme
de l'éclat. (*Squelette de silice*).

Si on a essayé un silicate, les bases restent dissoutes dans la
perle.

RÉACTIONS PAR VOIE HUMIDE

Caractères des solutions de silicates alcalins :

(3) HCL NO^3H précipitent de la silice gélatineuse, soit
immédiatement, soit après concentration de la solution.

Cette silice est rendue insoluble dans les acides par évaporation très à sec de la solution.

(4) $AmCl$ *en excès*, donne le même précipité, surtout après agitation.

MINÉRAUX

La silice, très répandue dans la nature sous forme d*· quartz*
ou de *silicates*, minéraux constitutifs des roches, peut exister
également comme élément accessoire et en assez forte proportion dans certains carbonates, minerais de fer, de manganèse, etc. De trop fortes teneurs en silice peuvent modifier
sensiblement leur valeur commerciale, un essai pour constater
l'existence de la silice ne sera donc pas négligable.

RECONNAISSANCE ET RECHERCHE

La silice, dans un minéral, est souvent décelée par le *squelette de silice* que l'on obtient en traitant le minéral avec la
perle de S.Ph.

La présence de la silice sera confirmée ou recherchée par voie humide, comme suit :

1° *Dans les minéraux attaquables par les acides*, par la formation d'un résidu de *silice gélatineuse* ou de *silice pulvérulente*.

Ces deux variétés de silice étant rendues insolubles dans les acides par évaporation très-à-sec de la solution, reprendre le résidu par HCl, chauffer à l'ébullition, diluer la solution, faire bouillir, filtrer. La silice sur filtre sera calcinée puis essayée avec la perle de S.Ph. (Réaction 2). Le filtrat renfermera les bases.

2° *Dans les minéraux inattaquables*. — En fondant le minéral dans une boucle de fil de platne, de façon à transformer la silice en silicate alcalin, reprenant par l'eau, filtrant et précipitant dans le filtrat la silice par les acides ou AmCl. — Réactions (3) et (4).

Les bases du silicate sont recherchées, dans le cas des minéraux attaquables, dans la solution de laquelle on a séparé la silice par filtration, en suivant la méthode indiquée page 141 applicable aux minerais inattaquables.

SODIUM

Réactions Pyrognostiques

Coloration de la flamme et raie spectrale. — Le sodium colore la flamme en jaune intense. Cette coloration est éteinte par l'écran de Merwin.

Des quantités infimes de Na. produisant cette coloration, ce caractère n'a une réelle valeur que lorsque la flamme jaune se maintient intense et persistante pendant un certain temps.

Au spectroscope, cet élément est caractérisique par une unique raie jaune visible dans tous les essais (les poussières de l'air renfermant des traces de Na.).

Minerais et Minéraux

Le Sodium est un élément très commun.

Très abondant à l'état de chlorure : *Halite* ou *Sel gemme* NaCl, on le trouve à l'état de carbonate : *Natron* CO^3Na^2 $10H^2O$, etc. ; de nitrate : *Nitratine* AzO^3Na ; sulfates : *Thénardite* SO^4Na^3, *Glaubérite* SO^4Na^2 SO^4Ca ; de borate : *Borax* $B^4O^7Na^2 10H^2O$, etc., etc... ; fluorure : *Cryolite* $AlF.3NaF$. Le sodium est un élément de beaucoup de silicates, tels qu'*Albite, Oligoclase, Labrador. Analcine, Jadéite*, etc., etc...

Reconnaissance et Recherche

Par la coloration de la flamme :

Les composés volatils donnent la coloration jaune intense du sodium. Ex. : *Halite, Natron, Glaubérite, Cryolthe, Analcine, Jadéite.* Dans les silicates dans lesquels Na. n'est pas volatilisable, opérer comme suit :

Humecter l'extrémité d'un fil de Pt, le plonger dans un mélange à volumes égaux du minéral et de gypse en poudre, introduire dans la flamme. Une coloration jaune intense et persistante révèle la présence de Na.

Ex. : *Albite, Oligoclase, Labrador,* etc...

SOUFRE

Le soufre est un corps solide, friable, jaune citron, qui fond à 114°, brûle à l'air avec une flamme bleue en produisant de l'acide sulfureux, dont l'odeur est caractéristique.

Réactions Pyrognostiques

(1) *Calciné* sur support C. il se sublime sur VM. (Voir p. 82.)

(2) *Grillé* sur les supports G et RG., il brûle et se volatilise en répandant l'odeur de SO^2.

(3) *Hépar avec la soude.* — Le soufre, les sulfures et sulfosels mélangés avec 3 volumes de soude et traités sur MS ou TC à FR donnent lieu à la formation d'une masse fondue ou *hépar* de couleur foie plus ou moins clair (sulfure alcalin), laquelle, déposée sur une lame d'argent puis humectée, noircit cette dernière.

La transformation des sulfates en sulfures alcalins nécessite l'addition d'un volume de charbon au mélange.

Réactions par voie humide

(4) *Soufre.* — Traité à chaud par NO^3H, HR, HCl et $KOClO^5$, le soufre s'oxyde et se transforme en acide sulfurique.

(5) *Sulfures alcalins.* — Déposés sur une lame d'argent et humectés, ils noircissent cette dernière.

Traités par HCl, ils dégagent H^2S, gaz à odeur caractéristique, noircissant un papier à l'acétate de plomb.

(6) Le *Nitroprussiate de soude* colore en violet rouge ou bleu les dissolutions de sulfures.

(7) *Sulfates.* — Le chlorure ou l'azotate de baryum produisent dans les solutions acides des sulfates, un précipité blanc, lourd, insoluble dans les acides minéraux.

MINERAIS ET MINÉRAUX

Le soufre à l'état natif existe abondamment dans la nature. Combiné avec les métaux, il est l'élément constitutif des nombreux sulfures, sulfosels, sulfates, que l'on rencontre dans les gisements.

On le trouve rarement en combinaison dans des silicates, tels que *Helvite* $(SiO^4)^3$ $(MnGl\ Fe)^7$ S.

RECONNAISSANCE ET RECHERCHE

Sulfures et Sulfosels :

Chauffés sur support C à FB. — Seuls, les sulfures à excès de soufre donnent un sublimé de S. (Réaction 1). Exemple : *Pyrite* Fe S^2 (sublimé abondant). *Chalcopyrite* FeS^2Cu, *Covellite* CuS (sublimé faible).

Grillés sur support G ou RG, ils répandent l'odeur de SO^2. Si on remplace VM par un VMP ou un E, et que l'on dépose sur l'ouverture un papier tournesol sensible humide, ce dernier devient rouge. Réaction (2).

Traités à FPR sur MS, après mélange avec trois volumes de soude, ils produisent un hépar qui, humecté, noircit la lame d'argent. Réaction (3).

Traités par NO^3H ou HR à chaud, ils sont oxydés avec production de SO^4H^2 et souvent formation de S. La solution étendue précipite en blanc par BaCl. Réaction (7).

Traités par HCl. — Quelques sulfures seulement sont attaqués avec dégagement de H^2S.

Exemple : Pyrrhotine. Blende.

Sulfates :

Réduction des sulfates à l'état de sulfures alcalins. — Tous les sulfates traités à FPR sur MS, avec soude et charbon donnent un hépar. Réaction (3).

Distinction des sulfates et sulfures :

Si le minerai est insoluble, le rendre soluble en le désagrégeant par fusion dans une petite capsule de platine, après mélange avec

6 parties de soude. Reprendre la masse fondue par l'eau. Quelques gouttes de cette solution, déposées sur une lame d'argent, noircissent cette dernière (sulfure), ou ne noircissent pas (absence de sulfure).

La solution filtrée, acidifiée légèrement par HCl, portée à l'ébullition et essayée par la solution de BaCl, donne un précipité blanc lourd (sulfate), ne donne pas de précipité (absence de sulfate).

Ces réactions ne sont concluantes qu'autant que l'on s'est assuré de l'absence de Se et Te, qui donnent également des hépars, mais ces éléments sont facilement reconnus par leurs enduits caractéristiques.

Dans le cas où l'on voudrait rechercher S en présence de Se et Te, faire un hépar en traitant à FPR avec soude ou soude et charbon. Reprendre la masse par un peu d'eau, **dans une** capsule de platine, ajouter quelques gouttes d'une solution de *nitrocyanure de potassium*, une coloration rouge violacé indique la présence d'un sulfure. Réaction (6).

STRONTIUM

Réactions pyrognostiques

(1) *Coloration de la flamme.* — Le Strontium colore la flamme en rouge carmin, coloration visible surtout quand on introduit brusquement dans la flamme la matière bien humectée d'HCl.

Les raies spectrales caractéristiques de cet élément sont : une raie orangée près de celle de la soude, plusieurs raies rouges voisines, et un raie bleue.

Réaction de la voie humide

(2) *Les carbonates de potasse, soude, ammoniaque* précipitent en blanc la strontiane à l'état de carbonate, peu soluble dans les sels ammoniacaux.

(3) *L'acide sulfurique dilué et les sulfates alcalins* produisent un précipité blanc dans les solutions peu étendues. (Voir réaction du calcium, page 169.

(4) *Une solution de gypse* donne un précipité blanc, lent à se former. En agitant et chauffant, il apparaît plus rapidement (distinction avec les solutions de chaux, lesquelles ne donnent rien et celles de baryte qui donnent un précipité immédiat).

(5) *L'oxalate d'ammoniaque* donne un précipité blanc, soluble dans les acides.

(6) *L'azotate de strontium* est soluble dans l'alcool absolu (différence avec l'azotate de chaux).

MINERAIS ET MINÉRAUX

Le strontium existe presque uniquement à l'état de sulfate *Célestite* SO^4Sr et de carbonate : *Strontianite* CO^3Sr.

RECONNAISSANCE ET RECHERCHE

Par coloration de la flamme. Réaction (1) :

La coloration carmin obtenue en soumettant à l'action de la flamme du chalumeau ou du brûleur un fragment de minéral calciné, puis humecté d'HCl, est caractéristique de Sr. Ex. : *Célestite, Strontianite.* Cette coloration ne peut être confondue qu'avec celle du Lithium.

Par précipitation à l'état de sulfate. Réaction (3) :

L'addition de quelques gouttes de SO^4H^2, dilué dans une solution ni trop acide, ni trop diluée, d'un minéral contenant de la strontiane, produit un précipité blanc de sulfate, lequel ne se redissout pas en étendant d'eau et faisant bouillir (différence avec Ca). On pourra confirmer par la réaction (4).

Opérer comme suit :

Précipiter par CO^3Am et Am, laver le précipité, dissoudre dans le moins possible de NO^3H, évaporer à siccité. Dissoudre une petite partie du précipité dans le moins possible d'eau, filtrer, traiter la solution par la solution de gypse.

Si aucun précipité ne se forme : Ca existe seul.

Si un précipité se forme lentement : on peut avoir Sr seul ou Sr et Ca.

Si un précipité immédiat se produit, la solution contient Ba et peut être Sr et Ca.

TANTALE - NIOBIUM

Ces deux éléments se trouvent dans les minéraux à l'état d'acides tantalique et niobique Ta^2O^5 et Nb^2O^5, ces deux acides étant presque toujours associés.

Réactions pyrognostiques

Perles de borax et sel de phosphore :

Dans la *perle de borax*, ces acides se dissolvent facilement, la perle devenant pour un certain degré de saturation, **opaque par** flambage, ou par refroidissement après saturation.

Dans la *perle du sel de phosphore*, ils se dissolvent également en grande quantité, en donnant des perles jaunâtres à chaud, incolores à froid. Très-chargée en Nb^2O^5, la perle à FR est violacée ou brun clair à froid.

Les perles de sel de phosphore ne donnent pas d'émail par flambage.

Réactions de la voie humide

Tous les minéraux du tantale et du niobium désagrégés par fusion avec la potasse caustique et la masse fondue reprise par l'eau, donnent des solutions d'hexa-tantalates ou niobates.

Ces solutions acidifiées par HCl donnent des précipités blancs amorphes de Nb^2O^5 et Ta^2O^5.

Celui de Nb^2O^5 est insoluble dans un excès d'HCl, celui de Ta^2O^5 est soluble en donnant une liqueur opaline.

Ces précipités sont solubles à chaud dans SO^4H^2 concentré, la solution de Ta^2O^5 précipitant par dilution, celle de Nb^2O^5 **restant** claire.

(1) *En désagrégeant par le bisulfate de potasse*, les tantalates, niobates, tantaloniobates, etc..., des terres rares et après reprise par l'eau froide, Nb^2O^5 et Ta^2O^5 restent comme résidu avec accessoirement de faibles quantités d'étain et tungstène.

(2) *Etain et zinc.* — Dans les solutions chlorhydriques d'acide niobique, l'étain donne une coloration bleue. Le zinc produit dans les solutions sulfuriques, la même coloration, mais celle-ci passe souvent rapidement au brun. (W, Mo, Va, Ti donnent également, dans ces conditions, des réactions colorées).

Dans les solutions d'acide tantalique, ces deux métaux ne produisent aucune coloration.

(3) *Réactions colorées des alcaloïdes en solution sulfurique*

Codéine donne une coloration mauve lent avec Nb^2O^5 — verte avec Ta^2O^5.

Resorcine donne une coloration améthyste avec Ta^2O^5.

Minerais et Minéraux

Les principaux minerais du tantale et du niobium sont des tantalo-niobates de fer et de manganèse, contenant des proportions très diverses de tantale et de niobium correspondant à la formule générale (FeMn)O(Ta.Nb.)^{2}O^5, les termes extrêmes de cette série étant la *Tantalite* pure, qui correspondrait à la formule : (FeMn)OTa^{2}O^5 et la *Niobite* ou *Columbite* pure à : (FeMn)ONb^{2}O^5.

Tantale et niobium sont les éléments acides constitutifs des tantaloniobates, niobo - tantalates, titano - tantalo - niobates des terres rares, minéraux présentant un grand intérêt, étant donné les éléments radio-actifs qu'ils renferment.

Ces deux éléments peuvent se trouver à l'état accessoire dans des cassitérites.

Recherche et Reconnaissance

Le niobium sera d'abord recherché en utilisant la réduction avec l'étain, après désagrégation de la matière et reprise par HCl.

Opérer comme suit :

Mélanger le minerai finement porphyrisé avec 5 volumes de borax, humecter le mélange avec de l'eau. Prendre une certaine quantité de ces mélanges pâteux dans une boucle faite à l'extrémité d'un fil de platine. Porter et fondre dans la flamme du chalumeau, de façon à obtenir une perle transparente. Préparer trois de ces perles, les broyer dans un mortier d'Abich. Dissoudre la matière broyée dans un tube à essais en chauffant à l'ébullition avec 5 cc. d'HCl. La dissolution terminée, la solution étant claire, ajouter de l'étain granulé et prolonger l'ébullition. La présence du niobium sera révélée par la couleur bleue que prend la solution.

Si le titane est présent en même temps et en assez grande quantité, il sera réduit avant le niobium et la solution sera colorée d'abord en violet, puis en bleu. S'assurer au préalable de l'absence du tungstène qui donne la même réaction que Nb.

Pour rechercher ces éléments dans les minéraux des terres rares, où ils se trouvent en combinaison avec titane, urane, etc., désagréger le minéral avec le bisulfate de potasse et suivre la marche indiquée page 235.

TELLURE

La tellure est un métalloïde blanc, cassant comme l'antimoine. Il fond à 450° et se volatilise au rouge, en produisant de l'acide tellureux blanc, fusible en gouttelettes.

Réactions pyrognostiques et de la voie sèche

(1) *Traité sur les Supports C. G. et RG.* le tellure donne des sublimés et enduits caractéristiques (voir Tellure page 60). Il colore la flamme en vert pâle peu caractéristique.

(2) *Mélangé avec de la soude et du charbon* porphyrisé et chauffé dans un T. F., le tellure et ses composés se transforment en tellurures de sodium lesquels, traités par l'eau chaude, donnent des solutions pourpres.

(3) *Mélangé avec de la soude et traité à FPR sur MS.* il donne un hépar comme soufre et sélénium.

Réactions de la voie humide

Caractères du Métal :

Insoluble dans HCl, il est soluble dans NO^3H et se transforme en acide tellureux.

(4) *Chauffé légèrement avec SO^4H^2 concentré*, il se dissout en donnant une liqueur pourpre de laquelle, par addition d'eau, on reprécipite le tellure sous forme d'une poudre noire.

(5) *Fondu avec le mélange soude-nitre* le tellure et les tellurures sont transformés en tellurates alcalins, solubles dans l'eau, lesquels sont réduits en tellurites par HCl à l'ébullition.

Caractères des tellarites alcalins :

(1) *L'acide sulfureux, les sulfites alcalins, le protochlorure d'étain, le zinc*, réduisent les solutions chlorhydriques de tellurites en précipitant du tellure métal, soluble dans SO^4H^2 concentré à chaud, en donnant une liqueur pourpre.

Minéraux

Le tellure est excessivement rare à l'état natif.

Il existe principalement à l'état de tellurures, dont les plus importants sont les tellurures d'or ; le tellure étant le seul élément trouvé en combinaison avec ce métal.

Calavérite $AuTe^2$; *Sylvanite* $(Au.Ag.) Te^2$; *Petzite* $(AgAu) Te^2$; *Nagyagite* $Au^2 Pb^{10} Sb^2 Te^6 S^{15}$, etc. Plus rarement, le tellure se trouve combiné avec Pb.Hg.Bi : *Altaïte* PbTe, *Coloradoite* HgTe, *Tétradymite* BiTe^{2}S.

On a trouvé accessoirement, et en très faibles quantités, le tellure dans quelques galènes, pyrites arsénicales, minerais de cuivre.

Reconnaissance et Recherche

Par voie sèche

En général les tellurures sont très-tendres (dureté $<$ 3) et très-fusibles (fusibilité $<$ 1 1/2).

Ces minéraux traités sur les supports de grillage donnent les sublimés et enduits caractéristiques du tellure. Les tellurures d'or grillés à FPO. sur MS. (réaction 1) laissent comme résidu un bouton auro-argentifère.

Par voie humide

Les minéraux du tellurure porphyrisés donnent des solutions pourpres.

1° Quand on les chauffe légèrement avec SO^{4}H^2 concentré : Réaction (4).

2° Quand on les transforme par fusion avec soude et charbon en tellurure de sodium et qu'on reprend la masse fondue par de l'eau chaude : Réaction (2).

TERRES RARES

Ces éléments qui constituent un groupe assez particulier désigné communément sous le nom de « *Terres Rares* » sont au nombre d'une quinzaine. Ils ont des réactions très-voisines, rendant leur séparation extrêmement difficile.

Ils sont tous précipitables de leurs solutions acides par l'ammoniaque ou la potasse à l'état d'hydroxydes et à l'état d'oxalates par l'acide oxalique.

L'étude très-poussée et très-délicate de ces éléments, encore incomplète, d'ailleurs, a permis de constater qu'il existait un *groupe de Terres cériques*, comprenant avec le *Cérium, Lanthane, Néodyme* et *Praséodyme, Samarium,* etc. *et un groupe de Terres Yttriques* dans lequel se trouvent inclus avec *l'Yttrium : Erbium, Thullium, Lutétium, Gadolinium, Ytterbium,* etc.

Etant donné ces considérations et les difficultés que présente ce genre de recherches, réalisables seulement dans les laboratoires scientifiques spéciaux, tenant compte du but que je me suis proposé dans cet ouvrage, les essais que j'indiquerai seront limités à donner simplement la possibilité de rechercher si les *Terres cériques* et *yttriques* sont les éléments constitutifs d'un minéral et s'y trouvent en plus ou moins grande proportion, ainsi que le *Thorium* et le *Scandium*, éléments accompagnant très-fréquemment ces terres et se comportant chimiquement de la même manière tout en ayant certains caractères assez différents.

En un mot, je comprendrai sous le nom de « *Terres rares* » : *Thorium, Scandium et les deux groupes des terres cériques et yttriques.*

RÉACTIONS PYROGNOSTIQUES ET DE LA VOIE SÈCHE

Ces réactions sont peu caractéristiques. Il y a lieu de retenir seulement que dans la perle de borax :

ThO^2 se dissout assez lentement et a des tendances à donner des perles troubles quand on flambe ou qu'on a dissous une certaine quantité de matière ;

Ce^2O^8 donne des perles rouge-rubis à chaud, brun jaune à caramel clair, à froid. Par flambage émail jaunâtre à chaud, blanc à froid.

Y^2O^3 se dissout facilement par grande quantité, perle incolore, pas d'émail.

Di^2O^3 et les composés du dydime en grande quantité et en l'absence de cérium donnent des perles rose pâle dans les deux flammes.

Les colorations des oxydes calcinés sont indiquées au renvoi dans les réactions par voie humide.

MINERAIS ET MINÉRAUX

Les minéraux des terres rares sont très-nombreux, de compositions très-variables et dans presque tous, on trouve plusieurs éléments des terres rares associées.

Les minerais les plus communs ayant été ou étant encore utilisés dans l'industrie sont les suivants :

Minerais du Thorium : *Monazite* PO^4 (Ce La Di) dont la teneur en Tho^2 peut varier entre 2 et 10 %, *Thorianite* (Th. U) O^2 entre 70 à 80 % et *Thorite* (Th.Si) O^2 de 48 et 72 %.

TERRES RARES — RÉACTIONS PAR LA VOIE HUMIDE

ÉLÉMENTS	THORIUM	CÉRIUM	YTTRIUM	SCANDIUM
Ammoniaque Sulfure d'ammonium	Précipité blanc, gélatineux d'hydrate, insoluble dans un excès de réactif ; facilement soluble dans les acides.	Précipité blanc, volumineux, insoluble dans un excès de réactif, soluble dans les acides.	Précipité blanc, insoluble dans un excès de réactif ; soluble dans les acides.	Précipité blanc, volumineux d'hydrate, insoluble dans un excès de réactif.
Acide oxalique	Précipité blanc, lourd, insoluble dans un excès et dans les acides minéraux étendus ; soluble dans une solution concentrée d'oxalate d'Am. surtout à chaud.	Précipité blanc volumineux devenant cristallin. insoluble dans un excès et dans les acides minéraux étendus ; soluble dans l'oxalate d'Am.	Précipité blanc volumineux devenant rapidement grenu, insoluble dans un excès, soluble dans HCl concentré, légèrement soluble dans l'oxalate d'Am.	Précipité volumineux devenant cristallin. Plus soluble dans les acides que les oxalates des autres terres.
Sulfate de potasse (Solution saturée)	Précipitée lentement du sulfate double, insoluble dans un excès ; soluble dans l'eau lentement à froid, facilement à chaud.	Précipité cristallin de sel double, insoluble dans un excès ; difficilement soluble dans l'eau froide, soluble à chaud.	Rien. Sel double, soluble dans la solution de précipitant.	Précipité de sulfate double, insoluble dans un excès de réactif.
Eau oxygénée	Précipité blanc gélatineux dans les solutions neutres.	Précipité jaune orange dans les solutions légèrement alcalines.		

Les oxalates calcinés de Th.Ce donnent des oxydes insolubles dans HCL, solubles dans SO⁴H² concentré. L'oxalate d'Y. calciné donne un oxyde blanc, coloré en jaune brun s'il est mélangé d'erbium, etc. Cet oxyde est soluble dans les acides étendus.

Si le cérium contient Di et La, l'oxyde de calciné est brun ou rouge brique.

Les sels de Di sont roses ou violacés. Le Didyme donne un spectre d'absorption caractéristique.

Réaction du Scandium : Les solutions chlorhydriques de scandium traitées avec du silico fluorure de sodium solide et chauffés à l'ébullition pendant une demi-heure donnent un précipité de fluorure de scandium, ce qui permet de le séparer des autres terres rares. Ce fluorure est insoluble dans les acides, mais complètement décomposé par fusion avec le bisulfate de potasse.

Tous les minéraux du Thorium sont radioactifs.

Minerais du Cérium : *Monazite* PO^4 (Ce La Di) teneur en C^2O^{3} variant de 39 à 70 %, *Cérite* $[SiO^3]$ Ce^2 $[OH]^3$ $[CeO]$ (Ca Fe) entre 36 à 70 % et *Allanite* $[SiO^4]^3$ (Al Ce Fe)^2 (Al. OH) Ca^2 de 2 à 35 %.

Minéraux dans lesquels l'Yttrium est prédominant sur Th et Ce : *Xénotime* PO^4 (Y.Ce) teneur de 54 à 64 % d'Y^2O^3 ; *Gadolinite* $[SiO^4Gl(YO^3)]$ Fe : 24 à 46 % ; *Fergusonite* (NbO^4Y) $^2Nb^2O^7Ca^2$, 30 à 46 % ; *Euxénite* : Niobotitanate d'Ur.Y.Ca avec 17 à 27 %.

Minerais du Scandium : *Thortvéitite* $(Si^2O^7(ScY)^2$ avec 40 % de ScO^2.

RECONNAISSANCE ET RECHERCHE

Dans la nature, les terres rares se rencontrent à l'état d'oxydes, carbonates, phosphates, silicates, niobates et tantalates titanifères ou silicatés.

Les minéraux qui les contiennent peuvent renfermer outre les terres rares proprement dites, des oxydes de *Zr, Ur, Fe, Al, Gl, Ca*, etc., et de petites quantités de *Sn, W, Pb, Bi, Tl*, etc.

La voie humide s'impose pour la reconnaissance de ces éléments et l'opération est assez laborieuse. En général, ces minéraux, à l'exception de ceux qui contiennent en grande quantité *Ti.Nb.Ta* sont décomposés par les acides.

Les silicates s'attaquent généralement par HCl, quoique, pour certains, l'attaque par SO^4H^2 soit préférable.

Les phosphates s'attaquent par SO^4H^2 (Monazite, etc.).

Les plus réfractaires (Tantalates, Niobates, etc.) non attaquables par SO^4H^2, sont décomposés complètement par désagrégation avec le bisulfate de potasse.

Le minerai étant très finement porphyrisé, on essaie tout d'abord s'il est soluble dans les acides.

1° *Attaque par l'acide chlorhydrique*

Réaliser cette attaque dans une capsule de porcelaine et chauffer longtemps à l'ébullition en remplaçant HCl évaporé jusqu'à ce que l'attaque soit complète et le résidu blanc. Evaporer à sec pour insolubiliser la silice, reprendre par l'eau acidulée, filtrer, et dans le filtrat précipiter les terres rares par l'acide oxalique. Filtrer, laver. Pour la séparation des oxalates sur filtre, voir : Essai normal, page 236.

Si le minéral n'est pas attaquable par HCl, essayer de le solubiliser dans SO^4H^2.

2° *Attaque par l'acide sulfurique*

Introduire le minerai porphyrisé dans une capsule en porcelaine ; ajouter une quantité de SO^4H^2 suffisante pour que ce mélange forme une masse demi-fluide. Placer la capsule sur l'extrémité du bras de la lampe de Bergélius ; chauffer modérément et avec précaution en remuant la masse aussi souvent que possible avec un agitateur, afin de rendre l'attaque bien complète. Prolonger le chauffage jusqu'à ce que l'acide soit presque totalement évaporé ; laisser refroidir complètement.

Comme pendant l'attaque, il se dégage d'abondantes fumées ; réaliser l'attaque de préférence sous une hotte.

Pendant cette attaque, il se forme des sulfates de terres rares qui prennent comme du plâtre quand ils sont en grande quantité.

Epuiser le produit de l'attaque à plusieurs reprises par de l'eau aussi froide que possible en réunissant les liqueurs. Filtrer. Le filtrat contient les terres rares et autres éléments solubles. Précipiter les terres par l'acide oxalique. Laver le précipité d'oxalate par décantation cinq ou six fois jusqu'à ce que les eaux de décantation ne précipitent plus par le chlorure de baryum. Filtrer, laver les oxalates sur filtre.

Pour les étudier, voir page 236.

3° *Désagrégation par le bisulfate de potasse*

Cette méthode est applicable aux niobates, tantalates, niobotantalates titanifères ou silicatés.

Pour faciliter, confirmer ou permettre quelquefois la spécification rapide d'un minéral, un essai préliminaire s'impose et sera quelquefois suffisant.

Le but de cet essai est de se rendre compte rapidement si le minerai est peu ou très-tantalifère, niobifère, titanifère et plus ou moins riche en terres rares.

Cet essai sera réalisé comme suit :

Essai préliminaire

Fondre dans une capsule de platine environ 10 grammes de bisulfate de potasse. Projeter par portions dans la masse fondue un gramme de minerai très-finement porphyrisé. Chauffer à FB jusqu'à désagrégation complète laisser refroidir. Diviser la masse fondue en deux parties sensiblement égales et traiter chacune séparément comme suit :

1re *partie. — Constatation de la teneur plus ou moins élevée* en Ta^2O^5 et Nb^2O^5.

Dissoudre dans l'eau froide (opération longue : 12 heures). Filtrer.

Le résidu contient : Nb^2O^5, Ta^2O^5, SnO^2, WO^2, SiO^2.

Le filtrat : TiO^2, *terres rares* et *autres éléments* à l'état de sulfates. Etudier le résidu comme suit après avoir séparé si nécessaire SnO^2 et WO^3 par digestion avec Am^2S.

Bien laver le résidu de Ta^2O^5 et Nb^2O^5 sur filtre. L'introduire dans un T. E., faire bouillir avec SO^4H^2 dilué en ajoutant quelques fragments de zinc.

Si le résidu blanc devient bleu intense et reste tel en diluant, c'est une indication que Nb^2O^5 est présent avec peut-être une petite quantité de Ta^2O^5. S'il tourne au gris bleuâtre et devient incolore par addition d'eau, le tantale est prédominant.

L'importance de ce précipité calciné donne une idée de la teneur en Nb^2O^5 et Ta^2O^5.

2e *partie. — Constatations de la teneur plus ou moins élevée en* *terres rares.*

Cette constatation peut être réalisée rapidement en utilisant la méthode indiquée par M. Pied, chimiste attaché au laboratoire de Minéralogie du Muséum (1).

Dissoudre la seconde partie de la masse fondue dans de l'eau additionnée de 5 grammes d'acide oxalique. Chauffer doucement au bain-marie. Laisser refroidir, filtrer.

La solution contient : *Nb, Ta, Ti, Zr, Ur, Fe, Al, Gl, Ca, Sn* probablement *W*.

Le résidu : *les terres rares* à l'état d'oxalates de même que la *chaux* si elle est en grande quantité. L'importance de ce résidu donnera une idée de la teneur en terres rares.

Quand au *titane*, l'addition d'eau oxygénée dans une portion de la solution acidifiée nettement par SO^4H^2 permettra, par l'intensité de la coloration jaune obtenue à froid, coloration pouvant varier du jaune très pâle au rouge orangé, de connaître si TiO^2 existe en faible ou forte proportion dans le minerai.

---

(1) Communication de M. Pied (*Bulletin de la Société française de Minéralogie,* t. 47, p. 177).

Cet essai préliminaire paraissant insuffisant, on pourra procéder à un essai plus complet permettant de rechercher les éléments constitutifs du minéral.

ESSAI NORMAL

Le minerai, étant désagrégé par le bisulfate, reprendre la masse fondue par l'eau froide et filtrer. Le *résidu* peut renfermer Ta^2O^5 Nb^2O^5, SnO^2, WO^2, SiO^2.

Le *filtrat : titane, terres rares et autres éléments* à l'état de sulfate.

Le résidu sera étudié comme indiqué dans l'essai préliminaire.

Les autres éléments seront recherchés dans le filtrat comme suit :

a) Recherche du titane : Si une petite portion du filtrat traitée par l'eau oxygénée donne la coloration jaune caractéristique du titane, faire bouillir longtemps tout le filtrat, le titane sera précipité ainsi qu'une partie de la zircone.

b) Recherche de la zircone : Si cet élément existe, la solution sulfurique du précipité additionnée de bioxyde de sodium précipite du phosphate de zircone par addition de phosphate de soude.

c) Recherche des terres rares : Chauffer le filtrat avec NO^3H, afin de peroxyder le fer, traiter par Am en présence d'AmCl. Filtrer le précipité, laver, reprendre par HCl et traiter la solution chaude par un excès d'acide oxalique :

Th.Ce.Y. sont précipités à l'état d'oxalates.

Zr.Ur.Al.Fe., etc., restent en solution dans laquelle on pourra les rechercher.

Pour déterminer la constitution du précipité des terres rares, opérer comme suit : filtrer, laver le précipité d'oxalates, le faire digérer avec une lessive de potasse, en agitant de temps en temps pour transformer les oxalates en oxydes. Etendre d'eau, filtrer, bien laver (1).

Redissoudre le précipité d'oxydes dans HCl étendu en aussi petite quantité que possible. Traiter cette solution par une solu-

____

(1) Si le précipité d'oxyde prend une couleur rose violacé, la présence du didyme serait indiquée.

tion saturée de sulfate de potasse à laquelle on ajoute quelques cristaux de ce sel. Laisser déposer quelques heures.

C. et *Th* sont précipités à l'état de sulfates doubles. *Y* reste en solution. Filtrer et dans le filtrat, étendu d'eau, y précipiter *Y* par l'acide oxalique. Laver le précipité de Ce et Th sur filtre avec une solution saturée de sulfate de potasse. Dissoudre à chaud par HCl dilué, précipiter par Am. Filtrer, laver.

Si un peu de ce précipité additionné de bioxyde de sodium devient jaune, c'est une indication de la présence de *Ce*. Dissoudre le reste du précipité dans HCl étendu, neutraliser la liqueur. L'eau oxygénée ou une dissolution chlorhydrique à peine acide de bioxyde de sodium donnera un précipité blanc gélatineux à chaud dans le cas de *Th*. Un excès de bioxyde de sodium donne un précipité orangé si *Ce* existe.

Nota. — Dans la recherche des terres rares, il faut se débarrasser avant tout des corps précipitables par l'acide sulfhydrique s'il y en a.

THALLIUM

RÉACTIONS PYROGNOSTIQUES

Le thallium, soumis à l'action du chalumeau, se vaporise, colore la flamme en vert pré et donne un enduit caractéristique. (Enduit du Thallium, page 70.)

Le spectre du thallium se réduit à une seule ligne vert émeraude très caractéristique, coïncidant avec celle du baryum.

RÉACTIONS PAR VOIE HUMIDE DES SELS THALLEUX

(1) L'*acide chlorhydrique* précipite dans les solutions peu étendues du protochlorure de thallium blanc, à peine soluble dans l'eau froide, soluble dans l'eau bouillante.

(2) L'*iodure de potassium* donne un précipité jaune clair (réaction très-sensible.

Le *sulfhydrate d'ammoniaque* donne un précipité noir, insoluble dans un excès, soluble dans les acides minéraux.

(3) Le *zinc* précipite le thallium sous forme de lamelles noires.

MINÉRAUX

Les minéraux à teneur élevée en thallium sont peu nombreux et constituent des raretés minéralogiques.

On connaît actuellement : *Crookésite* (CuTlAg)² Se ; *Lorandite* (TlAsS²) ; *Hutchisonite* (sulfure de Tl, Ag, Cu, Pb avec As, *Vrbaïte* (TlAs²SbSl).

Le thallium, d'autre part, est disséminé en très petites quantités dans certaines pyrites de fer, de cuivre, quelques soufres natifs, minerais de zinc, d'antimoine, séléniures.

On l'a trouvé également dans la sylvite, la carnallite de Stassfurth.

Reconnaissance et Recherche

Par voie sèche

N'ayant pas eu possibilité d'étudier des minerais du thallium, je crois, étant donné la facile réductibilité de l'oxyde, que l'enduit du thallium doit permettre certainement de reconnaître cet élément dans les minerais à teneur élevée ; dans tous les cas, son spectre tout à fait caractéristique permet de constater son existence. Des pyrites thallifères, des soufres chauffés sur le bord de la flamme du brûleur donnent souvent au spectroscope la raie verte du thallium.

Par voie humide

Traiter les solutions nitriques ou sulfuriques du minerai par le bisulfite de soude pour réduire en sels thalleux. Précipiter par HCl. Dissoudre le précipité dans l'eau bouillante. Eliminer le plomb par SO⁴H². Filtrer et rechercher dass le filtrat le thallium par l'iodure de potassium (précipité jaune clair). Si le précipité est faible, vérifier par le spectroscope et par l'enduit, s'il est abondant.

THORIUM

Voir Terres rares (page 230).

TITANE

Réactions pyrognostiques

L'acide titanique (TiO²) est blanc. Chauffé au rouge il devient jaune citron.

1) *Perle de borax.* — A FO, perle incolore donnant par flamblage un émail jaune à chaud, blanc ou opalin à froid. Saturée, la perle devient opaque en refroissant.

A FR. Peu de TiO^2 donne une perle jaune ; beaucoup, une perle brun violacé par transparence, noire par réflexion.

Par flambage, production d'un émail bleu foncé.

2) *Perle de S. Ph.* — A FO., perle incolore à froid.

A FR, perle violette à froid, surtout après addition de SnO.

RÉACTIONS DE LA VOIE HUMIDE

L'acide titanique est insoluble dans les acides sauf dans SO^4H^2 et HFl.

Il se dissout dans le bisulfate de potasse.

3) *Les solutions acides de TiO^2 sont instables*, se troublent par ébullition, la solution sulfurique est la plus stable. Par ébullition elle précipite de l'hydrate.

4) *La Morphine, le Thymol*, en solution dans SO^4H^2, donnent des réactions colorées.

La Morphine une coloration rouge cramoisi.

Le Thymol une coloration grenat.

5) *L'eau oxygénée* donne dans les solutions de TiO^2 contenant SO^4H^2 libre une coloration jaune à jaune orangé plus ou moins foncé, suivant la proportion de titane (Va donne la même réaction).

Cette réaction est extrêmement délicate. On obtient une coloration appréciable dans une solution contenant 1/10 de mmg. par cc.

6) *Zinc ou étain et HCl* donnent dans les solutions de titane une coloration violet pâle (Va.W.Nb. donnent dans les mêmes conditions des colorations diverses).

L'ammoniaque et le sulfhydrate d'Am donnent un précipité blanc gélatineux, insoluble dans un excès.

MINÉRAUX ET MINERAIS

Quoique souvent classé parmi les éléments rares, le titane est très commun dans la nature et se trouve tojours à l'état de TiO^2. Il est plutôt rare à l'état de *Rutile, Anatase, Brookite*.

Combiné avec les oxydes de fer, il constitue le groupe très important des *fers titanés*, dont il existe des gisements nombreux et puissants.

Ce groupe renferme des *titano-magnélites* $Fe(Fe\ Ti)^2O^4$.

Hématites titanifères $(FeTi)^2O^3$; *Ilménite* $m.FeTiO^3,nFe^2O^3$, *Crichtonite* $FeTiO^3$, etc. On trouve cet élément combiné avec le chaux et la silice dans la *Sphène* $SiTiO^3Ca$, et avec les acides tantaliques, niobiques, dans beaucoup de minéraux de terres rares tels que :

Euxénite, Aeschynite, Pyrochlore, Bétafite, Samirésite, etc.

Le titane est presque toujours un élément accessoire, des *Bauxites* $Al^2O^3xH^2O$.

RECHERCHE ET RECONNAISSANCE

Minéraux attaquables par HCl.

1° *Par la morphine et le thymol.* (Réaction 4.)

Opérer comme suit :

Placer dans un V. M. une trace du réactif, humecter avec quelques gouttes de SO^4H^2 pur concentré, ajouter une goutte de la solution chlorhydrique du minéral.

Si Ti est présent, la solution de morphine se colore en rouge cramoisi, celle du thymol en grenat.

2° *Par HCl et Sn* (Réaction 6).

La solution obtenue, filtrer, chauffer pour concentrer à un petit volume, ajouter Sn, chauffer à l'ébullition.

Si Ti est présent, il se produit une coloration violette. Cette coloration s'observe surtout à froid et est quelquefois longue à obtenir.

S'il y a peu de Ti (moins de 3 % environ), la réaction est peu sensible.

Minerais inattaquables.

Par le bioxyde de sodium (Réaction 5). — Désagréger le minerai finement porphyrisé par fusion sur MS. après mélange avec trois fois son volume de bioxyde (voir page 145). Reprendre la masse fondue par l'eau acidulée par SO^4H^2, dans un VM.

Si Ti est présent, il se produit souvent immédiatement la coloration jaune orangé caractéristique, sinon ajouter à nouveau un peu de bioxyde dans la solution acidulée.

Par le bisulfate de potasse.

Désagréger dans une capsule de platine, la matière finement porphyrisée par huit fois son poids de bisulfate. L'attaque terminée, broyer la masse fondue, dissoudre dans de l'*eau froide.* Filtrer, acidifier le filtrat avec SO^4H^2, ajouter de l'eau oxygénée. On obtiendra la coloration jaune plus ou moins orangée caractéristique de Ti. (Réaction 5.)

Dans certains cas (*minerais de fer titanifères*), pour avoir une idée de la proportion plus ou moins grande de titane, il sera préférable d'opérer sur une quantité déterminée de matière, de chauffer la *solution froide* à l'ébullition. Le titane précipite (Réaction 3) et le volume du précipité peut donner par comparaison quelques indications sur la teneur. La nature du précipité sera confirmée par la perle de S.Ph. (Réaction 2).

Méthode générale :

Une méthode plus générale applicable à tous les minerais attaquables ou non, consiste à les fondre avec du borax et à essayer le résultat de la fusion successivement par les divers réactifs.

Pratiquer comme suit :

Dissoudre à FO le plus possible de matière dans trois perles de borax de 3 m/m de diamètre. Les détacher du fil par une brusque secousse donnée au porte-fil et les faire tomber dans le mortier d'agate. Broyer ces perles.

1) Essayer dans un VM. une parcelle de la matière broyée par la solution sulfurique de thymol ou de morphine (Réaction 4).

2) Dans un second VM. dissoudre environ 1/4 de la matière dans SO^4H, diluer, essayer la réaction de l'eau oxygénée (Réaction 5).

3) Introduire le reste de la matière dans un tube à essai, dissoudre à HCl, chauffer pour concentrer et réduire par Sn, en continuant à chauffer. Si Ti est présent en assez grande quantité (plus de 3 %) la solution se colore en violet (Réaction 6).

Si l'acide niobique était présent, il se réduit après l'acide titanique et à la coloration violette succède la coloration bleue due au niobium.

TUNGSTENE

RÉACTIONS PYROGNASTIQUES ET DE LA VOIE SÈCHE

Perle de borax. — Coloration peu caractéristique.

(1) *Perle de S.Ph.* — A FO, perle légèrement jaunâtre ou incolore. A FR. perle vert sale à chaud, bleue à froid.

Les composés du tungstène *désagrégés par le carbonate de soude, le mélange soude-nitre* donnent des tungtates alcalins, solubles dans l'eau.

Désagrégés par le mélange soude-soufre, le tungstine passe en solution à l'état de sulfosel, soluble les métaux lourds se transforment en sulfures insolubles.

RÉACTIONS DE LA VOIE HUMIDE

Solutions de tungstates alcalins.

(2) Les *acides chlorhydrique, azotique, sulfurique* produisent un précipité complet d'acide tungstique blanc (H^2WO^4) devenant jaune à chaud. Ce précipité est insoluble dans un excès d'acide (différence avec l'acide molydique) mais soluble dans Am.

(3) Le *sulfure d'ammonium* ne donne aucun précipité dans les solutions aqueuses de tungstates. Dans les solutions acides il se précipite du sulfure brun clair WS^3.

(4) Le *zinc* ajouté dans une solution de tungstate acidifiée par HCl donne une coloration bleu indigo laquelle passe au rouge pendant quelques instants, puis au noir brun.

MINERAIS ET MINÉRAUX

Les minerais les plus abondants sont les *wolframs* : $WO^4(FeMn)$, minerais intermédiaires entre la *Ferbérite* WO^4Fe nom réservé aux wolframs principalement ferreux et les *Hubnérites* WO^4Mn, espèce dans laquelle on englobe les wolframs principalement manganésifères.

En dehors de ces minerais, la *Schéélite* WO^4Ca est un minerai d'une certaine importance, *Stolzite* WO^4Pb, *Cuprotungstite* $CuWO^42H^2O$, *Tungstite* WO^3H^2O sont plutôt des échantillons minéralogiques.

RECHERCHE ET RECONNAISSANCE

Minerais attaquables par HCl ou HR.

L'attaque terminée il reste un résidu de WO^3, sous forme de poudre jaune. En ajoutant de l'étain ou du zinc, continuant à faire bouillir on obtient une coloration bleu indigo passant au brun (Réaction 4).

On peut également recueillir l'acide tungstique sur filtre, le dissoudre à une douce chaleur dans Am étendu, précipiter par HCl, chauffer et essayer le résidu jaune à la perle de S.Ph.

Minéraux inattaquables :

Fondre le minerai porphyrisé finement avec 6 parties de carbonate de soude ou avec du bioxyde de sodium. Reprendre la masse fondue par l'eau acidulée pour dissoudre le tungtate alcalin. Filtrer et caractériser dans le filtrat la présence du tungstène par les réactions 2 et 4.

URANIUM

RÉACTIONS PYROGNOSTIQUES

(1) *Perle de Borax.* — A F O (peu d'oxyde) coloration jaune orangé à chaud, jaune verdâtre à froid. (Beaucoup d'oxyde) rouge rubis ou noir à chaud, brun jaune à froid. La perle saturée est noire, devient opaque et jaune par flambage.

A FR. (peu d'oxyde) jaune orangé à chaud, jaune verdâtre à froid. (Beaucoup d'oxyde), brun jaune à chaud, verte à froid. Rien par flambage.

(2) *Perle de Sel de phosphore.* — A FO, jaune plus ou moins foncée à chaud, vert jaunâtre à froid. A FR. vert sale à chaud, vert émeraude à froid.

RÉACTIONS DE LA VOIE HUMIDE

L'urane forme des sels uraneux verts ou blanc-verdâtres, donnant des solutions vertes et des sels uraniques jaunes donnant des solutions jaunes.

Les solutions uraniques traitées par le zinc et l'acide sulfurique prennent la coloration verte des sels uranoso-uraniques. *Caractères des sels uraniques.*

(3) *L'ammoniaque* donne un précipité jaune d'uranate, insoluble dans un excès, soluble dans le carbonate d'ammoniaque, avec coloration jaune, mais se reprécipitant par une longue ébullition.

(4) *Le sulfure d'ammonium* produit un précipité brun chocolat insoluble dans un excès, soluble dans les acides étendus et le carbonate d'ammoniaque (séparation d'Ur. avec **Fe.Mn.Zn.**).

(5) *Les carbonates alcalins* donnent des précipités jaunes facilement solubles dans un excès, surtout dans le carbonate d'ammoniaque. La solution traitée par l'acide sulfurique dilué jusque cessation d'effervescence précipite l'acide uranique complètement.

(6) *Le ferrocyanure de potassium* donne un précipité brun rouge de ferrocyanure double (réaction très sensible). Dans les solutions diluées, il se produit seulement une coloration.

Minerais et Minéraux

Les minerais d'urane ont pris une grande importance depuis la découverte du radium, tous les minerais d'urane étant plus ou moins radifères et la plupart utilisés pour l'extraction du radium.

Les minerais uranifères sont assez nombreux et, aux anciens minerais, tels que *Uranite* (Pechblende) Uranate d'UO^2PbTh, etc.; *Autunite* $[PO^4]^2 [UO]^2 Ca.8H^2O$ sont venus s'ajouter la *Carnotite* $[VO^4]^2[UO^2]^2(CaK^2)xH^2O$, et un grand nombre de minéraux nouveaux dans lesquels l'uranium est associé avec niobium tantale et les terres rares. Les principaux sont des oxydes tels que *Thorianite* $(Th,U)O^2$, des niobates tantalates : *Fergusonite* $(NbO^4Y)^2 Nb^2O^7Ca^2$, *Samarskite* $Nb^2O^7 [Ca,Fe (UO)]^2 (NbO^4Y)^2$ etc. *Ampagabeite*, etc., des niobates et tantalates titanifères ou silicatés, tels que *Euxénite-Polycrase* $[NbO^3]^2[Ca(UO]$ $[NbO^3]^3Y[TiO^3Y]^2$. *Bétafite* : Titanoniobate et tantalate de U, Fe, Ca, etc. *Chalcolampirite* $[NbO^3]^2F^2(CaCe^2Na^2).SiO^3(CaCe^2Na^2)$, etc., etc.

Recherche et Reconnaissance

1° *Par la perle du sel de phosphore* (Réaction 2). — Cette réaction est généralement utilisée pour rechercher ou reconnaître l'uranium dans ses minerais. La coloration vert pur obtenue à FR étant caractéristique pour les minerais ne contenant pas d'autre élément colorant le flux.

2° *Par voie umide.* — Pour rechercher de petites quantités d'urane ou quand on se trouve en présence d'éléments colorant le flux, on recherchera ou confirmera l'urane par voie humide.

Pratiquer comme suit :

Dissoudre le minéral dans HCl, après désagrégation si nécessaire avec la soude (silicates) ou le borax (niobates, tantalates). Neutraliser l'excès d'acide par Am, additionner d'un excès de CO^3Am^2 solide, agiter vigoureusement, laisser reposer quelques minutes. Séparer par filtration, le carbonate double soluble dans CO^3Am^2 (1).

Acidifier le filtrat, faire bouillir pour chasser CO^2. Précipiter l'urane par Am à l'état d'uranate. Recueillir sur filtre. Si le

---

(1) Si le filtrat n'est pas clair, ajouter quelques gouttes de sulfure d'ammonium avec le carbonate d'ammoniaque.

précipité est peu abondant, brûler le filtre et essayer les cendres à la perle du sel de phosphore.

S'il est abondant, essayer une petite partie à la perle et confirmer par les réactions suivantes, la présence de l'urane dans la solution obtenue en dissolvant le reste du précipité par HCl.

1) Le ferrocyanure de potassium donne un précipité brun.

2 En réduisant par le zinc, la couleur jaune de la solution devient vert foncé.

3° *Essai de radioactivité.*

Tous les minerais renfermant de l'urane sont radioactifs et impressionnent la plaque photographique. (Voir Essai de radioactivité, page 133).

VANADIUM

Réactions pyrognostiques et de la voie sèche

(1) *Perle de Borax.* — A FO : jaune à chaud, jaune verdâtre à incolore à froid.

A FR, brun verdâtre à chaud, vert émeraude à froid.

(2) *Perle de SPh* — A FO : ambre foncé à jaune, plus pâle à froid.

A FR, rouge acajou à rouge jaunâtre, vert pur à froid.

(3) *Par grillage sur MC*, quelques rares minerais donnent un résidu brun rouge V^2O^6. Ex. : *Patronite* et ses variétés dans lesquels le vanadium est à l'état de VS^4.

Désagrégés par le mélange Soude-Nitre ou le bioxyde de sodium, les composés du vanadium donnent des vanadates alcalins jaunes, solubles dans l'eau.

Fondus avec le mélange « Soude-Soufre », le vanadium passe à l'état de sulfovanadate de sodium brun rouge, soluble dans l'eau.

Réactions de la voie humide

Solutions de vanadates alcalins

(4) *Le sulfure d'ammonium* colore en brun rouge les solutions neutres de vanadates. En acidifiant par HCl. étendu, il se précipite du sulfure vanadique brun V^2S^5.

(5) *L'eau oxygénée* donne dans les solutions acidifiées par SO^4H^2, une coloration rouge brun à rouge rosé, suivant la proportion de vanadium.

(6) *Le zinc et l'acide sulfurique* réduisent les solutions de vanadates donnant d'abord une coloration verte, puis bleue, V^2O^4, puis verte V^2O^3, enfin bleue lavande V^2O^2.

(7) *L'acétate de plomb* précipite, dans les solutions froides, acidulées par l'acide acétique, du vanadate de plomb jaune soluble dans AzO^3H.

(8) *L'azotate d'argent*, dans les mêmes conditions, donne un précipité jaune de vanadate d'argent.

MINERAIS ET MINÉRAUX

Les principaux minerais du vanadium sont les suivants :

Patronite : VS^4, *Carnotite* : $[VO^4]^2 [UO^2]^2$ (Ca, K^2)xH^2O ;

Roscoélite (mica vanadifère) : $Si^{12}O^{36}$ (Al.V)^4 Mg.Fe) K^2H^8 ;

Motramite : $[VO^4]^2$ (Cu Pb) (Cu.OH)^4 ;

Vanadinite : $[VO^4]^6$ Cl^2 Pb^{10}.

Moins importants sont la *Descloizite* VO^4 (PhZn) [PbOH] ; *l'Endlichite*, variété arsénicale de vanadinite, etc...

Le vanadium a été trouvé en quantités assez importantes dans les cendres de certains asphaltes et charbons. Les cendres d'un asphalte péruvien renferment de 25 à 40 % de V^2O^4.

Certaines magnétites titanifères de Suède en renferment de faibles proportions, probablement associé avec le rutile. Le rutile est souvent vanadifère.

RECHERCHE ET RECONNAISSANCE

Par HCl. — Beaucoup de minéraux du vanadium sont solubles dans les acides. HCl. paraît être le meilleur dissolvant.

Si on dépose quelques gouttes d'HCl. concentré sur de la *carnotite vanadinite descloizite*, etc..., il se produit immédiatement une solution rouge devenant verte ou disparaissant par addition d'eau. Quelques minéraux développent lentement cette coloration rouge, mais sa production peut être activée par la chaleur (*Roscoélite*).

Transformation à l'état de vanadate alcalin

Fondre le minéral avec six fois son poids du mélange Soude-Nitre ou de Bioxyde de Sodium. Dissoudre dans l'eau chaude. Filtrer. Additionner le filtrat de $\dot{N}O^3H$ jusque neutralisation presque complète, évaporer à sec.

Reprendre le résidu par l'eau, filtrer et caractériser le vanadium dans le filtrat par les réactions suivantes :

(a) En chauffant à l'ébullition avec un grand excès de NO^3H, il se forme un précipité abondant brun rouge d'acide pyrovanadique ;

(b) La solution légèrement acidulée par SO^4H^2 prend une coloration brun rouge par addition d'eau oxygénée. Réaction 5.

(c) La solution acidifiée légèrement par l'acide acétique précipite des vanadates jaunes par l'azotate d'argent ou l'acétate de plomb. Réactions 7 et 8.

(d) L'alcool, les acides oxaliques, tartriques réduisent les solutions sulfuriques de vanadate, en sulfate vanadyl bleu.

La masse fondue résultant de la désagragation du minéral par le mélange « Soude-Nitre » reprise par l'eau, acidifiée par SO^4H^2 et traitée avec du zinc, donne des colorations successives jaune, bleue, verte, lavande. (Réaction 6.

Les perles de borax ou de SPh. des précipités obtenus par les réactions (a) et (c) ont les colorations caractéristiques du vanadium. Réactions 1 et 2.

YTTRIUM

Voir Terres rares (page 230).

ZINC

Le Zinc est blanc bleuâtre, très malléable entre 100 et 150°, fusible à 419°. Au rouge, il brûle avec une flamme vert bleuâtre, produisant d'abondantes fumées blanches d'oxyde de zinc.

Réactions pyrognostiques

(1) Le zinc donne un enduit caractéristique décrit (page 64).

L'oxyde de zinc, poudre blanche à froid, jaune à chaud, humecté avec la solution cobaltique et chauffé à forte flamme FAO prend une belle couleur verte (*Vert de Rinmann*), plus nette par refroidissement.

Le zinc, étant donné la facilité avec laquelle il se volatilise, ne donne pas de globules métalliques au chalumeau.

RÉACTIONS DE LA VOIE HUMIDE

Métal.

Le zinc est soluble dans les acides. HCl et SO^4H^2 dilués, le dissolvent avec dégagement d'hydrogène.

Solutions

(2) *L'ammoniaque, le carbonate d'ammoniaque* donnent des précipités blancs, solubles dans un excès de réactif.

(3) *Les carbonates alcalins* donnent un précipité blanc insoluble dans un excès de réactif. Cette réaction est empêchée par les sels ammoniacaux.

(4) *Le sulfure d'ammonium* donne dans les solutions alcalines ou ammoniacales un précipité blanc de sulfure soluble dans les acides minéraux dilués, insoluble dans l'acide acétique.

MINERAIS ET MINÉRAUX

Les principaux minerais de zinc lesquels constituent souvent des gisements importants sont: *Blende* ZnS, *Smithsonite* CO^3Zn, *Calamine* $SiO^3 (Zn.OH)^2$. *Franklinite* $[FeO^2]^2$ (Fe MnZn) et *Zincite* ZnO sont les minerais constitutifs du gisement particulier de Franklin (New Jersey).

Willemite SiO^4Zn^2, *Hydrozincite* $CO^3 (ZnOH)^2Zn$ existent souvent dans les gisements. On peut trouver également *Adamine* AsO^4Zn (ZnOH), *Tarbutite* $(PO^4)^2 Zn^3 Zn (OH)^2$. La blende est souvent associée avec des minerais de cuivre, de plomb, de fer, etc... Le zinc est souvent un élément accessoire de sulfures et sulfo-sels.

RECONNAISSANCE ET RECHERCHE

Par voie sèche

Par réduction, volatilisation et formation d'enduit (Réaction 1). — Opérer comme suit :

Si le minerai contient S, As, griller au préalable. Mélanger ensuite le minerai avec 2 volumes de soude et 1 volume de charbon et traiter ce mélange à FPR, dans une cavité creusée dans une TC., toute la surface de cette dernière autour de la cavité ayant été au préalable humectée avec la solution cobaltique.

Le zinc sera révélé par son enduit sur MC. et par la coloration

vert de Rinmann que prend l'enduit sur T.C., après traitement
à forte FPO, et refroidissement complet.

En traitant à FPO, les enduits du plomb et du bismuth, qui
pourraient masquer celui du zinc, sont réduits et volatilisés,
seul l'enduit du zinc reste fixe dans ces conditions.

Changement de couleur en traitant à FAO. — Quelques minerais oxydés de zinc, blancs ou très faiblement colorés, pourront
être reconnus immédiatement, en les soumettant à l'action de
FAO. A chaud, ils prennent une coloration jaune canari à jaune
paille et redeviennent blancs à froid. La présence du zinc pourra
être confirmée en humectant le minéral avec la solution cobaltique et en traitant à forte FAO, il se produit la coloration vert
de Rinmann.

Les silicates de zinc, traités dans ces conditions, prennent
quelquefois une coloration bleue due à la formation d'un silicate de cobalt fusible, coloration accessoire, celle-ci étant en
général constituée par un mélange de taches bleues et vertes.

Par voie humide

Ajouter à 1 cc. de la solution du minerai 1 cc. d'HCl, puis
10 cc. d'une solution d'H_2S. Filtrer. Additionner le filtrat de
4 cc. d'acide acétique et de son volume d'acétate de soude. Le
zinc précipite en blanc, si la liqueur en contient 1/2000. Pour
caractériser le précipité, le dissoudre dans HCl étendu, faire
bouillir, ajouter une goutte d'une solution concentrée de solution cobaltique et précipiter par le carbonate de soude. Porter
à l'ébullition, laver à l'eau bouillante. Le précipité formé est
infusible et traité sur un M.S. à forte FAO devient vert (*vert de
Rinmann*).

ZIRCONIUM

Le zirconium se trouve dans les minéraux à l'état d'oxyde
(ZrO_2).

Caractères pyrognostiques de ZrO^2

La zircone est infusible. Soumise à l'action d'une forte FPO,
elle devient extrêmement brillante, produisant une lumière
blanche éclatante.

Humectée avec CoAz et chauffée fortement, elle prend une
coloration violet noir, sale, peu caractéristique.

Elle se dissout assez facilement dans le borax, difficilement dans le sel de phosphore.

RÉACTIONS DE LA VOIE HUMIDE

La zircone calcinée ou naturelle est soluble seulement dans $SO^4 H^2$ concentré, mieux par fusion avec le bisulfate de potasse.

Dans ces solutions :

1° *L'ammoniaque* donne un précipité blanc volumineux gélatineux, insoluble dans un excès et dans la potasse (diff. avec Al.Gl.).

L'acide oxalique un précipité blanc soluble dans un excès et dans l'oxalate d'ammoniaque.

2° *Le sulfate de potasse*, un précipité blanc de sulfate double, insoluble dans un excès.

3° *Le phosphate de soude*, un précipité blanc volumineux facilement soluble dans les acides minéraux.

4° *L'eau oxygénée*, en solution concentrée, donne dans les solutions faiblement acides un précipité blanc.

5° *Le papier de Curcuma*, plongé dans une solution faiblement acidulée par HCl, prend une coloration jaune ou rouge orange qui s'accuse si on sèche le papier à faible température. (Cette coloration est analogue à celle que donne l'acide borique.)

Si des sels ferriques et titaniques sont présents, les réduire au préalable par le zinc.

MINERAIS ET MINÉRAUX

Quoique souvent considéré comme un élément rare, le zirconium est très abondant dans la nature.

Les principaux minerais sont :

1° *Baddleyite* ZrO^2, renfermant souvent de l'oxyde de fer, et *Brazilite*, variété impure renfermant zircon, silice, oxyde de fer, de titane en proportions diverses. Ces minéraux sont très abondants au Brésil.

2° *Zircon* (Zr. Si) O^2 excessivement commun dans certaines régions (Brésil, Indes, Madagascar, Oural).

La zirconium est un élément d'un certain nombre de minéraux rares, tels que : *Zirkélite* (Zr, Ti, Th)^2 O^3 (Ca, Fe); *Lavénite* [Si O^2]^2 (Mn, Ca, Fe) [Zr O.F] Na ; *Eudialyte* (Si Zr)^{20} O^{62} Cl (Ca. Fe)^6 (Na.K.H)^{13}, etc...

RECONNAISSANCE ET RECHERCHE

Aucun essai ne permettant l'identification *rapide* et *certaine* de cet élément, on devra se borner si l'on est en présence d'un minerai de zirconium à constater si sa solution donne les réactions 3 et 5.

Opérer comme suit :

Malgré que la désagrégation par le carbonate de soude soit incomplète; désagréger une certaine quantité de minerai finement porphyrisé dans deux grosses perles de ce fondant.

Dissoudre ces perles à l'ébullition dans 2 cc. d'HCl étendu de 2 cc. d'eau.

Diviser la solution en deux parties :

1° Dans l'une, essayer la solution par le papier de curcuma qui prendra, si le zirconium est présent, une coloration orange, coloration s'accusant en desséchant le papier à faible température ;

2° Dans la seconde, l'addition de phosphate de soude à la solution produira un précipité blanc si le ziconium est présent. (Fe, Al, Ti Th, Ce, Y, ne troublant pas cette réaction.)

Pour rechercher le zirconium dans les minéraux des terres rares (voir page 236).

Table périodique des éléments

E	ECl / E^2O	ECl^2 / EO	ECl^3 / E^2O^3	EH^4 / EO^2	EH^3 / E^2O^5	EH^2 / EO^3	EH / E^2O^7	EO^4		
He 4	Li 6,94	Gl 9,1	B 11	C 12	N 14,01	O 16	F 19	.....		
Ne 20,2	Na 23,00	Mg 24,32	Al 27,1	Si 28,3	P 31,04	S 32,06	Cl 35,46	.....		
A 39,88	K 39,1	Ca 40,07	Sc 44,1	Ti 48,1	V 51	Cr 52	Mn 54,93	Fe 55,84	Co 58,97	Ni 58,68
.....	Cu 63,57	Zn 65,37	Ga 69,9	Ge 72,5	As 74,96	Se 79,2	Br 79,92			
Kr 82,9	Rb 85,45	Sr 87,63	Y 88,7	Zr 90,6	Nb 93,5	Mo 96	.....	Ru 101,7	Rb 102,9	Pd 106,7
.....	Ag 107,88	Cd 112,40	In 114,8	Sn 118,7	Sb 120,2	Te 127,5	I 126,92			
Xe 130,2	Cs 132,81	Ba 137,37	La 139	Ce 140,25	.....	.....	.....	.....		
.....	.....	.....	.....	.....	Terres rares	.....	.....	.....		
.....	.....	.....	.....	.....	Ta 181,5	W 184	.....	Os 190,9	Ir 193,10	Pt 195,2
.....	Au 197.20	Hg 200,6	Tl 204	Pb 207.2	Bi 208	.....	.....			
Nt 222,4	.....	Ra 226	.....	Th 232,4	.....	U 238,20	.....	.....		

CINQUIÈME PARTIE

CARACTÈRES CRISTALLOGRAPHIQUES ET PHYSIQUES

CHAPITRE I

CARACTERES CRISTALLOGRAPHIQUES

Les minéraux, en dehors de quelques-uns tels que l'*opale*, le *chrysocolle*, qui sont amorphes, ont tous une structure cristalline; c'est-à-dire qu'ils sont constitués par un ensemble de particules cristallisées dont chacune, prise isolément, possède les mêmes caractères optiques dans des directions identiques.

Quand la cristallisation s'est produite dans des conditions favorables (*cas exceptionnel*) le minéral se présente sous forme de cristaux, c'est-à-dire de solides terminés par des faces planes ayant des formes géométriques et dans chaque espèce minérale ces cristaux tout en pouvant avoir des formes différentes présentent les mêmes degrés de symétrie, des angles constants entre les mêmes faces et les mêmes clivages.

L'étude cristallographique des cristaux ou microscopique des fragments de minéraux transparents, permettra souvent à un minéralogiste *très-expérimenté* de spécifier un minéral, mais cette étude, très-spéciale, applicable surtout à la détermination des minéraux constitutifs des roches (silicates), ne présente au point de vue prospection et étude des minerais qu'un intérêt très-limité étant donné que les cristaux déterminables sont exceptionnels (localisés dans des druses, cavités ou fentes), que la plupart des minéraux sont opaques et, qu'en supposant l'espèce déterminée, il sera néanmoins nécessaire de confirmer par des essais sa composition chimique, c'est-à-dire de rechercher ses éléments constitutifs et accessoires.

Donc, en se plaçant au point de vue *pratique* de la détermination et de l'étude des minerais, les caractères cristallographiques sont souvent d'un intérêt secondaire à l'exception toutefois du *clivage* qui permettra quelquefois d'aider à différencier des minéraux ayant des caractères physiques semblables ou facilitera la reconnaissance d'un minerai.

CLIVAGES

Le clivage est la propriété que présentent les minéraux de se diviser sous le choc ou la pression suivant des plans parallèles souvent lisses et miroitants comme les faces des cristaux, plans correspondant à des plans de densité moléculaire élevée, en conséquence parallèle à certaines faces naturelles des cristaux. Certains minéraux ne possèdent qu'un seul clivage, d'autres plusieurs.

Les *micas* qui se clivent en lames minces, le *calcite* en rhomboèdres, la *galène* en cubes sont des exemples typiques de minéraux clivables.

Dans les minéraux ci-dessus qui se clivent avec facilité suivant des plans lisses et miroitants, le clivage est dit : *facile, parfait, net.* Dans d'autres espèces munérales où certaines faces de clivage se produisent mais avec moins de netteté, il est qualifié de *distinct*, enfin il peut être *imparfait*.

Exceptionnellement, les clivages faciles s'obtiendront, comme dans les micas, en plaçant la lame d'un couteau dans le sens visible de la séparaion des lames et appuyant légèrement ; d'autres ne se produiront que par le choc d'un marteau sur un ciseau ou la lame d'un couteau placée dans la direction d'une ligne de clivage.

Plans de séparation

Dans certains minéraux il existe, outre les clivages proprement dits qui permettent d'obtenir des lamelles extrêmement fines (Ex. : *mica*), des plans de séparation plus ou moins écartés et en nombre limité qui paraissent être des clivages et ne correspondent en réalité qu'à des plans de mâcles (Ex. : *corindon*) ou ont été produits par certaines actions physiques : pression, etc...

Il est donc utile de retenir que ces plans, qu'il ne faut pas confondre avec les clivages, peuvent exister dans certains échantillons et ne pas exister dans d'autres, tandis que les plans de clivage sont toujours un caractère constant et caractérisque d'une espèce déterminée.

En dehors des clivages, la connaissance des formes cristallines sous lesquelles se présente généralement un minerai, celle des principaux types de mâcles, de certains groupements cristallins particuliers, facilitera souvent la détermination quand le minerai se présente en cristaux nets, ce qui est plutôt exceptionnel.

FORMES CRISTALLINES

Au point de vue forme cristalline, les *formes cubiques ou dérivées* que présentent les cristaux de pyrite, cobaltine, blende, cuprite, etc..., les formes *quadratiques, prismatiques ;* de la cassitérite, du rutile, etc... ; les *octaèdres quadratiques* des zircons, schéélites, etc... ; la forme *rhomboédrique* de la plupart des carbonates sont suffisamment caractéristiques pour faire soupçonner immédiatement l'espèce.

MACLES

Au point de vue mâcles, l'existence de la *mâcle en visière* ou *bec d'étain* permettra de caractériser immédiatement une cassitérite, la *mâcle en genou :* cassitérites et rutiles ; la *mâcle des spinelles :* spinelles, magnétites, blendes, etc... ; celle *en fer de lance :* le gypse ; une *mâcle à charnières multiples :* la cérusite, etc...

GROUPEMENTS CRISTALLINS

D'autre part, les cristaux sont quelquefois groupés pour certains minéraux sous une forme suffisamment particulière pour permettre de soupçonner la nature de l'espèce.

On peut trouver les groupements suivants :

Cristaux radiés divergeant d'un centre : wawellite, pyrolusite, etc...;

Cristaux en rosette : disposés autour d'un centre comme les pétales d'une roses ; Illménite du Saint-Gothard.

Cristaux réticulés : système de cristaux parallèles entrecroisés ou en zigzags : cassitérite, rutile, cobalt tricoté, etc...;

Cristaux flabelliforme ou en éventail : mésotype, strontianite, etc...;

Cristaux crêtés ou conchoïdes : prehnite, barytine, etc...

Il résulte de ce qui précède que l'étude des cristaux facilitera une rapide spécification.

CHAPITRE II

CARACTERES PHYSIQUES

En dehors de ses caractères cristallographiques, un minerai possède des caractères et propriétés physiques particulières. Il se présente avec une forme extérieure, une couleur, un éclat particulier. Il est plus ou moins lourd, dur. Il peut être tenace, friable, posséder une saveur, une odeur particulière, etc., etc...

Ces caractères et propriétés, au point de vue spécification, sont loin de présenter la même valeur. Si la dureté, la densité peuvent être considérés comme des propriétés spécifiques assez régulières et constantes, la forme extérieure, la texture, la couleur, dans les minerais ne possédant pas l'éclat métallique peuvent varier considérablement dans les échantillons d'une même espèce provenant de gisements différents.

Par contre, la couleur reste assez caractéristique de l'espèce dans la plupart des minerais possédant l'éclat métallique.

D'autre part, certains minerais se présentent assez communément avec des formes extérieures ou des structures assez particulières et caractéristiques pour que ces particularités tout en n'étant pas spécifiques soient indicatrices de l'espèce et méritent en conséquence d'être connues.

Etant donné ces considérations, il me paraît nécessaire de donner quelques détails sur les caractères et propriétés physiques des minerais pouvant être utilisés, de définir la significations des qualificatifs employés pour désigner leurs particularités et surtout de faire connaître comment on peut estimer la dureté et la densité.

FORME EXTERIEURE

Un des premiers caractères physiques qui attire l'attention quand on cherche à spécifier un minerai, est sa forme extérieure, quand celle-ci présente un caractère particulier.

Ces caractères particuliers sont désignés par des qualificatifs spéciaux dont on trouvera la signification ci-dessous :

Réniforme, nodulaire : Concrétions plus ou moins arrondies ayant la forme de rognons, nodules ; souvent constitués par une superposition de couches concentriques, ou pouvant être creux à l'intérieur. Ex. : Malachite, Smithsonite, Phosphorite, etc., etc.

Globulaire : Réunion de globules plus ou moins gros, formés de couches concentriques et désignés sous le nom de *pisolithes*, si leur grosseur est analogue à celle d'un poids ; *d'oolithes* quand ils ont la dimension des œufs de poissons. Ex. : Certains minerais de fer, de manganèse, bauxites, etc...

Mamelonnée : Surface constituée par une agglomération de petits mamelons. Quand les mamelons ont l'apparence d'une grappe de raisin, la forme est désignée sous le nom de *Botryoïdale*. Ex. : Malachite, Turquoise, Limonite , Smithsonite, etc...

Stalactiforme : Concrétions coniques ayant la forme de stalactites. Ex. : Limonite, calcite, etc...

Dendritique : Groupement de cristaux sous forme de branches entrecroisées, de feuilles de fougère. Ex. : Cuivre natif, etc...

Si les groupements sont déliés, menus, on utilise le qualificatif de *mousseux*. *Ex.* : Agate mousseuse, etc...

Filiforme : Groupement de fils enroulés ou entrecroisés. Ex.: Argent natif, etc...

STRUCTURE

Les différentes variétés de structure d'un minéral qui ne se présente pas en cristaux distincts bien groupés, mais plutôt sous forme d'agrégats de parties cristallines ou compactes sont désignés par les qualificatifs suivants :

Grenue : Réunion de grains ou de petits cristaux de forme irrégulière. Ex. : Dolomie, magnétite, etc...

Lamellaire : Assemblage de grains cristallins ou lamelles de clivages. Quand les grains cristallins sont très-petits, comme dans le marbre statuaire, la structure est dite : *Saccharoïde*. On la qualifie d'*écailleuse*, *micacée*, *foliacée*, quand les lames se séparent facilement. Ex. : Micas, chlorites, oligiste, uranites, etc... ; de *curvilaminaire*, quand les lames sont courbes. Ex. : Molybdenite, Graphite, Uranite, etc...

Bacillaire : Résultant de la réunion de cristaux prismatiques plus ou moins déformés par pression. Ex. : Pyromorphite, épidote, tourmaline, etc...

Fibreuse : Réunion de cristaux aciculaires ou fibres parallèles comme dans : asbeste, arseniosidérite ; *radiés* comme dans :

érythine, pyrolusite, wawellite, etc... ; *entrelacés :* comme dans
la cérusite, etc...

Compacte : Structure dans laquelle on ne distingue à l'œil nu
aucun indice de structure quelconque: Bauxites, quelques limo-
nites, etc...

Terreuse ou poudreuse : Agglomération de grains peu cohé-
rents. Ex. : Wads, craie, etc...

DURETE

La dureté est la résistance qu'opposent les minéraux à se
laisser rayer, entamer ou user.

Pour l'apprécier, on utilise comme point de comparaison les
dix minéraux suivants qui constituent *l'échelle de dureté de
Mohs.*

Ces minéraux, numérotés de 1 à 10 (*indices de dureté*), sont
placés dans un ordre de dureté croissante ; tout minéral rayant
nettement celui qui le précède et étant rayé par celui qui suit.

1. *Talc.*	6. *Orthose.*
2. *Gypse.*	7. *Quartz.*
3. *Calcite*	8. *Topaze.*
4. *Fluorine.*	9. *Corindon.*
5 *Apatite.*	10. *Diamant.*

En essayant l'action du minéral dont on veut déterminer la
dureté sur ces minéraux types, on établit la valeur de son indice.
Par exemple, s'il raye le quartz (7), ne raye pas la topaze (8) et
n'est pas rayé par elle, son indice de dureté sera (8) ; mais si
tout en rayant le quartz (7), il était rayé par la topaze (8), sa
dureté serait de 7 1/2.

Sans recourir à ces échantillons repères, la dureté pourra être
estimée en essayant sur le minéral l'action de l'ongle, d'un fil de
laiton, du couteau, du verre, d'un pointeau en acier trempé ou
d'une lime, d'un cristal de quartz, du carborundum.

Les duretés de ces corps sont les suivantes :

L'*Ongle* raie le talc et le gypse .... Dureté : 2 1/2
Le *Laiton* raie la calcite, ne raie pas la fluorine 3 1/2
Le *Couteau* raie facilement la fluorine, difficilement
    l'apatite ....légèrement supérieure à 5
Le *Verre* raie l'apatite, ne raie pas l'orthose 5 1/2

L'*Acier trempé, la lime*, raient l'orthose, ne raient pas le
quartz 6 1/2
Le *Quartz* 7
Le *Carborundum* 9

L'estimation de la dureté facilitera beaucoup la reconnaissance rapide de certaines espèces minérales dont les caractères
physiques sont semblables, ainsi :

La *chalcopyrite* (3 1/2), rayable facilement au couteau, sera
distinguée de la *pyrite* (6-6 1/2) qui ne l'est pas.

La *calcite* (3), rayée par le laiton de la *fluorine* (4) non rayée.

L'*apatite* (5) est rayée par le verre, la lime, le quartz, tandis
que le *béryl* (8), avec lequel on peut la confondre quelquefois,
raie le quartz.

En essayant la dureté, tenir compte des observations ci-dessous :

1° Employer, pour rayer, une arête bien vive et frotter à plusieurs reprises sur une face nette du minéral type, enlever la
poussière produite et examiner à la loupe si la face est nettement
rayée ;

2° Deux minéraux de même dureté, frottés fortement, peuvent se rayer mutuellement ;

3° La cohésion moléculaire n'étant pas la même dans toutes
les directions, on peut constater des écarts assez sensibles de
dureté entre les faces différentes d'un même cristal.

En général, la dureté augmente légèrement quand le minéral
se rapproche de l'état cristallin, qu'il a une texture concré-
tionnée et sur les angles ou les arêtes. Elle diminue suivant la
direction des clivages ;

4° Une altération superficielle, non visible, peut modifier
sensiblement la dureté.

RAYURE. — COULEUR DE LA POUSSIERE

Certains minéraux, réduits à l'état de poussière, ont une couleur très-différente du minéral massif, et cette coloration de la
poussière est, pour quelques-uns, suffisamment caractéristique
pour permettre de les reconnaître et caractériser dans leurs associations.

Ainsi, les minerais de fer pourront être distingués par la couleur de leur poussière : La *magnétite* (Fe^3O^4) : poussière noire ;

l'*hématite rouge* (Fe²O³), la *turgite* (Fe²O³H²O) : poussière rouge ; *goéthite* (Fe²O³2H²O) et *limonite* (Fe²O³3H²O) : poussière jaune.

Cassitérite et *Wolfram* associés se distingueront facilement. La poussière des *cassitérites* variant du grisâtre au jaunâtre et au brunâtre ; celle des *wolframs* du brun rougeâtre foncé au noir, etc...

Pour les minéraux de dureté moyenne, on constate la coloration de la poussière en utilisant une plaque dure en porcelaine dégourdie sur laquelle on frotte le minéral. La coloration de la traînée de poussière laissée par le frottement est ainsi nettement visible. On arrive au même résultat pour les morceaux durs en les rayant par un corps de dureté supérieure, par exemple avec le carborundum, ou en les porphyrisant dans le mortier d'agate après broyage fin sur le tas en acier.

DENSITE

La densité étant à peu près constante pour une même espèce minérale et variant pour des espèces différentes, sa détermination sera quelquefois nécessaire pour caractériser un minéral appartenant à une famille minéralogique dont toutes les espèces ont des caractères pyrognostiques et physiques voisins ou semblables (sulfo-antimoniures de plomb), quelques carbonates et sulfates, etc.).

Elle donnera souvent des indications préliminaires permettant d'orienter ou de limiter le champ des essais quand on aura à déterminer une terre rare ou un minéral lourd ; elle peut même donner exceptionnellement des indications sur la composition, comme dans les niobiotantalates de fer et manganèse, où ses variations concordent avec la teneur plus ou moins élevée en acide tantalique, etc.

Enfin, la densité permettra même d'estimer, par un simple calcul, la proportion de minerais lourds inclus dans une gangue de nature connue (galène, dans une gangue de quartz, barytine, etc.).

Il existe de nombreux appareils permettant de déterminer la densité : le pycnomètre ou flacon, la balance de Westphall, les aéromètres de Nicholson, de Paquet, les appareils de Pisani, etc.

Nous utilisons de préférence en raison de leur simplicité, les appareils suivants dont l'exactitude est suffisante dans la pratique courante, si on se sert pour les pesées d'une balance sen-

sible au moins à 1 milligramme pour des échanitllons de 15 gr.,
et à 5 milligrammes pour des échantillons de poids supérieurs.

1° L'appareil de Pisani pour les petits fragments ;

2° Pour les échantillons que l'on ne peut briser ayant jusque
5 centimètres de plus grande dimension, un jeu de vases cylindriques de volumes différents ;

3° Pour les gros échantillons, l'appareil indiqué par Pisani,
que nous avons légèrement modifié, afin de le rendre plus solide
et utilisable en cours de route.

Description des Appareils

1° *Balances.*

Pour les pesées, on utilisera les balances décrites page 24.

2° *Densité des petits fragments (Appareil Pisani*, fig. 38).
Cet appareil consiste en un tube de verre calibré, coudé à 45°
et à deux branches très-inégales.
La grande branche de 5 cc. de capacité environ, est divisée
en 1/50° de centimètre cube, chaque division correspondant à
2 centigrammes. La branche courte se termine par un réservoir *a* de 3 centimètres cubes de capacité, fermé comme dans
le pycnomètre, par un bouchon creux prolongé par un tube
étroit sur lequel est tracé un repère *b*.

Pour prendre une densité, opérer comme suit :

Peser 2 à 3 grammes de minerai réduit en petits morceaux
aussi uniformes que possible, soit *P* leur poids.
Enlever le bouchon, placer la branche courte *verticalement*,
remplir d'ea ujusqu'au niveau de l'orifice du réservoir, placer le
bouchon. Redresser le tube gradué jusqu'à sa verticale en maintenant le doigt à l'extrémité du tube effilé pour empêcher l'eau
de s'écouler. Soulever légèrement le doigt afin de laisser s'écouler l'eau avec précaution jusqu'à ce que son niveau, étant au
repère, soit en même temps dans le tube gradué au point 0 ou
quelques divisions au-dessus. Noter la division No où se maintient
le niveau dans le tube gradué.

Replacer à nouveau le réservoir vertical, enlever le bouchon
sans perdre de liquide, introduire la matière pesée dans le
réservoir, reboucher, redresser le tube gradué, jusqu'à ce que
l'eau affleure au repère *b*.

La différence entre le nouveau niveau N atteint par l'eau et le volume No primitif, représente le volume des fragments.

La densité est : $\dfrac{50\ P}{N\text{-No}}$

Nota. — Si des bulles d'air restaient accrochées au minerai, les faire disparaître en agitant avec un fil de platine.

2° Densité des échantillons d'un volume moyen.

J'utilise, dans ce cas, un jeu de trois vases cylindriques de 25, 50 et 100 cc. de capacité environ. Ces vases sont en verre ou, mieux, en aluminium, et ont leur bord parfaitement dressé, de façon à ce que, remplis d'eau, ils puissent être complètement fermés en appliquant contre l'ouverture une simple lame rigide de mica d'un diamètre légèrement supérieur.

Mode opératoire : Choisir le vase dont le volume est le plus voisin de celui de l'échantillon, tout en lui étant supérieur. Le remplir d'eau de façon à ce que la surface du liquide forme, au-dessus de l'ouverture, un ménisque convexe. Déposer sur ce ménisque le mica, le presser légèrement, afin de chasser l'eau en excès et l'appliquer contre le bord du cylindre contre lequel il sera maintenu par la pression atmosphérique. Sécher les parois du vase avec un buvard ou un chiffon.

Peser, soit P, le poids du vase plein d'eau.

Enlever le mica, introduire l'échantillon avec précaution, appliquer à nouveau le mica, sécher et peser, soit P' le nouveau poids.

Si M est le poids du minéral, le volume du minéral sera :

$$M+P-P', \quad \text{la densité} : \quad \dfrac{M+P-P'}{P}$$

3° Densité des gros échantillons (Appareil de Pisani modifié).

L'appareil (fig. 63) se compose :

1° D'un petit réservoir parallélipipédique en zinc ou laiton, possédant à la partie inférieure une tubulure inférieure, située près d'un angle, fermée par un bouchon en caoutchouc à deux trous, dans lesquels passent deux tubes en verre recourbés à angle droit. L'un (*a*) dirigé vers le haut, muni d'un curseur en papier, est utilisé comme indicateur de niveau d'eau ; l'autre (*b*) dirigé vers le bas, utilisé pour la vidange, est terminé comme une burette de Mohr à écoulement réglable par pince à pression ;

2° D'une éprouvette 100 centimètres cubes, graduée en centimètres cubes.

Opérer comme suit :

Verser une quantité d'eau suffisante dans le réservoir, de façon à ce que l'échantillon ultérieurement plongé dans le liquide soit complètement recouvert. Ouvrir la pince à pression du tube b, afin que ce dernier soit complètement rempli d'eau. Ceci fait, mettre le curseur en place, son trait repère correspondant exactement avec le niveau de l'eau dans le tube a.

Peser le minerai, soit P son poids, le plonger dans le réservoir au moyen d'un fil mince, le niveau de l'eau

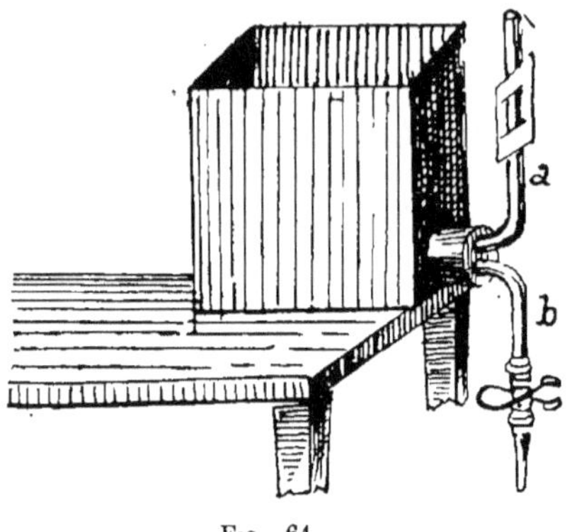

Fig. 64.

s'élèvera dans le réservoir. Le ramener à son volume primitif indiqué par le curseur, en ouvrant la pince du tube b, et faisant écouler l'eau dans l'éprouvette graduée. Le nombre de centimètres cubes d'eau recueillis (N) représentera le volume du minerai.

La densité sera :
$$\frac{P}{N}$$

ECLAT

En dehors de la couleur, les minéraux possèdent souvent un éclat (*un brillant*) particulier qui est assez caractéristique pour certains d'entre eux et indépendant de leur couleur propre.

Les qualificatifs employés pour désigner les différentes sortes d'éclats sont les suivants :

Métalliques : Eclat analogue à celui des métaux. Existant dans des minéraux opaques, même en lames minces.

Ex. : Métaux natifs, sulfures, arséniures, la plupart des sulfosels métalliques, etc.

Submétallique ou *Métalloïde* : Eclat que possèdent des minéraux opaques foncés dont les lamelles sont légèrement transparentes.

Ex. : Wolfram, chromite, niobite, etc.

Les autres minéraux plus ou moins transparents ont leur éclat caractérisé par les qualificatifs suivants :

Adamantins : Eclat analogue à celui du diamant, minéraux possédant, par conséquent, un indice de réfraction élevé.

Ex. : Diamant, senarmontite, rutile, quelques cassitérites, quelques zircons, cérusite, crocoïse, quelques anglésites, cuprite, cinabre, pyrargyrite, proustite, etc...

Résineux : comme la résine.

Ex. : Triplite, euxénite, gadolinite, fergusonite, wulfénite, etc.

Gras :

Ex. : Eloelithe, quelques zircons, euxénites, etc...

Vitreux : comme le verre.

Ex : Quartz ; la plupart des silicates, carbonates, etc...

Nacré : comme la nacre.

Ex. : Stilbite, apophyllite, etc.

Soyeux : comme la soie.

Ex. : Gypse fibreux, amiante, arséniosidérite, etc.

Il peut être utile de retenir que beaucoup de minéraux possédant l'éclat adamantin ou résineux ont une densité élevée ; que l'éclat adamantin ou résineux caractérise un certain nombre de minerais oxydés de plomb et que, dans les minéraux de couleur jaune, brune ou noire à éclat résineux, dominent les minéraux des terres rares.

COULEUR

L'étude de nombreux échantillons de minerais et minéraux de diverses provenances permet de constater que la couleur peut varier considérablement dans une même espèce minérale ; qu'en conséquence, sauf pour qeulques minerais, elle ne peut être utilisée comme caractère distinctif.

Exemples parmi les minerais :

Les *Cassitérites* peuvent être incolores, gris clair, jaune-brunâtre, brunes, noires.

Les *blendes :* jaunes, jaunes-verdâtres, rouge-rubis et transparentes ; d'autres, incolores, gris-jaunâtres, brun-jaunâtres, brunes ou noires.

Les colorations foncées étant dûes, pour ces deux minerais, à la présence du fer comme élément accessoire.

Les *smithsonites* sont colorées très-diversement ; la coloration étant toujours dûe à la présence d'un élément accessoire : Vertes ou bleues, elles sont cuprifères ; jaunes et transparentes, cadmifères ; opaques, jaunes, rouges ou brunes, ferrifères ; roses, manganésifères ou cobaltifères, etc.

Les *bauxites* peuvent présenter les teintes suivantes : blanches : grises, roses, violettes, jaunes, rouges plus ou moins foncées, brunes, etc.

Parmi les *minéraux* : *Fluorine, apatite, tourmaline*, peuvent présenter toutes les colorations.

Une même pierre précieuse ou demi-précieuse peut présenter des colorations très diverses. En dehors des *diamants* incolores, on en trouve de jaunâtres, jaunes, bleus, roses, violets, bruns et noirs. Les *corindons*, suivant leur couleur, portent des noms différents : bleus, ils sont désignés sous le nom de *saphirs ;* rouges, sous celui de *rubis ;* jaunes, de *topazes orientales*, etc. Les *topazes* peuvent être incolores, jaunes ou bleues pâle, etc., etc...

Dans ces minéraux, les variations de coloration paraissent dûes à la présence dans le minéral de très-faibles quantités de matières colorées.

Exceptionnellement, dans certains minerais, la couleur est assez particulière et constante pour qu'on puisse la considérer comme un caractère assez distinctif pour faciliter la détermination.

Tels sont :

1° Quelques métaux natifs et minerais à éclat métallique ou submétallique :

Or, argent, bismuth, plomb natifs ont la couleur du métal.

Millerite, chalcopyrite : jaune de laiton.

Pyrite : jaune de laiton à jaune d'or.

Marcassite : jaune de laiton, souvent verdâtre.

Pyrrhotine : jaune de bronze inclinant au brun tombac (bronze brunâtre).

Stannine : gris d'acier tirant sur le jaune de laiton.

Nickeline, Breithauptile : rouge de cuivre clair.

Cobaltite, Linnéite : blanc d'argent rougeâtre.

Bornite ou *Erubescite* : rouge de cuivre inclinant au brun tombac.

Covelline : bleue.

Nicopyrite. Sternbergite : brun de tombac (bronze brunâtre).

Molybdénite : gris de plomb avec reflets bleuâtres.

2° Quelques minerais qui se présentent, en général, à l'état de pureté, possèdent la couleur caractéristique de l'espèce :

Soufre, orpiment,wulfénite : jaunes.

Réalgar, Crocoïse : orangés, rouge-orangés..

Cuprite ,proustite, pyrargyrite, cinabre : rouges plus ou moins foncés.

Malachite, dioptase, atacamite, brochantite, annabergite, etc. : verts de diverses nuances.

Erythrine, dialogite, rhodonite : roses.

Boléite, azurite, etc. : bleus.

Si, au point de vue identificaiton des minerais, la couleur ne présente qu'un intérêt secondaire, il n'en est pas de même si on l'envisage au point de vue prospection de surface.

Dans ce cas paritculier, tout minéral présentant une coloration particulière ou tranchante sur la couleur particulière générale du terrain mérite d'attirer l'attention.

Des minéraux bleus ou verts représentant souvent l'altération de minerais de cuivre; verts : celle de minerais de nickel; jaunes : de minerais d'antimoine ; jaunes et verts : d'urane et de vanadium ; noirs : de minerais de manganèse ; noirs, rouges, jaunes : de minerais de fer. Enfin, des minerais lourds couleurs de poix, noir, brun-noir, rouge-brun plus ou moins foncé, à éclat submétallique, résineux, vitro-résineux, gras, des terres rares, etc...

Noter que la couleur de la poussière du minéral peut être quelquefois différente de sa couleur propre. Cette constatation sera faite en rayant le minéral, c'est-à-dire en essayant sa dureté (Voir : Rayure, couleur de la poussière, page 259.)

Que pour les minerais à éclat métallique ou submétallique, la couleur, pour avoir quelque valeur, ne doit être appréciée que sur la surface fraîche d'un minéral non allié.

Quant aux colorations gris de plomb, d'acier ou de fer, l'expérience m'a démontré que souvent deux personnes pouvaient apprécier ces teintes différemment.

CASSURE

Les différents aspects que peuvent présenter les cassures dans les minéraux sont désignés par les qualificatifs suivants : *unie, inégale, grenue* ou *saccharoïde* (comme celle du marbre), *esquilleuse,* formée d'esquilles comme du bois brisé ; *écailleuse,* formée d'écailles ; *hachée,* comme entaillée en tous sens, et *rugueuse, conchoïdale,* courbe comme la valve bombée d'une coquille; *terreuse,* analogue à celle de la craie.

TENACITE

La ténacité est la résistance qu'oppose un minéral à être brisé par le choc. S'il résiste, on le qualifie de *tenace ;* s'il se brise facilement, il est *fragile.* Des minéraux tendres peuvent être tenaces ; d'autres durs, très-fragiles.

Les minéraux tenaces peuvent être :

Malléables ou martelables sous forme de lames : *Métaux natifs,* etc...

Sectiles, se laissant couper au couteau : *Argyrose, cérargyryte.*

Flexibles, se courbant sans se briser : *chlorites, argent natif,* etc., etc.

Elastiques, se courbant, puis reprenant leur forme primitive : *micas,* etc.

Les minéraux fragiles peuvent être *friables, pulvérulents,* c'est-à-dire se réduire facilement en poudre.

CARACTERES ORGANOLEPTIQUES

Quelques minéraux peuvent produire une certaine impression *sur le toucher ;* d'autres *happent la langue ;* certains possèdent une *saveur* ou une *odeur* spéciale.

Action du toucher : Le talc, graphite, etc., ont un toucher *gras, onctueux ;* d'autres un toucher *âpre, rude.* Certains minéraux *tachent les doigts :* molybdénite, graphite, wad, ocres.

Happement à la langue : caractères des minéraux tels que les argiles, l'écume de mer, quelques bauxites.

Saveur : Les minéraux solubles dans l'eau peuvent seuls posséder une saveur caractéristique. La saveur peut être *salée* (hyalite) ; *fraîche* (nitre) ; *astringente* (alun) ; *amère* (epsomite); *alcaline* (natron) ; *douce* (borax).

Odeur : Quelques minéraux ont une odeur propre (bitume, pétrole). Dans d'autres, une odeur se révèle en les frappant avec un marteau. *Ex.* : *odeur arsénicale ou alliacée* : mispickel, etc., *sulfureuse* : minerais sulfurés ; de *radis pourri* (sélénium) ; enfin, certains minerais donnent, par l'insufflation, une *odeur argileuse* (argile).

MAGNETISME

La *magnétite* est le seul minéral magnéti-polaire. En u. hors d'elle, très peu de minéraux sont magnétiques, c'est-à-dire attirables par un aimant ordinaire.

La *pyrrhotine* fortement magnétique, ainsi que certains *platines* alliés du fer, peuvent être attirables en morceaux assez gros.

Quelques *hématites, ilménites, titano-magnétites, chromites, franckIinite,* l'étant faiblement, ne sont attirables qu'après avoir été broyés plus ou moins finement et soumis à l'action d'un aimant puissant.

D'autres minéraux contenant une forte proportion de fer : *grenats, hématite, sidérite, wolfram, rutile, columbite, cassitérites* et *blendes ferrifères,* etc., ainsi que les *monazites,* sont très-faiblement magnétiques et attirables seulement par des électro-aimants plus ou moins puissants.

Noter que la grande majorité des autres minéraux non magnétiques contenant du fer, ainsi que les minerais de nickel et cobalt, deviennent plus ou moins magnétiques après traitement sur TC. à une forte FPR.

SIXIÈME PARTIE

EXEMPLES DE DÉTERMINATION, DIFFÉRENCIATION ET ÉTUDE DE QUELQUES MINERAIS

J'ai indiqué : Chapitre 3, Partie 3 :

1° Que le moyen le plus rationnel pour déterminer rapidement un minerai consistait à rechercher tout d'abord à quelle famille minéralogique il appartenait. Se trouvait-on en présence d'un sulfure, séléniure, tellurure, arséniure, etc. ; d'un sulfosel (sulfo-arséniure...), d'un oxysel (sulfate, arséniate, silicate, etc., etc...) ;

2° Que, dans la très-grande majorité des cas (à l'exclusion des minerais des terres rares), la recherche et la reconnaissance des éléments constitutifs pourraient être réalisées facilement en soumettant le minerai aux essais suivants, exécutés dans l'ordre indiqué :

1° Essai de calcination ;

2° Essai de grillage sous verres confirmé par un grillage à feu nu ;

3° Essai de réduction ;

4° Essai avec les perles ;

5° Essai de coloration de flammes :

6° Essai de désagrégation par le mélange soude-nitre ;

7° Action des acides sur le minerai.

Les exemples ci-après de minerais appartenant à différentes familles minéralogiques, démontrent comment les essais pyrognostiques et de la voie sèche permettent : de déterminer facilement les éléments constitutifs d'un minerai, de différencier des espèces voisines ayant des caractères physiques semblables, d'étudier complètement quelques minerais, c'est-à-dire de rechercher et reconnaître leurs éléments constitutifs et accessoires.

On verra, par ces exemples, que les sept essais que je préconise sont loin d'être toujours nécessaires et qu'en général pour les minerais des métaux proprement dits, deux ou trois seulement peuvent être suffisants.

Les avantages de ces essais sont leur rapidité, leur précision, et la simplicité de l'appareillage qu'ils nécessitent.

Au point de vue rapidité, certains exemples donnés permettront de constater que quelques minutes suffisent pour trouver les éléments principaux quand la recherche de ces mêmes éléments par l'analyse qualitative ordinaire demanderait un travail de plusieurs heures à un chimiste expérimenté. Ainsi, *l'étude d'un cuivre gris* telle que je l'ai indiquée peut être réalisée au maximum en une heure et en deux heures si on veut également estimer la teneur en argent.

Leur précision est telle que, dans certains cas, ces essais constituent une méthode intermédiaire entre l'analyse par voie humide et l'analyse spectrale. J'ai pu, en effet, déceler, dans beaucoup de minerais des terres rares, la présence de *traces de bismuth et de plomb*, par formation d'enduits faibles mais suffisamment nets et caractérisables ; constater que des samarskites renfermaient *quelques millièmes d'étain* ; la *présence du nickel et du chrome* dans un minerai de fer de Lokris (Grèce), qui contenait 0,6 % de nickel et 2 % de chrome, de *l'arsenic et du cuivre* dans un minerai de fer de l'Ile d'Elbe renfermant 0,10 % d'arsenic et 0,15 % de cuivre, de *traces de cuivre* dans certaines galènes ; d'*arsenic, antimoine, bismuth* dans des pyrites, de *sélénium* dans des soufres, etc., etc.

Quant aux essais d'or et d'argent par le nouveau procédé de scorification, la sensibilité de la méthode est telle que l'on peut très-facilement, en scorifiant un gramme de plomb pauvre, estimer sa teneur exacte, même si le plomb ne renferme qu'*un gramme d'argent à la tonne.*

Ne réclamant, d'autre part, pour leur exécution, qu'une faible quantité de matière, ces essais permettent d'étudier facilement la composiiton de minerais se présentant sous forme de mouches ou grains; par exemple, celle de concentrés obtenus à la battée, lesquels renferment souvent des grains roulés, non différenciables à l'œil nu ou à la loupe, tout en pouvant appartenir à des espèces minérales très différentes.

CHAPITRE I

EXEMPLES DE DETERMINATION

TELLURURES

Calavérite. — Au Te² avec Ag — **Krennérite** (Au Ag) Te².

Caractères communs

Très-fragiles.

Grillés à feu nu : Très fusibles (F = I) ; donnent l'enduit caractéristique du tellure sur les micas .... *Te*
comme résidu, un globule plus ou moins jaune...... *Au+Ag.*
Au Ag ;

donc : Eléments constitutifs : *Te, Au, Ag.*

Caractères particuliers

La *Krennérite* possède un clivage parfait. La *Calavérite*, plus riche en or, n'est pas clivable.

SELENIURE

Zorgite (Pb Cu²) Se.

Très-fusible (F = 1).

Grillé sous verres ou à feu nu : Sublimé et enduits rouges, intense coloration bleu azur de la flamme, odeur de raifort : *Se.*
Le minerai grillé réduit sur PC avec la soude, donne l'enduit de *Pb* et un globule (*Pb + Cu*), duquel Cu peut être séparé par scorification .... *Pb+Cu*

donc : Eléments constitutifs : *Se Pb Cu.*

SULFURES

Argyrose Ag² S, **Jalpaïte** (Cu Ag)² S, **Chalcosine** Cu² S.

Caractères communs

Sectiles, dégagent par grillage l'odeur du SO², donnent un hépar avec la soude. Fondent facilement (F = 1,5 à 2) ...... *S.*

Caractères particuliers

Grillés à feu nu.

Argyrose : donne, comme résidu sur MS, un globule d'argent.
donc : Eléments constitutifs : *S. Ag.*

Jalpaïte : Le minerai grillé à feu nu donne un globule blanc lequel, allié avec du plomb et scorifié sur PPD, donne la scorie de cuivre et un gros globule d'Ag : $Ag + Cu$;
donc : Eléments constitutifs : *S, Ag, Cu.*

Chalcosine : Le minerai grillé à feu nu donne très difficilement un globule de cuivre, facilement par réduction sur TC avec la soude .... *Cu.*
donc : Eléments constitutifs : *S, Cu.*

ARSENIURE ET SULFOARSENIURE

Lôllingite : Fe As^2.

1. *Calciné à FA :* sublimé d'arsenic, blanc, puis brun : *As.*
2. *Grillé sous verres :* sublimé blanc, brun, puis noir : *As.*
3. *Grillé à feu nu:* enduit caractéristique d'*As*, odeur d'ail: *As.*
4. *Réduit sur TC :* le minerai grillé devient magnétique, donne les perles de fer .... *Fe.*
donc : Eléments constitutifs : *As, Fe.*

Mispickel : Fe As S.

1. *Calciné à FA :* léger sublimé blanc As^{2}O^3, puis abondant sublimé jaune (As^{2}S^3) .... As^{2}S^3.
2. *Grillé sous verre à FA :* sublimé blanc, puis jaunâtre, As^2S^3.
3. *Grillé à feu nu :* enduit caractéristique d'*As*, odeur d'ail : *As.*
4. *Réduit sur TC :* le minerai grillé devient magnétique, donne les perles du fer .... *Fe.*
donc : Eléments constitutifs : *S, As, Fe.*

Nota. — Ces essais permettent de constater que ces deux minerais que l'on confond souvent (leurs caractères physiques étant presque semblables), peuvent se différencier rapidement par simple calcination sur *Support C à FA.* Le *Mispickel* donnant, dans cet essai, un sublimé jaune d'*As^{2}S^3* ; la *löllingite* le sublimé brun noir d'*As.*

SULFO-ANTIMONIURES

Boulangerite : $Sb^4 S^{11} Pb^6$; **Bournonite :** $Sb^2 S^4 Pb^2 Cu^2$;

Frieslébénite : $Sb^4 S^{11} (Pb Ag^2)^5$; **Cylindrite :** $Sn^4 Sb^2 S^{14} Pb^3 Fe$.

Caractères communs

Fondent à FA (F=I). Donnent les réactions de S .... S.
Calcinés ou grillés sous verres donnent des sublimés de : Sb.

Caractères particuliers

Boulangérite et autres sulfo-antimoniures de plomb :

1° *Grillés à feu nu :* se volatilisent, dégagent d'abondantes fumées blanches, production d'un enduit jaune de chrome plus ou moins foncé près de l'essai, entouré d'un large enduit blanc sur les micas (enduit caractéristique des associations $(Pb + Sb)$.

2° *Réduit sur TC,* le minerai grillé mélangé avec 2 v. de soude, donne une scorie orangée, l'enduit jaune foncé de $(Pb + Sb)$ sur TC et des globules de Pb malléables .... $(Pb+Sb)$

3° Ces globules scorifiés sur PPD laissent souvent un globule résiduel d'Ag .... Ag acc.
donc : Eléments constitutifs : S, Sb, Pb
(Ag accessoire)

Bournonite :

1° *Grillé à feu nu :* enduits de la boulangérite (association $Pb+Sb$). En prolongeant le grillage à forte FPO, Pb et Sb se scorifient ou volatilisent complètement et il reste sur MS, comme résidu, un bouton de Cu, souvent argentifère .... $Cu.$
donc : Eléments constitutifs : $S, Sb, Pb, Cu, (Ag$ acc.)

Frieshébénite :

1° *Grillé à feu nu :* enduit caractéristique, de l'association $Sb + Pb + Ag$ (jaune plus ou moins foncé auréolé de blanc et rose violacé (voir page 75) .... $Sb+Pb+Ag.$
En prolongeant le soufflage à forte FPO, l'enduit violacé se développe, devient carmin et il reste, comme résidu sur MS, de gros globules d'Ag .... $Ag.$
donc : Eléments constitutifs : $S, Sb, Pb, Ag.$

Cylindrite :

1° *Grillé à feu nu :* fond, boursoufle faiblement, puis devient infusible (indication probable de Sn). Donne les enduits caractéristiques des associations $Pb + Sb$ et à forte FPO, production souvent de *taches* roses violacées caractéristiques.... $Sb+Pb$

(Ag. acc.)

2° *Traité sur TC à forte FPR :* le minerai grillé donne un petit enduit blanc fixe au voisinage de l'essai (SnO^2), entouré d'un enduit jaune foncé à chaud, jaune à froid .... $Pb+Sb.$

Le résidu est légèrement magnétique .... $Fe.$

3° *Réduit sur TC :* après mélange avec 2 v. de soude et un tiers de borax, le minerai grillé donne des globules blancs brillants, se ternissant à l'air (indication de Sn). Ces globules, traités à FPO, champignonnent, se recouvrent d'une couche de *potée d'étain* .... $Pb+Sn.$

donc, Eléments constitutifs : S, Sb, Pb, Sn ($Fe.Ag$ acc.)

CHLORURES

Atacamite : $Cu\ Cl^2\ 3Cu\ (OH)^2.$

1° *Par calcination à FA,* se déshydrate, devient noire H^2O. Après déshydratation, donne un sublimé jaunâtre abondant de $CuCl^2$.. $CuCl^2.$

2°-3° *Grillé à feu nu ou réduit sur TC,* donne les enduits particuliers et caractéristiques de $CuCl^2$, décrits page 73 : $Cucl^2.$

Soluble dans les acides, Am et le carbonate d'Am ;

donc : Elements constitutifs : CuCl², H²O.

Cérargyre : $Ag\ Cl.$

1°, 2°, 3° *Par calcination, grillage sous verres, à feu nu, réduction sur TC,* donne des enduits particuliers caractéristiques du chlorure d'argent décrits page 73 .... $AgCl.$

4° Insoluble dans NO^3H. Soluble dans Am, s'il n'est pas trop altéré par la lumière.

OXYDES

Cassitérite : $SnO^2.$

Infusible. Rien par *calcination* et *grillage.*

Traité sur TC à FPR après mélange avec soude ou soude et charbon, réduction difficile si la cassitérite est impure (ferrifère, niobifère, etc.).

Réduction facile en mélangeant avec 2 v. de soude, 1 de borax et 1 de charbon, production de globules d'étain et enduit blanc fixe de SnO^2 au voisinage de l'essai.................... *Sn.*

Les globules sont malléables, s'oxydent facilement. Alliés à un grain de plomb et traités à FPO, ils champignonnent et il se forme de la potée d'étain (voir page 68) .... *Sn*

Les éléments accessoires (*Fe, Sb, Nb*) seront reconnus, soit par les perles, soit par désagrégation avec le bisulfate de potasse et le mélange soude-soufre.

Ces caractères sont ceux de SnO^2

Baddeleyite : Zro^2.

Fusible difficilement : Rien par *calcination et grillage.*

1° Se dissout facilement dans la perle de borax, très-difficilement dans celle de SPh : ZrO^2 ou SnO^2.

2° Désagrégé avec la soude, donne une perle opaque qui se dissout partiellement dans HCl.

La solution étendue et filtrée :

a) Colore en jaune orange le papier de curcuma ...... *Zr.*

b) Donne un précipité blanc gélatineux de phosphate de zircone avec le phosphate de soude .... *Zr.*

3° Attaquable par fusion avec le bisulfate de potasse avec, quelquefois, un résidu de silice. La solution de la masse fondue reprise par l'eau froide, précipite de la zircone par Am :

Caractères de ZrO^2

SULFATES

Alunites $(SO^4)^4$ $[Al2OH]^6$ K^2. Kalinite : $(SO^4)^2$ Al K $12H^2O$.

Caractères communs

Par *calcination* à FB, dégagent de l'eau à réaction acide H^2O.

Le résidu donne une réaction alcaline au tournesol : *alcalins* ou *alcalino terreux.*

Humecté avec COAz, après calcination. puis traité à FF, prend une coloration bleue .... Al^2O^3

Colorent la flamme en violet .... *K*

Caractères particuliers et distincts

Kalinite : Soluble dans l'eau.

Alunite : Partiellement soluble après calcination.
Ces solutions précipitent par BaCl .... SO^4H^2
      donc : Eléments constitutifs : SO^4H^2, Al, K, H^2O.

ARSENIATES

Scorodite : ASO^4 Fe $2H^2O$.

1° Par *calcination*, donne de l'eau et devient brun foncé : H^2O.

2° *Traité à FPR* fond ($F = 2,5$) en une perle magnétique : Fe.

3° *Réduit sur MS*, après mélange avec du charbon, donne l'odeur d'ail et un enduit abondant d'As .... As^2O^5.
Le résidu est magnétique et donne la perle du fer ...... Fe.
Soluble dans HCl, la solution précipite à chaud par le réactif nitro-molybdique . . . . As^2O^5.
      donc : Eléments constitutifs : As^2O^5, Fe, H^2O

Mimétite $[AsO^4]^6$ Cl^2 Pb^{10}.

1° *Calciné à FB*, donne un sublimé de $PbCl^2$ .... $PbCl^2$.

2° *Réduit sur MS*, après mélange avec du charbon, donne un abondant enduit d'As sur MC et un léger enduit de Pb sur MS .... As^2O^5

3° Réduit sur TC seul, fond avec difficulté, puis se réduit en donnant d'odeur d'ail, enduits et globules de Pb...... As, Pb.
(S'il contient du phosphate, ce dernier, non réduit, reste à l'état de masse fondue qui cristallise par refroidissement).

4° Soluble dans NO^3H, la solution précipite abondamment par SO^4H^2 donne la réaction de As^2O^5.................. As^2O^5, Pb.
      donc : Eléments constitutifs : $PbCl^2$, As^2O^5, Pb

PHOSPHATES

Amblygonite : PO^4 [Al F] Li.

1° *Sous l'action de FF*, fond avec intumescence en un émail blanc, colorant la flamme en rouge (*Li*). Quelquefois, cette couleur est masquée par celle de la soude ; dans ce cas, constater la présence de *Li*, en utilisant l'écran de Merwin .... Li.

Humecté avec SO^4H^2, coloration vert bleuâtre, à laquelle succèdent des éclairs rouges dus au lithium........... P^2O^5, Li.

2° Insoluble dans HCl. Décomposé à chaud par SO^4H^2 et donne la réaction du Fluor .... $Fl.$

3° Désagrégé par la soude, la masse reprise par HCl, donne une solution claire dans laquelle :

    a) Am précipite du phosphate d'alumine .... $Al^2O^3.$

    b) La solution molybdique un précipité jaune....... $P^2O^5.$

        donc : Eléments constitutifs : P^2O^5, *Li, F, Al*

Monazite : PO⁴ (Ce La Di).

Infusible, devient grise.

1° Humecté avec SO^4H^2 et chauffé à FF, colore la flamme en vert bleuâtre .... $P^2O^5.$

2° Soluble dans SO^4H^2. Le résidu de l'attaque, repris par l'eau froide, se dissout. La solution donne :

    a) Un abondant précipité par l'acide oxalique : *Ce* prédominant ; *Th* accessoire .... *Ce, Th.*

    b) Un précipité jaune par la solution molybdique..... $P^2O^5.$

3° Des grains ou fragments de monazite, regardés directement avec le spectroscope, donnent les raies d'absorption du didyme. .... *Di.*

    donc, Eléments constitutifs : P^2O^5, *Ce, Di* (*Th* accessoire)

Phosphates concrétionnés (Phosphorites) et phosphates de chaux sédimentaires

Ainsi que l'a démontré M. le Professeur Lacroix (1), ces minerais sont des phosphocarbonates de chaux plus ou moins hydratés.

Ils sont constitués, en très grande partie, par de la *Dahllite :* $2Ca^3$ (PO^4), $CaCO^3 + 0,5H^2O$, ou de la *Colophanite :* $x[Ca^3(PO^4)^2] + y\ CaCO^3 + 3H^2O$, espèce dont il existe des types plus ou moins fluorés.

Quelques essais rapides permettent de les identifier :

1° Ils sont infusibles et donnent, après calcination, une réaction alcaline au tournesol .... $CaCO^3.$

2° Ils dégagent de l'eau d'hydratation, quelques variétés des hydrocarbures. .... $H^2O.$

---

(1) *Minéralogie de la France et des Colonies,* par A. Lacroix, membre de l'Institut, tome IV, 2e partie.

3° Humectés avec SO⁴H² et traités à FF, ils colorent passagèrement la flamme en vert bleuâtre .... P^2O^5.

(On pourra confirmer, en chauffant dans un TF, le minerai calciné mélangé avec de la poudre de magnésium (Formation de PH³).

4° Ils sont solubles à froid dans les acides avec dégagement de CO^2. . . . . CO^2.

La solution filtrée donne, par Am, un précipité abondant de phosphate de chaux. La solution débarrassée de ce précipité par filtration, additionnée d'oxalate d'Am, précipite la chaux se trouvant à l'état de carbonate : Phosphate de chaux et chaux carbonatée.

Quelques gouttes de la solution primitive précipitent abondamment, par le réactif nitro-molybdique (précipité jaune) P^2O^5.

5° Le fluor sera reconnu par la coloration verte obtenue en soumettant à l'action de la flamme le minerai mélangé avec bisulfate et borax. . . . . $Fl.$

ANTIMONIATES

J'indiquerai comme exemples deux minerais qui se rencontrent quelquefois abondamment sur les affleurements ou dans la zône oxydée superficielle de certains gisements.

1° Les **Bléiniérites** : y PbO, x Sb²O⁵, nH²O.

Ces minerais représentent l'altération plus ou moins avancée des quelques sulfo-antimoniures de plomb indiquées précédemment. Ils se présentent, en général, avec des colorations brunes, jaunes, blanchâtres, et un aspect terreux qui peut le faire confondre avec certains minéraux oxydés d'antimoine, de plomb, d'urane.

2° Les **Rivotites**, minerais qui résultent de l'altération, plus ou moins accentuée des panabases. On les trouve généralement en masses, boules ou grains brun verdâtre à vert clair, plus ou moins foncé, à cassure terne ou lisse englobant souvent des mouches de panabase inaltérées. En général, les rivotites, ainsi que l'a démontré M. Lacroix, sont constitués par des associations de stibiconite plus ou moins ferrifère, imprégnée localement de malachite avec veinules de malachite et chessylite.

Elles contiennent également les altérations des éléments accessoires de la panabase originelle. Leur composition est donc extrêmement variable.

Bleiniérites. —

1° *Par calcination*, devient plus foncée et perd son eau d'hydratation. . . . . H^2O.

2° *Mélangée avec du charbon et traitée à FPR, sur MS*, se réduit donne des fumées blanchâtres (Sb), l'odeur d'ail si As est présent, l'enduit jaune de chrome auréolé de blanc des associations ($Pb + Sb$), et des globules de plomb antimonieux. . . $Pb + Sb^2O^5$.

3° Réduit sur PC avec la soude, donne l'enduit $Pb + Sb$ et des· globules de plomb . . . . $Pb + Sb$.

4° Attaqué par NO^3H avec résidu de Sb^2O^5 . . . . Sb.

donc : Eléments constitutifs : H^2O, Sb^2O^5, Pb

Rivotites. —

1° *Par calcination*, noircit, dégage . . . . H^2O.

2° *Traitée sur MS à FPR, après mélange avec du charbon*, donne un enduit plus ou moins abondant de Sb, suivant son degré d'altération . . . . Sb^2O^5.

3° *Réduit sur TC*, après mélange avec soude, borax, charbon, donne l'enduit de Sb, accessoirement ceux de Pb.Zn et un globule métallique, lequel, raffiné (voir étude d'un cuivre gris, page 289), donne un bouton rouge de cuivre, en général argentifère. . . Cu.

4° Soluble partiellement dans NO^3H, avec résidu de Sb^2O^5. Mis en digestion avec Am, $CuCO^3$ se dissout et donne une solution bleue. . . . . $CuCO^3$.

donc : Eléments constitutifs : Sb^2O^5, Cu, $CuCO^3$, H^2O
(en général Ag accessoire).

BORATE

Colémanite : $B^6 O^{11} Ca^2 5H^2O$.

Très fusible (F = 1 1/2), décrépite.

1° *Par calcination*, dégage . . . . H^2O.

2° *Colore la flamme* en vert jaunâtre . . . . B^2O^3.

3° Soluble à chaud dans HCl, avec séparation de B^2O^3. Ajoutant de l'alcool et enflammant, belle coloration de la flamme en vert jaunâtre. . . . . B^2O^3.

4° La solution chlorhydrique diluée, rendue ammoniacale, précipite par l'oxalate d'Am . . . . CaO.

donc : Eléments constitutifs : B^2O^3, CaO, H^2O

TUNGSTATE

Schéelite : WO⁴ Ca.

Difficilement fusible (F = 5).

1° *Perle de borax* : Incolore. Broyée, puis dissoute dans HCl, laisse un petit résidu jaune (*WO³*). La solution, traitée par Sn, prend une belle coloration bleu de Prusse.............. *WO³*

Perle de SPh : à FO incolore, à FR verte, à chaud bleue, à froid. . . . . *WO³*.

2° Soluble dans HCl et NO³H avec résidu abondant jaune (*WO⁴*); la solution filtrée, concentrée, précipite par SO⁴H²,...... *CaO*.

donc : Eléments constitutifs : *WO³*, *CaO*

VANADATE

Vanadinite (VO⁴)⁶ Cl² Pb¹⁰.

1° *Calciné à FB*, Sublimé blanc de PbCl² assez abondant. . . . . *PbCl²*.

2° *Réduit sur TC* :

a) Seul, fond en une masse jaunâtre blanchissant en refroidissant et donne un enduit de PbCl² sur MC .... *PbCl²*.

b) Mélangé avec soude, réduction complète, bel enduit de Pb et gros globules .... *Pb*.

3° *Avec borax et sel de Ph*. Perles jaunes à FO, vertes à FR. . . . . *V*.

4° Une goutte d'HCl fort déposée sur le minerai donne une coloration brune (V² O⁵), étendue d'eau, la coloration devient verte : *VO³* .... *VO³*.

donc éléments constitutifs : *PbCl²*, *Pb*, *VO³*.

URANATE

Uraninite (Uranate d'UO² Pb Th, etc.).

Infusible.

1° *Réduit sur TC* :

a) Seul, donne quelquefois l'odeur de SO² et celle d'ail   *S,As*.

b) Mélangé avec la soude, production de globules et enduit faible de *Pb* souvent mélangé de *Bi*.................. *Pb,Bi*.

2° *Perles de SPh*. Vert jaunâtre à FO, vert pur à FR .... *Ur*.

3° Soluble à chaud dans $NO^3 H$ dilué, solution jaune donnant un précipité jaune abondant par Am.................... *Ur.*

donc : Eléments constitutifs : *Ur* (*Pb, Bi, S, As* accessoires).

CHAPITRE II

EXEMPLES DE DIFFERENCIATION

FERS TITANES

Les fers titanés constituent souvent des gisements importants et la très-grande majorité des *sables noirs*. Ils appartiennent en général aux *Illménites*, espèces minérales non magnétiques, correspondant à la formule $mFeTio^3 \, nFe^2 O^3$ dans laquelle *m* et *n* peuvent varier, entre des limites très étendues. Plus rarement, les sables noirs sont constitués par de la *crichtonite* $FeTiO^3$ également non magnétique, ou par des *Titanomagnétites* : mognétites dans lesquelles une partie de Fe^2O^3 peut être remplacé par TiO^3.

Ces minerais, ainsi que quelques autres espèces de sables noirs, avec lesquels ils sont souvent associés, tels que : grains de magnétite, chromite, niobite, rutile, cassitérite, etc..., peuvent être différenciés et spécifiés rapidement comme suit :

1° L'aimant permettra de séparer les *espèces non magnétiques* : chrichtonite, illménite, cassitérite, la plupart des chromites, *des espèces magnétiques* : magnétites, titanomagnétites, quelques chromites.

2° Les fers titanés étant caractérisés par leur forte teneur en titane atteignant 32 % dans les chrichtonites, la constatation nette de l'existence d'un pourcentage un peu élevé de titane s'impose pour caractériser un fer titané. On utilisera pour s'en assurer l'essai à la perle de S.Ph. L'obtention à FPR d'une perle ayant une coloration rouge sang à jaune rougeâtre, devenant nettement violette à froid après addition de SnO et nouveau traitement à FRP révèle l'existence du titane. Confirmer en dissolvant à chaud le minerai dans HCl (dissolution lente) puis réduisant par l'étain la solution concentrée. L'obtention d'une coloration violette caractérise le titane (voir : *Titane*. Réac. 6, page 239).

J'ai constaté qu'une perle de borax presque saturée par de la chrichtonite donnait facilement un émail par flambage et que les fers titanés de teneur inférieure ne donnaient pas cette réaction.

Enfin, la couleur de la poussière des fers titanés peut être une indication de leur richesse en titane. Elle varie du brun noir au brun rougeâtre ou jaunâtre et paraît être d'autant plus claire que la teneur en titane est plus élevée.

Les sables noirs, autres que les fers titanés, donnent avec la perle au S.Ph. les réactions suivantes :

Chromite : perle verte de Cr dans les 2 flammes.

Columbite, Tantalite : perle incolore à FR.

Rutile : Perle violette à FR sans nécessiter l'addition de Sn O.

Cassitérite : Se dissout difficilement dans la perle. Se réduit facilement en étain par traitement sur TC après mélange avec soude et borax.

NIOBITE ET TANTALITE (1)

Ces deux minéraux se dissolvent dans les perles de borax, les tantalites plus difficilement que les niobites.

Les colorations obtenues sont celles du *Fe* et *Mn*.

Saturées, elles donnent un émail (Indication probable de Nb^2O^5, Ta^2O^5).

Confirmation de Ta^2O^5, Nb^2O^5 :

1° Par la perle de borax.

Trois grosses perles obtenues en fondant ces minéraux finement porphyrisés avec 6 parties de borax, détachées du fil, broyées et traitées à chaud par HCl se dissolvent :

La solution réduite par Sn donne :

Niobite : belle coloration bleue (Nb^2O^5 seul ou très-prédominant).

Tantalite : faible coloration bleuâtre (Ta^2O^5 prédominant, Nb^2O^5 très-faible).

2° Par désagrégation avec le bisulfate.

La reprise par l'eau froide de la masse fondue laisse un résidu blanc très-abondant : (Ta^2O^5 ou Nb^2O^5 ou les deux).

---

(1) Niobite de Rhamalite (Brésil) ; Tantalite d'Australie.

Ce résidu traité dans un T.E. avec $SO^4H^2 + Zn$ donne avec :

Niobite : une coloration bleu intense, la solution étendue de son volume d'eau reste bleue (Nb^2O^5 très-prédominant ou seul).

Tantalite : aucune coloration (Ta^2O^5 seul ou très-prédominant, Nb^2O^5 nul ou très-faible).

Essai de densité : Etant donné, ainsi que l'a indiqué Marignac qu'il existe dans la nature des minerais de passage entre la *niobite pure* dont la densité est de 5,30 et la *tantalite pure* dont la densité est de 7,40, la densité permettra de préjuger grossièrement les proportions de Nb^2O^5 et Ta^2O^5.

Estimant la densité des deux minerais essayés en utilisant l'appareil de Pisani, j'ai trouvé :

Niobite : 5.46 ;

Tantalite : 7,20.

Ces résultats permettent de confirmer que la niobite contient quelques % de Ta^2O^5 et la tantalite très peu de Nb^2O^5.

DIFFERENCIATION DE QUELQUES MINERAUX DES TERRES RARES POSSEDANT UNE COULEUR NOIR DE POIX A NOIR VELOUTE ET UN ECLAT GRAS

Les minéraux ci-dessous (non altérés) présentent ces caractères :

	$Ta^2O^5 + Nb^2O5$ %	TiO^2 %	Terres rares	Divers
Allanites :				
PS : 3,5 à 4.2 Silicates de Ce avec Ca, Al, Fe, contenant ...	»	»	20 à 30	$SiO^2 = 30$, $Al^2O^5 - 10$ à 2'
Tscheffkinite :				
PS : 4.5 Titanosilicates de Ce avec Y.Th. Fe. Ca	»	16 à 21	23 à 47	$SiO^2 = 20$, FeO $= 5$ à 12
Fergusonite :				
PS : 5,8 Niobotantalates d'Y avec Ce, Ur, Fe	45 à 50	»	3.0 à 45	$UO^2 = 1$ à 10
Samarskite :				
PS : 5,6 à 5,8 Niobotantalates d'Ur, Ce, Yr	50 à 60	»	10 à 25	FeO $- 10$, UO^3 10 à 15
Euxénite :				
PS : 4,6 à 5 Niobotantalates titanifères d'Y, Ce, Ur, avec Fe	27a35	19 à 25	18 à 35	$UO^3 = 3$ à 12

Pour les différencier rapidement, effectuer les essais suivants :

1° *Essai de fusibilité*

Allanite et Tscheffkinite sont fusibles avec intumescence en donnant une scorie noire.

Samarskite, fusible seulement sur les bords.

Fergusonite et Euxénite sont infusibles.

2° *Recherche de l'acide*

Les colorations que prennent les solutions chlorhydriques des perles de borax de ces minéraux, réduits par Sn (voir page 236). permettent de différencier les minéraux contenant TiO^2 et Nb^2O^5.

La solution de la *Tscheffkinite* prend une coloration violette : indication de TiO^2. Celles de *Fergusonite* et *Samarskite* se colorent en bleu : indication de Nb^2O^5. Celle de l'*Euxénite* devient violette, ensuite bleue : indication de $TiO^2 + Nb^2O^5$.

Dans la perle de S.Ph : *Allanite* et *Tscheffkinite* laissent un squelette de silice (SiO^2).

Noter que les perles de borax des niobotantalates presque saturées et soumises au flambage donnent des émaux diversement colorés : brun-rouge en général pour les fergusonites ; mastic plus ou moins jaune ou gris dans les *Samarskites* et *Euxénites*. L'émail s'obtient difficilement avec la *Tscheffkinite* et seulement pour une très grande quantité de minerai dissoute dans la perle.

La perle d'*allanite* ne donne pas d'émail.

3° *Recherche des bases et confirmations des acides.*

Les différences de solubilité permettront de séparer ces minerais comme suit :

a) *Allanite et Tscheffkinite* sont solubles dans HCl avec résidu de silice gélatineuse .... SiO^2.

Les solutions de ces minerais précipitent abondamment par l'acide oxalique .... *Terres rares.*

La solution de la *Tscheffkinite*, réduite par Sn prend la coloration violette due au titane .... TiO^2.

Fe. Al. Ca pourront être recherchés dans le filtrat des oxalates.

b) *La Samarskite* est attaquable par SO^4H^2, avec résidu blanc abondant. Après reprise par l'eau froide, le résidu séparé par filtration et traité par SO^4H^2 et Zn prend une coloration bleue................................... Nb^2O^5 *prédominant.*

La solution précipite abondamment par l'acide oxalique et donne une réaction de Ti faible ou nulle par l'eau oxygénée................................... *Terres rares.*

Dans le filtrat des oxalates, on retrouve .... *Ur.Fe.*

c) *Fergusonite* et *Euxénite* sont désagrégeables seulement par fusion avec le bisulfate de potasse.

L'essai préliminaire que j'estime devoir être appliqué à l'étude rapide des terres rares (essai décrit page 234) permet de constater que ces deux minéraux contiennent : Nb^2O^5 et Ta^2O^5 avec Nb^2O^5 prédominant, une *forte proportion de terres rares, d'urane,* et qu'en outre, la solution de l'*Euxénite* seule donne *une forte réaction de Ti* O^2.

SILICATES

, Silicates de cuivre

Dioptase : SiO^2 Cu H^2. **Chrysocolle** : SiO^4 H^2 xH^2 O.

Caractères communs

1° Infusibles :

Par *calcination* noircissent, donnent de l'eau.......... H^2O.

2° *Avec les flux* perles de cuivre, résidu de silice dans la perle de S.Ph .... $Cu.SiO^2$.

3° *Réduits sur TC* avec soude, donnent un globule de cuivre. . . . . Cu.

4° Solubles dans les acides avec résidus de silice...... SiO^2.

Caractères particuliers et distinctifs

Dioptase : rhomboédrique, clivage *b.* parfait, résidu de *silice gélatineuse* avec les acides.

Eléments : Cu, SiO^2, H^2O.

Chrysocolle : amorphe.

Résidu de *silice pulvérulente* avec les acides.

Eléments : Cu, SiO^2, H^2O.

Silicates de manganèse

Rhodonite : (SiO^3) ^2Mn — **Téphroïte** : SiO^4 Mn^2.

Friédelite : $(SiO^4)^4$ Mn^4 $(Mn\ Cl)$ H^2.

Caractères communs

1° Fusibles en un verre noir non magnétique (F=3 à 4).

2° Donnent à FO avec les flux, la perle violette ou violet rougeâtre de Mn, et un squelette de silice dans celle de SPh. . . . . Mn,SiO^3.

3° Désagrégés par la soude ou le mélange soude-nitre coloration vert intense des manganates .... *Mn.*

Caractères particuliers

Rhodonite : Inattaquable aux acides, ne dégage pas ou peu d'eau par calcination, possède un clivage prismatique.

Eléments : *Mn. SiO².*

Téphroïte : Attaquable aux acides avec résidu de *silice gélatineuse*, donne beaucoup d'eau par calcination : *SiO². H²O.*

Eléments : *Mn. SiO². H²O.*

Friédelite : Attaquable aux acides avec résidu de *silice pulvérulente*, donne beaucoup d'eau par calcination et avec la perle à l'oxyde de cuivre de sel de phosphore la réaction du chlore. .... *SiO²,Cl. H²O.*

Possède un clivage basal parfait.

Eléments : *Mn, SiO², Cl, H²O.*

MINERAIS DE ZINC OXYDÉS

Smithsonite : *CO³ Zn.* **Hydrozincite :** *CO³ (Zn.OH)² Zn.*

Willémite : *SiO⁴ (Zn²),* **Calamine :** *SiO³ (Zn.OH)².*

Caractères communs

Ces minerais sont infusibles.

Réduits sur TC après mélange avec 2 v. de soude, 1 de borax, 1 v. de charbon, ils donnent tous des enduits abondants et caractéristiques du zinc sur TC et MS .... *Zn.*

Les minerais blancs ou peu colorés donnent la réaction du zinc avec la solution cobaltique.

Avec les silicates on obtient souvent un mélange de taches vertes et bleues (ces dernières dues à la formation d'un silicate de cobalt) et un squelette de silice dans la perle de S.Ph.

Caractères particuliers et distinctifs

Smithsonite : (D=5).

Fait effervescence aux acides .... *CO².*

Eléments : *Zn. CO².*

Hydrozincite (D=2—2,5).

Fait effervescence aux acides (*CO²*) et donne de l'eau par une calcination : H²O .... *CO² H²O.*

Eléments : *Zn. CO². H²O.*

Willémite $(D=5.5)$.

Soluble dans HCl avec résidu de silice gélatineuse. SiO^2.
Eléments : Zn, SiO².

Calamine $(D=4.5$ à $5.5)$.

Soluble dans HCl avec résidu de *silice gélatineuse* et donne de l'eau par calcination .... SiO^2, H^2O.
Eléments : Zn, SiO², H²O.

Smithsonite, **Hydrozincite** sont solubles en partie dans le carbonate d'ammoniaque.

Recherche des éléments accessoires

Fe. Mn. Cu. Co. seront recherchés en utilisant les perles. Cd. Pb. seront reconnus par leurs enduits lors de la réduction du minerai sur MS et TC.

Fe, Al, Ca, Mg, dans la solution chlorhydrique par la méthode ordinaire.

CHAPITRE III

EXEMPLES DE DETERMINATION ET D'ETUDE

BAUXITES

Minerais amorphes se présentant avec des caractères extérieurs : textures, colorations très-différentes.

Leur formule varie de $Al^2O^3H^2O$ à $Al^2O^33H^2O$.

Il existe des bauxites blanches, blanc rosé, roses, grisâtres, jaunâtres, jaunes, rouges de diverses nuances, chocolat, brun foncé, etc., se présentant en masses à texture compacte, terreuse, argileuse, pisolitiques, etc...

Très-rarement pures, les bauxites contiennent des proportions très-diverses d'impuretés, telles que : silice, oxyde de fer et de manganèse, titane, etc...

Tous ces minerais sont infusibles et donnent de l'eau par calcination (12 à 30 %).

Aucune réaction pyrognostiques et de la voie sèche permettant de déceler l'alumine en combinaison avec d'autres éléments tels que silice, oxyde de fer, etc., la reconnaissance et l'étude d'une bauxite impose de recourir aux essais par voie humide, sauf pour les bauxites blanches ou faiblement colorées dans lesquelles Al^2O^3 peut être caractérisé par la coloration bleue qu'elles prennent quand, après calcination, on les humecte avec CoAz. et qu'on les chauffe à FPO.

Les éléments accessoires SiO^2 et Fe peuvent être reconnus au moyen de perles de borax et de S.Ph. TiO^2 en broyant une perle de borax la dissolvant dans SO^4, H^2 et essayant par H^2O^2.

La reconnaissance et l'étude d'une bauxite colorée plus ou moins impure comprendra les opérations suivanets :

1° *Recherche de l'eau combinée* par calcination.

2° *Recherche de Fe. Mn. SiO^2. TiO^2.*

Par la perle comme dans le cas des bauxites blanches.

3° *Recherche de Al^2O^3, Confirmation de SiO^2, Fe^2O^3, et TiO^2.*

Désagréger le minerai dans deux ou trois perles de soude. Broyer les perles. Dissoudre dans HCl, étendu, évaporer à sec pour insolubiliser SiO^2. Reprendre par HCl étendu et quelques gouttes de NO^3 H. Diluer. Filtrer. Dans le filtrat, ajouter Am Cl puis Am. pour précipiter Al^2O^3 et Fe^2O^3. Les séparer par une solution de potasse. Le précipité d'Al^2O^3, calciné peut être caractérisé par la solution cobaltique.

4° *Recherche ou confirmation de Ti*, sera effectuée sur quelques parcelles des perles broyées par la réaction de l'eau oxygénée ou celle de la solution sulfurique de morphine (page 241).

GALENES

Les caractères physiques de la galène, couleur, densité, dureté, clivage, permettent de reconnaître aisément ce minerai.

On peut y trouver comme éléments accessoires :

Se. As. Sb. Zn., Bi. Fe, Cu. Ag (1), plus rarement : Au, exceptionnellement : Pt.

Par grillage sous verres et à feu nu Se, As, Sb, seront caractérisés par leurs sublimés et enduits.

---

(1) Les galènes sont en général plus ou moins argentifères, mais aucun caractère physique ne permet d'affirmer qu'une galène est riche ou pauvre en argent, seul l'essai permet d'être fixé sur la teneur.

Ainsi que je l'ai démontré dans ma note au Congrès des Sociétés Savantes, en 1925, intitulée : « Recherches, estimation et répartition de l'argent dans les galènes » donnée et semble dépendre de l'existence de minerais argentifères très irrégulièrement disséminés dans leur masse.

Par le grillage à feu nu la présence de Sb sera décelée sur MS par la formation d'un petit enduit jaune d'antimoniate de plomb entourant l'essai, enduit plus ou moins étendu et foncé suivant la porportion de Sb.

Zn et *Bi* le seront par l'étude des enduits obtenus en réduisant le minerai sur TC, après mélange avec soude, borax et charbon. (Voir page 91.)

Au, Ag, Pt, seront recherchés et pourront être dosés par scorification en suivant la méthode indiquée page 109. Cette opération permettra de révéler la présence de Cu et Fe accessoires par la coloration de la scorie.

CUIVRES GRIS

Les minerais désignés sous le nom de *Cuivre gris* possèdent l'éclat métallique, des couleurs très-variables : gris d'acier plus ou moins clair ou foncé, gris de plomb plus ou moins noirâtre, noir de fer brillant ou terne.

Leur poussière est noire, quelquefois rougeâtre surtout dans les variétés argentifères ou zincifères.

Ils cristallisent tous dans le système cubique, la prédominance de la forme tétraédrique les fait désigner souvent sous le nom de *Tétraédrites*.

Leur formule générale est : 4 RS (Sb. As)^2 S^3.

Les types antimonifères (4 RS. Sb^2 S^3) sont désignés sous le nom spécifique de *Panabases*, les arsenifères (4 RS. AS^2 S^3) sous celui de *Tennantites*.

De nombreux types de passage existent.

Avec l'élément métal *Cuivre* (R), on trouve généralement associés d'autres métaux accessoires, souvent en proportions notables, tels sont : *Ag, Pb, Hg, Zn, Fe ; Bi* pouvant également se substituer partiellement à Sb et As.

On a signalé l'existence de petites quantités de *Sn* dans certains cuivres gris et exceptionnellement celle de *Ni* et *Co* dans certaines variétés bisnuthifères.

L'étude d'un cuivre gris, c'est-à-dire la recherche des éléments constitutifs et accessoires nécessite les opérations suivantes :

1° *Grillage (Recherche de S. As. Sb)* :

Un grillage *progressif* et *complet*, commencé sous verres, continué à feu nu, permettra de reconnaître par l'importance des enduits d'As et Sb, si l'on est en présence d'une panabase, d'une tennantite ou d'un minerai intermédiaire.

Si As est en faible proportion, son enduit pourra passer inaperçu, mais son existence sera révélée dans l'opération suivante:

2° Recherche du fer :

Traiter dans une petite cavité de TC à forte FPR une petite quantité de minerai grillé mélangée avec moitié son volume de charbon. Laisser refroidir. Un magnétisme plus ou moins développé dans le minerai ainsi traité (ce que l'on constate en le soumettant à l'action de l'aimant, faible puis fort) indique une teneur plus ou moins élevée en fer.

Dans cette opération de faibles quantités d'As seront révélées par une odeur d'ail plus ou moins prononcée.

3° Réduction (Recherche de Pb. Bi. Zn.)

Mélanger le contenu d'une petite alvéole de la mesure en ivoire de minerai grillé avec 3 v. de soude, 1 de borax et 1 de charbon. Introduire le mélange dans une cavité creusée avec la fraise dans TC.

Traiter à forte FPR.

L'obtention d'une masse malléable rouge cuivre d'un enduit faible ou nul, indique un minerai relativement pur.

Si le minerai contient des métaux accessoires réductibles et volatilisables tels que Pb. Bi. Zn., ceux-ci donneront des enduits, se réduiront et le globule sera de ce fait impur, aigre ou cassant (cuivre noir).

Par l'étude de ces enduits sur PC et MC (voir page 91) on caractérisera facilement les éléments les ayant produits.

Pour extraire le cuivre de ce globule impur il suffit de le soumettre à un raffinage. Opérer comme suit :

4° Raffinage du cuivre noir

Creuser avec la petite fraise à charbon un petit scorificatoire dans un bloc à scorificatoire.

Y fondre une petite quantité de borax.

Déposer le globule et scorifier à forte FPO, jusqu'à ce que les scories commencent à prendre nettement la coloration verte due au cuivre (indication que ce dernier commence à se scorifier).

Dégager le bouton de la scorie, le marteler sur le tas.

Le bouton doit être rouge cuivre et malléable.

5° *Recherche des métaux précieux*

L'argent, étant réduit en même temps que le cuivre, s'allie avec ce dernier. S'il n'est pas en trop faible quantité, on pourra constater son existence en le précipitant à l'état de chlorure dans la solution nitrique diluée du bouton de cuivre raffiné.

Pour doser les métaux précieux, opérer par scorification en agissant sur 50 mgr de minerai.

6° *Recherche du mercure*

Le mercure sera reconnu par son enduit en traitant sur le support RG à condenseur le minerai mélangé avec de la soude.

7° *Recherche de l'étain*

Réduire sur TC. du minerai grillé avec soude, borax et charbon. Allier le globule de cuivre impur résiduel avec son volume ae plomb. Dégager le globule de la scorie et le traiter un instant sur PPD à FPO. Un petit résidu infusible caractérise l'étain (voir page 183).

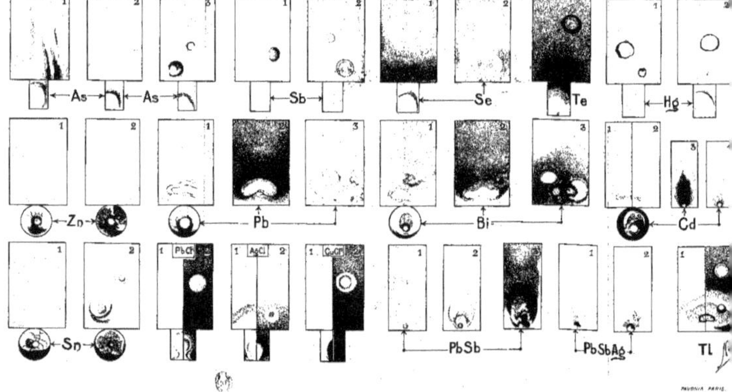

PHOTONIA PARIS.

INDEX BIBLIOGRAPHIQUE

Essais pyrognostiques et de la voie sèche

P. BERTHIER : *Traité des essais par la voie sèche*, 2 vol. Paris 1834.

M. BERZELIUS : *De l'emploi du chalumeau dans les analyses chimiques et les déterminations minéralogiques*. Traduit par FRESNEL, Paris 1821.

A. BRALY : *Bulletin de la Société française de minéralogie*, Paris.
Détermination et étude des minerais. — Nouveau procédé permettant de recueillir et caractériser les enduits produits au chalumeau. — Recherche rapide du cuivre dans les pyrites et minerais de fer T. XLIV, pp. 8 et 119
Complément à la détermination et à l'étude des minerais oxydés. — Leur transformation en sulfures. T. XLV, p 17
Grillages sous verres. — Suppression des verres de montre percés et leur remplacement par des verres ordinaires. — Sublimés et enduits de quelques chlorures métalliques. T. XLVI, pp. 7 et 54
Nouvelle méthode de recherche de l'étain dans les minerais au moyen du chalumeau. — Support permettant de condenser les enduits T. XLVIII, pp. 92 et 94

Comptes rendus de l'Académie des Sciences :
Nouveau procédé simple et rapide permettant de recueillir et de caractériser les enduits produits par les métalloïdes et métaux susceptibles de se volatiliser au chalumeau (15 mars 1920).
Nouvelle méthode de recherche de l'or et de l'argent dans les minerais au moyen du chalumeau (18 avril 1922).

Comptes rendus des Sociétés Savantes (Congrès de Paris 1925).
Recherche, estimation et répartition de l'argent dans les galènes.

Bulletin de la Société de l'Industrie minérale (Octobre 1909).
Laboratoire portatif pour essais des minerais par la voie sèche et nouvelle méthode de détermination du poids des boutons d'or et d'argent sans le secours de la balance.

H.-B. CORNWALL : *Manuel d'analyse qualitative et quantitative au chalumeau*. Traduction par THOULET, Paris 1874.

T.-L. FLETCHER : *Essais qualitatifs et quantitatifs au chalumeau*. Traduit par MORISSEAU, Paris 1898.

B. KERL : *Le chalumeau, Analyses qualitatives et quantitatives*. Traduction par JEANNETAZ, Paris 1876.

J. LANDAUER : *Analyse au chalumeau*. Traduction de MONTPELLIER, Paris 1895.

M. LAURENT : *Précis de cristallographie suivi d'une méthode simple d'analyse au chalumeau*. Paris 1847.
W.-A. ROSS : *The blowpipe in chemistry, minéralogy and géology*. Londres 1889.
A. TERREIL : *Traité pratique des essais au chalumeau*. Paris 1875.

Chimie et docimasie

L. BABU : *Précis d'analyse qualitative*. Paris 1888.
E. BARRAL : *Précis d'analyse chimique qualitative*. Paris 1904.
Th. BEHRENS-BOURGEOIS : *Analyse qualitative microchimique* (Encyclopédie chimique de Frémy). Paris 1893.
C. et J.-J. BERINGER : *A Text book of Assaying for the use of those connected with mines* (9e édition). Londres 1904.
FRESENIUS : *Traité d'analyse chimique*. Traduit par Gauthier, Paris 1902.
R.-W. LODGE : *Notes on assaying and metallurgical laboratory experiments*. New-York 1904.
F. PISANI : *Traité pratique d'analyse chimique qualitative et quantitative*. Paris 1900.
L.-E. RIVOT : *Docimasie* (4 vol.). Paris 1861.
ROSCOE et C. SCHORLEMMER : *A Treatise of Chemistry*. Londres 1911.
R.-D. SILVA : *Traité d'analyse chimique*. Paris 1891.
Dr F.-P. TREADWELL : *Chimie analytique* (2 vol.). Paris 1910.
F. WOEHLER : *Traité pratique d'analyse chimique*. Paris 1865.

Minéralogie

Th. CROOK : *Economic Mineralogy*. Londres 1921.
T.-S. DANA : *A System of Mineralogy and supplements*. New-York 1904.
A. DUFRENOY : *Traité de Minéralogie* (4 vol.). Paris 1856.
A. LACROIX : *Minéralogie de la France et des Colonies* (9 vol.). Paris 1895 à 1913. — *Minéralogie de Madagascar* (3 vol.). Paris 1922-1923.
A. de LAPPARENT : *Cours de minéralogie*. Paris 1904.
H.-A. MIERS : *Manuel pratique de minéralogie*. Traduction de O. Chemin. Paris 1906.
A.-J. MOSES AND C.-L. PARSONS : *Elements of Mineralogy, Cristallography and Blowpipe analysis*. New-York 1900.
F. PISANI : *Traité élémentaire de Minéralogie* (2e édition). Paris 1883.

Détermination des Minéraux

E. BARRAL : *Tableaux synoptiques de Minéralogie. — Détermination des Minéraux*. Paris 1903.
G.-J. BRUSH et S.-L. PENFIELD : *Manual of determinative Mineralogy with an introduction on Blowpipe analysis*. New-York 1904.

L. DUPARC et A. MONNIER : *Traité de technique minéralogique et pétrographique*. Leipzig 1913.

F. DE KOBELL : *Les minéraux. Guide pratique pour leur détermination*. Traduction du comte L. DE LA TOUR DU PIN, avec additions de PISANI. Paris 1879.

J. WOLNEY LEWIS : *A manual of determinative mineralogy with tables for determination of minerales*. New-York 1921.

Divers

S. HERBERT COX : *Prospecting for minerals*. Londres 1906.

CAHEN et WOTTON : *The mineralogy of the rares elements*. Londres 1912.

N. DEGOUTIN : *Etude pratique des minerais aurifères, principalement dans les colonies et pays isolés* (Extrait du *Bulletin de la Société de l'Industrie minérale*). Saint-Etienne 1906. — *Essai sur l'étude des minerais avec emploi de la battée* (Extrait du *Bulletin de la Société française des Ingénieurs coloniaux*), 1904.

FOOTE : *Mineral Foot notes*, 1917 à 1920.

GRANVILLE COLLE : *Aids in practical geology*. Londres 1912.

S.-J. LEVY : *The ware earths; their occurence chemistry and technology*. Londres 1915.

P. NICOLARDOT : *Industrie des métaux secondaires et des terres rares*. Paris.

J. OHLY : *Analyses, détection and commercial value of the rare metals*, 1903.

W.-R. SCHOELLER AND A.-R. POWELL : *Thes analysis of minerals and ores of the rares elements*. Londres 1919.

P. TRUCHOT : *Les terres rares*. Paris 1898. — *Les petits métaux*. Paris.

PARIS

Imprimerie E. VENEZIANI & Cie

109, Boulevard Lefebvre, 109

Téléphone : VAUGIRARD 13-96

ERRATA

PAGES	LIGNES	au lieu de :	lire :
XI	6 (du bas)	tableau	tableau p. XIII
78	3	Cu^2Io	Cu^2I^2
82	19	SO^3H	SO^4H^2
83	8	SO^4H	SO^4H^2
83	13	Az^3O^3Ag	AzO^3Ag
84	6	à feu neu	à feu nu
84	10	s'impoer	s'imposer
137	avant-dernière	$HCL\ NO^{34}$	HCL, NO^3H
138	8	SO^4H	SO^4H^2
142	22	Désagrépation	Désagrégation
144	18 et 22	SO^4H	SO^4H^2
154	3	souze	soude
154	17	Cryolite $(3NaFAlF_3)$	Cryolite $(3NaF\text{-}AlF^3)$
154	22	Alunite $(SO^4)^4[Al2O4]^6K^2$	Alunite $(SO^4)^4[Al(OH)^2]^6K^2$
154	23	Wawellite $[PO^4]^2[AlOHF]^28H^2O$	Wawellite $[PO^4]^2[Al,OH\text{-}F)^2]^68H^2O$
154	25	Grenats : $3RO.Al^2O^3.)SiO^2$	Grenats : $3RO.Al^2O^3.3SiO^2$
157	3	Berthierites SbS^4Fe	Berthierite Sb^2S^4Fe
157	3	Boulangerite $Sb^3S^{11}Ph^5$	$Sb^4S^{11}Pb^5$
157	5	Panabase $Sb^2S^7(Cu^2Ag^1FeZn..)$	Panabase $Sb^3S^7(Cu^2, Ag^2, Fe, Zn,...)^4$
158	18	SO^4H	SO^4H^2
159	1	Frieslebénite $Sb^4S^{11}(PbAg^2)^3$	Freieslebénite $Sb^4S^{11}(Pb.Ag^2)^5$
169	27	$BaCl$ et $CaCl$	$BaCl^2$ et $SrCl^2$
169	6 (du bas)	CO^6Ca	CO^3Ca
170	11	SO^4H	SO^4H^2
176	6 (du bas)	Erythrine $[AsO^4]CO^38H^2O$	Erythrine $[AsO^4]^2CO^38H^2O$
194	1	Chrysobéryl : $[AlO^2]Gl$	Chrysobéryl : $[AlO^2]^2Gl$
198	4 (du bas)	Sépidolithe $[Sio^3]Al(LiK)^2(FOH)^2$	Lépidolite $[SiO^3]^3Al^3(Li. K)^2(F, OH)^2$
199	4	Huréaulite $[PO^2]^4(Min.Fe)^3H^2H4^2O$	Huréaulite $[PO^4]^4(Mn. Fe)^5H^2.4H^2O$
209	13	Colophanite $[PO^4]^6Ca^8,Co^3Ca.H^1O,xH^2O$	Colophanite $[PO^4]^6Ca^9CO^3CaH^2O \times H^2O$
209	24	Pyromorphite $[PO^4]^6Cl^2P6^{10}$	Pyromorphite $[PO^4]^6Cl^2Pb^{10}$
209	25	Vivianite $[PO^4]^2Fe.8H^2O$	Vivianite $[PO^4]^2Fe^3, 8H^2O$
216	6 (du bas)	$KOCrO^4$	K^2CrO^4
217	2	Pyromorphite $(PO^3)^6Cl^2Pb^{10}$	Pyromorphite $(PO^4)^6Cl^2Pb^{10}$
217	3	Mimétite $(AsO^4)^6Cl^2Pb^{10}$	Mimétite $(AsO^4)^6Cl^2Pb^{10}$
217	6	Boulangerite $(Sb^4S^{11}Pb^3$	Boulangerite $Sb^4S^{11}Pb^5$
217	7	Jamesonite $Sb^3S^{19}(PbFe)^7$	Jamesonite $Sb^8S^{19}(Pb, Fe)^7$
217	8	Freieslebénite $Sb^4S^{11}(PbAg)^2$	Freieslebénite $Sb^4S^{11}(Pb, Ag^2)^5$
217	25	NO^3	NO^3H
218	21	Carnallite. $MgCl^3KCl^{16}H^2O$	Carnallite $MgCl^2KCl.6H^2O$
218	23	Alunite $(SO^4)^4[Al.2OH]^6K^2$	Alunite $(SO^4)^4[Al(OH)^2]^6K^2$
218	25	Orthose Si^3O^6AlK	Orthose Si^3O^8AlK
222	4 (du bas)	Natron $CO^3Na^210H^2O$	Natron $CO^3Na^2\text{-}10H^2O$
222	3 (du bas)	Thénardite SO^6Na^3	Thénardite SO^4Na^2
223	6 (du bas)	$KOClO^5$	$KClO^4$
224	29	$BaCl$	$BaCl^2$
226	22	CO^3Am	CO^3Am^2
228	6	$(FeMn)OTa^3O^5$	$(Fe, Mn)OTa^2O^5$
233	2	teneur en C^2O^3	teneur en Ce^2O^3
233	3	Cérite $[SiO^3]Ce^2[OH]^3[CeO]:CaFe)$	Cérite $[SiO^3]Ce^2[OH]^3[CeO](Ca, Fe)$
233	7	Gadolinite $[SiO^4Gl(YO^3)]Fe$	Gadolinite $[SiO^4Gl(Y.O)]^2Fe$
238	2	Hutchisonite	Hutchinsonite
241	20	SO^4H	SO^4H^2
250	3 (du bas)	Zirkalite $(Zi. Ti, Th)^2O^5(Ca, Fe)$	Zirkélite $(Zr, Ti, Th)^2O^5(Ca, Fe)$
250	2 (du bas)	Lavénite $[SiO^3]^2(Mm, Ca. Fe)[LnO.F]Na$	Lavénite $[SiO^3]^2 Mn, Ca, Fe) [ZrO.F]Na$
250	1 (du bas)	Eudialyte $(SiZr)^{20}O^{52}Cl(Ca\text{-}Fa)^6Na. KH)^{13}$	Eudialyte $(Si, Zr)^{20}O^{52}Cl(Ca, Fe)^6(Na\text{-}K\text{-}H)^{13}$
273	2	Boulangerite : $Sb^4S^{11}Pb^6$	Boulangerite : $Sb^4S^{11}Pb^5$
233	2	Bournonite : $Sb^2S^4Pb^2Cu^2$	Bournonite : $Sb^2S^6Pb^2Cu^2$